机械工业出版社
CHINA MACHINE PRESS

本书以 Python 语言为平台，分四个部分介绍了算法的基本概念、五种经典的算法思想、重要的数据结构以及实践中常用的几种算法技术。除第 1 章和第 2 章外，书中每章内容都包括了基本概念、实现方式、具体应用以及达人修炼真题。每一种算法思想中的达人修炼真题都提供了相应的源代码，可供读者运行，从而达到理论与实践并重的目的。本书从算法基本分析到算法基本思想，再到具体应用及大量真题，内容全面，条理清楚，语言通俗。

本书对计算机及相关专业本科生及研究生的面试、笔试将有所帮助；此外，计算机科学相关领域的工程师以及爱好者也可以将本书作为技术参考书籍，在需要时可查找所需算法的相关内容并从中得到启示；当然，对计算机科学感兴趣的高中生以及 IT 领域项目经理也可以阅读本书，从而开启算法世界的大门。

图书在版编目（CIP）数据

Python 算法从菜鸟到达人 / 猿媛之家组编；黄斐然等编著. —北京：机械工业出版社，2021.7

ISBN 978-7-111-68796-2

Ⅰ. ①P… Ⅱ. ①猿… ②黄… Ⅲ. ①软件工具－程序设计 Ⅳ. ①TP311.561

中国版本图书馆 CIP 数据核字（2021）第 155118 号

机械工业出版社（北京市百万庄大街 22 号 邮政编码 100037）

策划编辑：尚 晨 责任编辑：尚 晨
责任校对：张艳霞 责任印制：李 昂

北京中科印刷有限公司印刷

2021 年 9 月第 1 版·第 1 次印刷

184mm×260mm·17 印张·421 千字

0001－1500 册

标准书号：ISBN 978-7-111-68796-2

定价：89.00 元

电话服务 网络服务

客服电话：010-88361066 机 工 官 网：www.cmpbook.com

010-88379833 机 工 官 博：weibo.com/cmp1952

010-68326294 金 书 网：www.golden-book.com

封底无防伪标均为盗版 机工教育服务网：www.cmpedu.com

前言

P R E F A C E

随着大数据处理、人工智能等领域的飞速发展和计算机性能的飞跃性提升，无论在学术界还是产业界，计算机领域的前沿概念与技术都逐步深入到思维层面，数学在这其中发挥的作用越来越重要，越来越多的高深数学理论被运用到实际中来，有效地解决了许多实际问题，例如分析几何、小波分析、数值计算等。这一切让人们逐步意识到计算机程序设计依赖的就是数学知识和算法思想。在软件工程师动手编程完成某一任务之前，先要通过一系列的分析过程来确定解决该任务的方法。首先，分析待求解任务/问题，将其抽象为某种数学模型；然后确定求解该问题时的资源限制（包括时间资源、电力资源、存储资源、计算资源、容错成本等）；最后在已知信息的基础上，选择已有的算法或提出新的算法，在满足资源限制的情况下解决问题。因此，可以说一个不懂算法的"菜鸟"程序员是无法独立、自主地解决具体工程问题的，也很难写出逻辑严密、简化的高质量代码。

一名优秀的计算机科学领域的工程师或科学家一定对经典算法思想有深入的理解并能够将这些算法灵活应用于解决实际问题的过程中。目前，很多顶尖 IT 公司都会考查应聘者的算法功底和逻辑思维能力，因为算法功底深厚的应聘者，往往可以使项目的设计模式格外优化，程序逻辑也更为严密清晰。IT 公司的顶尖专家和"达人"都对算法有很深的造诣，同时，项目经理也必须具备超强的逻辑思维能力。

对于所有即将迈入职场的计算机科学相关领域的学生而言，应该都希望自己以后能够在职场中逐渐成长为所在细分领域的优秀人才，具备出色完成各类任务、解决各类问题的能力，算法可以说是解决这些问题的关键，而程序语言只是一个外壳。算法的功底与一个计算机科学工程师的水平上限关系密切。所以，如果你想从事计算机科学相关工作，那么就应当认真地培养自己的逻辑思维，从而提高算法功底！

本书的所有作者以及团队均在计算机科学领域有着多年的算法学习经历和 IT 领域工作经验，对算法有着较为深入的开发与实践。本书是在所有作者（包括未出现在作者名单中的幕后奉献者）钻研算法的基础上，经过长期的应用总结而完成的，并用言简意赅的语言将这些算法问题的答案展现出来。

本书特色

当前，已出版的算法书籍不计其数，从经典的《算法导论》到针对具体的细分领域（例如文本处理、神经网络等）相关算法的书籍，每一本都有自己的侧重点与特色。本书的特色主要体现在以下几方面：

1）强调算法基础，理论与应用并重。

2）包含大量实际应用中的算法真题。

3）本书以 Python 语言实现。虽然 Python 中没有指针的概念（只有引用），为了便于理解，书中很多地方还是使用了指针，可以认为其等价于引用。

4）本书配有核心知识点讲解视频（视频制作由刘玖樽和田思怡完成），讲解内容和程序代码经多次校审和验证（由李海洋、刘玖樽、熊良成和田思怡完成）。

读者对象

1）计算机领域程序员及工程师。

2）计算机科学相关领域本科生及研究生。

3）其他算法爱好者（对算法感兴趣的高中生、IT 领域产品经理等）。

我们的目标是将本书打造成广大 IT 从业者和程序开发人员学习和提升算法能力的高效学习材料，同时也可以作为科研院所及企业的工程师参考的一本技术性书籍，不论你是"菜鸟"还是"达人"，阅读本书都将受益匪浅，可以有效提升解决实际编程问题的能力。

本书内容

本书共 16 章，分为以下四大部分。

第一部分（算法基础，第 1、2 章）

这一部分将引导读者理清算法在计算机系统中的作用以及伪代码写法的约定等，不仅给出了算法的定义，简单地介绍了算法的表达方式，同时引导读者思考算法的设计和分析问题，本书后面的内容都是建立在这些基础之上的。

第二部分（经典算法思想，第 3~7 章）

算法设计有很多思想，但是归纳起来，算法设计中有五种思想使用最为广泛，它们分别是递归与分治法、动态规划算法、贪心算法、回溯法与分支界限法。这一部分逐一介绍了这些经典算法思想的具体思路以及利用这些算法思想可以解决的具体问题。

第三部分（重要数据结构，第 8~13 章）

谈到算法的时候，数据结构这个词大概率也不会缺席。数据结构也是所有计算机专业学生必修的一门课程。这一部分主要讲解了一些重要数据结构的相关知识以及应用范围。对于数据结构基础较好的读者，可以跳过本部分，并不会影响阅读本书其余章节。

第四部分（常用算法，第 14~16 章）

这一部分重点介绍了日常学习或工作中最常用的一些算法，包括常用的排序算法、查找算法以及字符串匹配算法。这些算法并不复杂，但是都有着非常高的使用频率，掌握它们将快速提升读者对算法的应用和实践能力。

反馈沟通

欢迎读者朋友在阅读本书过程中给予反馈意见，以利于本书的进一步完善与提升。反馈意见请发送至 yuancoder@foxmail.com，我们将尽力解决问题。

本书全体作者

目录

这一部分将引导读者理清算法在计算机系统中的作用以及伪代码写法的约定等，不仅给出了算法的定义，而且简单地介绍了算法的表达方式，同时还引导读者思考算法的设计和分析问题，本书后面的内容都是建立在这些基础之上的。

第 1 章 算 法 综 述

1.1 算法在计算机系统中的作用

算法是当代计算机系统中的核心内容，是否具有足够的算法知识与坚实的技术基础是区分熟练的程序员（达人）与初学者（菜鸟）的一个重要特征。下面将简单阐述什么是算法，以及为什么要学习和研究算法。

1.1.1 算法的定义

简单来说，**算法**（Algorithm）就是**定义良好**（没有公理性的矛盾，不会推出与实际情况相悖的情况）的计算过程，它取一个数或一组数据作为**输入**，通过一系列的**计算步骤**，产生出一个数或一组值作为**输出**。亦即，算法被用来描述一个特定的计算过程来实现某种输入/输出关系。

下面是排序问题的一个形式化定义：

输入：由 n 个数构成的一个序列 $< a_1, a_2, \cdots, a_n >$。

输出：对输入序列的一个排列（重排）$< a'_1, a'_2, \cdots, a'_n >$，使得 $a'_1 \leqslant a'_2 \leqslant \cdots \leqslant a'_n$。

可以把算法看作是一种工具，用来解决具有良好规格说明的计算问题。有关该问题的表述可以用任意语言或形式（包括自然语言、计算机程序、数学方程等）来说明所需的输入/输出关系，与之对应的算法则描述了一个可以实现这种输入/输出关系的计算过程。如果一个算法对其每一个输入实例，都可以输出正确的结果并按时停止，则称它是正确的。不正确的算法对于某些输入来说，可能无法停止，或者停止时给出的结果不符合预期。然而，在某些情况下，如果算法的错误率可以得到控制，那么它们也是有用的，但是一般而言，我们主要关注与讨论正确的算法。

1.1.2 算法的地位

算法与计算机领域中的其他技术一样，也是一种技术，并且在飞速发展。那么相对于其他的技术，算法在当代计算机科学领域中是否真的那么重要？答案是"是的"。尽管对于有些应用来说，在应用这一层面上没有什么特别明显的算法方面的要求（例如，简单的 Web应用），但计算机领域大多数问题对算法都有一定程度的要求，如硬件的设计需要用到算法，操作系统的设计需要用到大量的算法，任何 GUI 设计也要依赖于算法，此外，网络路由对算法也有很大的依赖，将高级语言代码编译为机器代码，需要编译器、解释器或汇编来共同完成，这些过程都要用到大量的算法。可以说，算法是当代计算机中大部分技术的核心。那么，是否只要找到实现某一输入/输出关系的算法就足够了？显然不是，除非计算机运行速度无限快，所有计算过程中用到的资源（包括存储、传输等）无限多且免费，那么，对于一个问题来说，任何一个可以解决它的正确方法都是可以的。然而，现实情况是计算机还无法做到无限快，存储、传输等资源还无法免费。因此在时间、空间资源都是有限的情况下，这些资源必须被尽可能有效的使用，那么设计在时间、空间上高效的算法将具有极大的实际意义。

针对同一个问题，很多时候存在很多候选解，这些不同解的效率往往相差很大，这种效率上的影响往往比硬件和软件方面的差距还要大，因此在算法层面寻找一个问题的最优解常常是一个很大的挑战。

例如，针对排序问题，后面的章节会介绍多种算法来完成排序，其中不同的算法在完成对指定规模数据排序时所需要的空间与时间资源会有很大不同。例如插入排序算法，对 n 个数据项进行排序的时间大约等于 $c_1 \cdot n^2$，其中 c_1 是一个不依赖于 n 的常量。另外一种算法——归并排序，为了排列 n 项数据，所花的大致时间是 $c_2 \cdot n \lg n$（其中 $\lg n$ 是指 $\log_2 n$，c_2 是不依赖于n的常数）。c_1 通常小于 c_2，然而归并排序的运行时间中的因子 $\lg n$ 小于插入排序算法中的因子 n，因此就运行时间来说，当输入规模较小时，插入排序可能要比归并排序更快一些，当输入规模增大到一定程度的时候（n足够大），归并排序就会比插入排序运行得更快了，两种算法的差别就显现出来了。假设计算机 A 每秒可以执行 1000 万条指令，计算机 B 的计算速度是计算机 A 的 100 倍，现在需要对 100 万个数字进行排序，方案一为在计算机 A 上采用归并排序算法（所得到的代码需要 $50 \cdot n \lg n$ 条指令，$c_2 = 50$），方案二为在计算机 B 上采用插入排序算法（所得到的代码需要 $2 \cdot n^2$ 条指令，$c_1 = 2$）。

可以计算出，对 100 万个数字进行排序，方案一花费的时间为：

$$\frac{50 \cdot 10^6 \cdot \lg 10^6 \text{条指令}}{10^7 \text{条指令/s}} = 100\text{s}$$

方案二花费的时间为：

$$\frac{2 \cdot (10^6)^2 \text{条指令}}{10^9 \text{条指令/s}} = 2000\text{s}$$

可以看出，方案一中的计算机 A 虽然比计算机 B 计算能力差 100 倍，但是因为它采用了一个运行时间增长更缓慢（时间复杂度更低）的算法，完成同样的排序任务速度也比方案二快了 20 倍，当对 1000 万个数字进行排序时，这一差别将会更大。

1.1.3 一个简单的算法

首先来看一个简单的算法，然后以这个算法为例，让大家对算法有更为直观的感受。这里要分析的是前面提到过的插入排序算法，它解决的是排序问题：

输入： 由 n 个数构成的一个序列 $<a_1, a_2, \cdots, a_n>$。

输出： 对输入序列的一个排列（重排）$<a_1', a_2', \cdots, a_n'>$，使得 $a_1' \leqslant a_2' \leqslant \cdots \leqslant a_n'$。

待排序的数字被称为关键字（key）。

插入排序的工作原理与打牌时整理手中的牌的思路相似。在开始摸牌时，手中是空的，接着每次从桌上摸起一张牌，并将它插入左手已经握着的牌中，并保证手中的牌在任何时刻都是排好序的，为了找到这张牌的正确位置，需要将摸到的牌与手中已有的牌依次从左到右进行比较。

因此用插入法解决排序问题通用的做法就是将第一个元素看作是有序的元素（即将待排

序列的第一个元素看作是有序序列），然后将第二个元素和第一个元素作比较，将该元素插入序列中合适的位置。然后再将第三个元素和当前有序序列（即整个待排序列的前两个元素）作比较，用同样的方法将第三个元素插入到合适的位置，使得前三个元素有序。以此类推，直到所有的元素都有序为止。

下面给出插入排序算法的伪代码：

```
INSERTION-SORT(A)
    for j= 2 ~ length[A]          //length[A] 为 A 中元素的个数,这里 A 的下标从 1 开始
    do
        key= A[j];
        //insert A[j] into the sorted sequence A[1, 2, ···, j-1]
        i= j-1;
        while i>0 and A[i]>key
        do
            A[i+1]= A[i];
            i= i-1;
        end while;
        A[i+1]= key;
    end for;
```

将完成插入排序算法的过程命名为 INSERTION-SORT，它的参数是一个数组 A，包含了 n 个待排序的数据。当过程 INSERTION-SORT 执行完毕后，输入的数组 A 中的元素已经排好顺序。下标 j 指示了当前待插入的数字，在外层 **for** 循环的每一轮迭代的开始，包含元素 $A[1, \cdots, j-1]$ 的子数组中的数据已经排好序，包含元素 $A[j+1, \cdots, n]$ 的子数组中的数据仍然为原始的顺序。图 1-1 展示了这个算法在数组 A=<21,25,49,25*,16,8>上的工作过程。

A	[1]	[2]	[3]	[4]	[5]	[6]	key
初始	[21]	25	49	25*	16	8	25
1	[21	25]	49	25*	16	8	49
2	[21	25	49]	25*	16	8	25*
3	[21	25	25*	49]	16	8	16
4	[16	21	25	25*	49]	8	8
5	[8	16	21	25	25*	49]	

图 1-1　各趟排序后的结果

1.2　伪代码的约定

在描述算法时，为了突出算法的核心思想，经常会使用与高级编程语言相似的伪代码。如果熟悉常用的高级编程语言（如 C、C++、Java、Python、Go 等），阅读书中的伪代码应该没有障碍。伪代码与真实代码的不同之处在于，在伪代码中，具体的工程问题没有被考虑在内，即数据抽象、模块化与出错处理等问题往往都被忽略掉了，重点放在表达核心思想上，因此，有时候会看到在伪代码中嵌入了一些英语短语或句子。

下面将介绍使用伪代码的一些约定：

1）书写上的"缩进"表示程序中的分程序（程序块）结构。

2）while、for、repeat 等循环结构和 if、then、else 等条件结构与高级语言稍有不同，具体来说，在伪代码中，while 与 for 关键字之后的判定条件不用括号括起来，"~"用来表示某个变量的取值范围，判定条件有时候会用高级语言与数学形式表达。循环与分支语句块（while、for 或 if 语句块）都有显式的结束标志，以 end while、end for 或 end if 结束。

3）"//"或"#"后面的部分表示注释。/* */表示多行注释。

4）变量是局部定义给定过程的，在没有明确说明的情况下，不使用全局变量。

5）数组元素是通过"数组名[下标]"的形式来访问的。例如 $A[i]$ 表示数组 A 的第 i 个元素。符号"…"表示数组中的一个取值范围，例如 $A[i…j]$ 表示 A 的子数组，包含了 $j-i+1$ 个元素，分别是 $A[i], A[i+1], …, A[j]$。

6）复合数据一般组织成对象，它们是由属性或域所组成的。域的访问是域名后由方括号括住的对象名形式来表示。例如，数组可以被看作是一个对象，其属性为 length，表示数组中元素的个数，如 length $[A]$ 就表示数组 A 中的元素个数。一般来说，这些数据通过上下文就可以看出其含义。

7）参数采用值传递方式，被调用的过程会收到参数的一份副本。

8）布尔运算符"and"和"or"都具有执行短路计算的能力。

9）&表示传入的参数在函数内的改动对外是可见的。

10）为了便于理解，伪代码中都给出了变量的数据类型和函数的返回类型。

第2章 算法分析

　　算法分析是指对一个算法所需要的资源进行预测。资源包括存储、传输和计算资源等，但在算法分析中通常只重点关注时间与空间方面的资源。给定一个问题，一般都会有多种候选算法可以解决该问题，那么通过对这些算法进行分析，可以从中选择出一个最有效的算法，或者排除掉较差的算法。好的算法，应该具有正确性、可读性、健壮性、高效率和低存储量等特征。

　　程序员在设计算法的过程中，除了要求算法能够准确地给出问题的答案外，还需要程序员能够尽可能地优化解决问题的方法，力求最大限度地降低算法的复杂度，将算法的运行时间降至最少。虽然条条大路通罗马，但是每一条道路耗费的代价都一样吗？每一条道路到达罗马的时间能够一样吗？显然不是，那么，在算法设计中，如何衡量一个算法的优劣？如何衡量程序员技术水平的高低？要回答这个问题，可以首先思考另一个问题，对于企业而言，需要什么样的人才？答案即花费最小的代价完成最多任务的人。所以，衡量算法优劣时，首要看的就是功能是否正常，其次看的就是其是否花费了更低的代价，即所谓的算法的复杂度。而算法的复杂度包括时间复杂度与空间复杂度，其中，时间复杂度用于度量算法执行的时间长短，空间复杂度用于度量算法的执行所需额外存储空间的大小，它们是衡量一个算法优劣的标准。下面将详细讨论如何分析一个算法的时间与空间复杂度。

2.1 精确效率分析

　　在分析一个算法之前，要先建立有关实现技术的模型。在本书中，假设采用通用的单处理器即随机存储器（RAM）计算模型作为硬件资源。在 RAM 模型中，指令按一条接一条的顺序执行，没有并发操作。严格来说，应当精确的定义 RAM 模型的指令以及执行每条指令的代价，但是，这么做其实对理解算法的设计和分析并无本质上的帮助。RAM 模型包含了真实计算机中常见的指令，包括算术指令（例如：加、减、乘、除等指令），数据移动指令（例如：存储、复制等指令）和控制指令（例如：条件和非条件转移、子程序调用等指令），其中每条指令所需的执行时间都为常量时间。一般来说，算法所需时间是与输入规模同步增长的，因而常常将一个程序的运行时间表示为其输入的函数。下面首先给出运行时间和输入规模的准确描述。

　　输入规模的表示方式与具体问题有关。对许多问题来说，可以用输入的元素个数来衡量输入规模，例如排序问题的输入可以用待排序数据的大小来表示。对另一些问题（如两个整数相乘），其输入规模的最佳度量是输入数在二进制表示下的位数。有时，用多个数字来表示输入规模会更精确，例如：某一个算法的输入是一个图，则输入规模可以由图中顶点数和边数来表示。在后面的内容中，都将明确给出所用的输入规模度量标准。

　　算法的运行时间是指在给定输入时，算法所需执行的基本操作数（步数）。在本书中，暂且假设每执行一条伪代码都要花一定量的时间。虽然每一条所花费的时间可能并非完全相同，但可以假定每次执行第 i 行所花时间都是常量 c_i。

　　下面以第 1 章插入排序算法的伪代码为例来分析其时间复杂度。显然，该代码中的插入排序算法的时间开销与输入有关，排序 1000 个数字的时间比排序 3 个数字的时间要长，此外，即使对两个长度相同的数组进行排序，所需时间也有可能不同，这取决于两个数组原本的有序程度。

　　首先来分析插入排序算法中每一条指令的执行时间以及被执行的次数。表 2-1 给出了插入排序算法中每一条代码所需的执行时间（cost）以及被执行次数（times）。其中设 n 为数组 A 中的元素个数，t_j 为第 7 行中 while 循环所做的测试次数。当 for 或 while 循环以通常方式退出时，测试要比循环体内的代码多执行 1 次，标志循环结束的 end for 或 end while 在不满足循环头部的测试条件时执行，因此每个结束标志只被执行 1 次，此外，由于注释在编译预处理阶段已被过滤掉，因此不会被执行，不占用运行时间。

表 2-1　插入排序算法伪代码执行时间分析

INSERTION-SORT(A)	cost	times
1.　//length[A] 为 A 中元素的个数,这里 A 的下标从 1 开始	0	1
2.　**for** j= 2 ~ length[A]	c_2	n
3.　　　**do**	0	$n-1$
4.　　　　key= A[j];	c_4	$n-1$
5.　　　　//insert A[j] into the sorted sequence A[1, 2 .. j-1]	0	$n-1$
6.　　　　i= j-1;	c_6	$n-1$
7.　　　　**while** i>0 and A[i]>key	c_7	$\sum_{j=2}^{n} t_j$
8.　　　　　**do**	0	$\sum_{j=2}^{n}(t_j-1)$
9.　　　　　　A[i+1]= A[i];	c_9	$\sum_{j=2}^{n}(t_j-1)$
10.　　　　　i= i-1;	c_{10}	$\sum_{j=2}^{n}(t_j-1)$
11.　　　　end **while**;	0	1
12.　　　A[i+1]= key;	c_{12}	$n-1$
13.　end **for**;	0	1

　　从表 2-1 可知，该算法的总运行时间是每一条语句执行时间之和。如果执行一条语句需要时间 c_i，该语句在整个算法执行过程中被执行了 n 次，那么它在总运行时间中占 $c_i \cdot n$。如果用 $T[n]$ 表示该算法的总执行时间，那么有：

$$T[n] = c_2 \cdot n + c_4 \cdot (n-1) + c_6 \cdot (n-1) + c_7 \cdot \sum_{j=2}^{n} t_j + c_9 \cdot \sum_{j=2}^{n}(t_j-1) + c_{10} \cdot$$
$$\sum_{j=2}^{n}(t_j-1) + c_{12} \cdot (n-1)$$

　　前面已经提到过，即便对于规模相同的输入，也会因输入的数据的有序性不同而消耗不同的运行时间。如果输入数组已经是按正序排好的，那么就会出现最佳情况，如果输入数组是按照逆序排序的，那么就会出现最坏情况。

　　对于最佳情况，显然对于 j 的任何取值，while 循环体内的代码不会执行，因此，对于 $j=2,3,\cdots,n$，都有 $t_j=1$。因此在最佳情况下的运行时间为：

$$T[n] = c_2 \cdot n + c_4 \cdot (n-1) + c_6 \cdot (n-1) + c_7 \cdot (n-1) + c_{12} \cdot (n-1)$$
$$= (c_2 + c_4 + c_6 + c_7 + c_{12}) \cdot n - (c_4 + c_6 + c_7 + c_{12})$$

这一运行时间可以表示为 $a \cdot n + b$，常量 a 和 b 的值依赖于各条语句的执行时间 c_i，因此它是 n 的一个线性函数（Linear Function）。

对于最差情况，显然对于 j 的任何取值，while 循环体内的代码会执行 $j-1$ 次，因此，对于 $j = 2,3,\cdots,n$，都有 $t_j = j$。因此在最差情况下的运行时间为：

$$\sum_{j=2}^{n} t_j = \sum_{j=2}^{n} j = \frac{n(n+1)}{2} - 1$$

$$\sum_{j=2}^{n} (t_j - 1) = \sum_{j=2}^{n} (j-1) = \frac{n(n-1)}{2}$$

$$T[n] = c_2 \cdot n + c_4 \cdot (n-1) + c_6 \cdot (n-1) + c_7 \cdot \left(\frac{n(n+1)}{2} - 1\right) + c_9 \cdot \left(\frac{n(n-1)}{2}\right) +$$
$$c_{10} \cdot \left(\frac{n(n-1)}{2}\right) + c_{12} \cdot (n-1)$$
$$= \left(\frac{c_7}{2} + \frac{c_9}{2} + \frac{c_{10}}{2}\right) n^2 + \left(c_2 + c_4 + c_6 + \frac{c_7}{2} + \frac{c_9}{2} + \frac{c_{10}}{2} + c_{12}\right) n - (c_4 + c_6 + c_7 + c_{12})$$

这一运行时间可以表示为 $a \cdot n^2 + b \cdot n + c$，常量 a、b 和 c 的值依赖于各条语句的执行时间 c_i，因此它是 n 的一个二次函数（quadratic function）。

至此，我们分析了插入排序的最佳情况与最坏情况。一般来说，分析算法的时间复杂度都是考察最坏情况运行时间，即：给定规模为 n 的任意输入，算法的最长运行时间。因为一个算法的最坏情况运行时间是在任意输入下运行时间的一个上界（upper bound），知道了这一点，就能确保算法的运行时间不会比这一时间长。而且，对于有些算法，最坏情况出现的频率相当高，重点考察最差情况具有实际意义。某些情况下，我们可能会对某个算法的平均运行时间或期望运行时间感兴趣，在这种情况下，可以借助概率分析技术来确定算法的平均或期望的运行时间。

对插入排序算法的分析还可以做一些简化。首先，上文得到在最坏情况下的运行时间是 $a \cdot n^2 + b \cdot n + c$，现在再做进一步的抽象，重点考虑运行时间随着输入规模增大而增长的量级（order of growth），很显然，这时只需要关注 $a \cdot n^2 + b \cdot n + c$ 中的最高阶项（$a \cdot n^2$），因为当 n 足够大时，低阶项对整个运行时间的影响可以被忽略。此外，还可以忽略最高阶项的系数 a，因为对于增长率来说系数发挥的作用是次要的。因此经过两次抽象后，插入排序的最坏情况时间复杂度为 $\Theta(n^2)$。符号 Θ 的含义将在下一节中详细介绍，暂且先知道它可以用来表示算法复杂度即可。

2.2 渐进效率分析

在上一节中，详细分析了插入排序算法的运行时间，并定义了算法运行时间增长的阶，它可以简明地说明算法的性能与效率。虽然有时候能够精确的确定某个算法的运行时间，如采用逐条分析插入排序算法代码的方式，但通常来讲没必要如此费力地去计算额外的精确度，对于输入规模足够大的情况来说，在精确表示的运行时间中，常系数和低阶项是由输入规模所决定的，当输入规模增大到使得运行时间的增长只与运行时间的增长量级有关时，此时只需要研究算法的渐进效率，常系数和低阶项都可以忽略不计。本节将介绍几种标准方法来简化算法的渐进分析。

2.2.1　渐进记号

首先给出几种基本的渐进记号和一些常用的扩充用法。

1. Θ 记号

Θ 记号用于给出一个函数的**渐进确界**。在上一节中，已经介绍了插入排序算法在最坏情况下的运行时间是 $T(n) = \Theta(n^2)$。现在就来给出该记号的正式含义。对于一个给定的函数 $g(n)$，用 $\Theta(g(n))$ 来表示一系列函数的集合 $\Theta(g(n)) = \{f(n)\}$，函数 $f(n)$ 满足：存在正常数 c_1、c_2 和 n_0，使 $\forall n \geq n_0$，有 $0 \leq c_1 g(n) \leq f(n) \leq c_2 g(n)$。也就是说，对任意一个函数 $f(n)$，若存在正常数 c_1、c_2 和 n_0，使得当 n 足够大时，$f(n)$ 在 $c_1 g(n)$ 和 $c_2 g(n)$ 中间，则 $f(n)$ 是 $\Theta(g(n))$ 中的元素，可以写成 $f(n) \in \Theta(g(n))$，即 $g(n)$ 是 $f(n)$ 的一个**渐进确界**。

在上一节中，非正式的引入了记号 Θ，相当于忽略了最差情况下 $T(n)$ 中的高阶项的系数以及所有的低阶项。从直观上来看，一个渐进正函数中的低阶项在决定渐进确界时可以被忽略，因为当 n 很大时，它们就不那么重要了，最高阶项很小的一部分就足以超越所有的低阶项。同样最高阶项的系数也可以忽略，因为它只是将 c_1、c_2 改变成等于该系数的常数因子。

2. O 记号

Θ 记号渐进地给出一个函数的上界和下界。当一个函数只有渐进上界时，则使用 O 记号。给出一个函数 $g(n)$，用 $O(g(n))$ 表示一个函数集合，即 $O(g(n)) = \{f(n)\}$，函数 $f(n)$ 满足：存在正常数 c 和 n_0，使得对 $\forall n \geq n_0$，有 $0 \leq f(n) \leq cg(n)$。O 记号在一个常数因子内给出某函数的一个上界。用" $f(n) = O(g(n))$ "来表示一个函数 $f(n)$ 是集合 $O(g(n))$ 中的一个元素。这里需要注意到 $f(n) \in \Theta(g(n))$ **隐含着** $f(n) \in O(g(n))$，因为 Θ 记号强于 O 记号。O 记号是用来表示上界的，当用它作为算法的最坏情况运行时间的上界时，就能够确定任意输入的运行时间的上界。因为插入排序在最坏情况下的运行时间的上界 $O(n^2)$ 也适用于每个输入的运行时间，这与等式 $n = O(n^2)$ 成立是一个道理，在本书中，当 $f(n) \in O(g(n))$ 时，只是说明 $g(n)$ 的某个常数倍是 $f(n)$ 的渐进上界，并不反映如何接近该上界。

3. Ω 记号

Ω 记号被用来给出一个函数的渐进下界。给定一个函数 $g(n)$，用 $\Omega(g(n))$ 表示一个函数集合 $\{f(n)\}$，其中每个 $f(n)$ 都满足：

存在正常数 c 和 n_0，使得对 $\forall n \geq n_0$，有 $0 \leq cg(n) \leq f(n)$。

因为 Ω 记号描述了渐进下界，当它用来描述一个算法最佳情况运行时间界限时，也隐含给出了在任意输入下运行时间的下界。例如，插入排序算法的最佳情况运行时间是 $\Omega(n)$，这隐含着该算法的运行时间是 $\Omega(n)$。

根据目前所介绍的三种渐进记号的意义，可以得出以下结论：

定理 2.1　对任意两个函数 $f(n)$ 和 $g(n)$，有 $f(n) \in \Theta(g(n))$。当且仅当 $f(n) \in O(g(n))$ 和 $f(n) \in \Omega(g(n))$。

对定理 2.1 的证明比较简单，本书省略，有兴趣的读者可以自行证明。

目前已经知道插入排序算法的运行时间介于 $\Omega(n)$ 和 $\Omega(n^2)$ 之间，因为它处于 n 的线性函数和二次函数的范围内，进一步讲，这两个界从渐进意义上来说是尽可能精确的，因为插入排序的运行时间不是 $\Omega(n^2)$，存在一个输入（例如，当输入已经排好序时），使得插入排序的运行时间为 $\Theta(n)$。也可以说该算法的最坏情况运行时间为 $\Omega(n^2)$，两者并不矛盾，因为存在一个输入，使得算法的运行时间为 $\Omega(n^2)$。一般情况下，当我们说一个算法的运行时间（无修饰语）是 $\Omega(g(n))$ 时，是指对每一个 n 值，无论取什么规模的输入，该输入的运行时间都至少是一个常数乘以 $g(n)$。

2.2.2 渐进记号的应用

对于渐近性分析，这里只关心函数变化的量级，即函数的最高阶数，而不需要关心它的常数因子及低阶项。渐进分析可以用在对一个算法进行时间复杂度以及空间复杂度的分析中。

1. 时间复杂度

时间复杂度被用于度量一个算法执行时间的长短。常见的算法时间复杂度有：常数阶 $O(1)$、对数阶 $O(\log n)$、线性阶 $O(n)$、线性对数阶 $O(n \cdot \log n)$、平方阶 $O(n^2)$、立方阶 $O(n^3)$ …… k 次方阶 $O(n^k)$ 和指数阶 $O(2^n)$ 等。随着问题规模 n 的不断增大，上述时间复杂度不断增大，算法的执行效率越来越低。也就是说时间复杂度从小到大依次为：$O(1) < O(\log n) < O(n) < O(n \cdot \log n) < O(n^2) < O(n^3) < \cdots < O(2^n) < O(n!)$。

通常情况下，在计算时间复杂度的时候，首先要分析算法中包含的基本操作，然后根据相应的语句结构确定每一个操作的执行次数，再利用上文给出的抽象方法确定 $T(n)$ 的数量级（$1, \log n, n, n \cdot \log n, n^2$ 等）。接下来，令函数 $f(n) =$ 该数量级，对 $T(n)/f(n)$ 求极限，若结果为一个常数 c，则该算法的时间复杂度为 $O(f(n))$。

那么如何计算一个算法的时间复杂度？通常情况下，有以下几个简单的分析法则：

1）对于简单的说明性语句、输入输出语句、赋值语句，可以近似认为其时间复杂度为 $O(1)$。$O(1)$ 代表一个算法的运行时间为常数。

2）对于顺序结构语句块，需要依次执行一系列语句，其时间复杂度遵循 O 记号下的"求和法则"。所谓"求和法则"指的是：如果算法的两个部分的时间复杂度分别为 $T1(n) = O(f(n))$ 和 $T2(n) = O(g(n))$，那么可以得到 $T1(n) + T2(n) = O(\max(f(n), g(n)))$，特别地，如果 $T1(m) = O(f(m))$，$T2(n) = O(g(n))$，那么 $T1(m) + T2(n) = O(f(m) + g(n))$。

3）对于选择结构语句块（例如 if 语句），检验判定条件需要 $O(1)$ 时间，此外，每一次该语句块只有其中一个分支会被执行，因此它的运行时间是检验判定条件的时间加上执行一个分支语句所用的时间。

4）对于循环结构语句块，循环语句的运行时间主要体现在多次执行循环体以及检验循环条件的时间耗费，其时间复杂度遵循 O 记号下的"乘法法则"。所谓乘法法则指算法的两个部分时间复杂度分别为 $T1(n) = O(f(n))$ 和 $T2(n) = O(g(n))$，那么，$T1 * T2 = O(f(n) * g(n))$。我们可以将循环体被执行的次数设为 $T1(n)$，将执行一次循环体内语句所需时间看作 $T2(n)$，那么该循环语句块的执行时间为 $T1 * T2$。

以上几点规则只是针对一些简单算法或是逻辑结构简单的情况，当算法中采用了复杂的结构或者各种结构嵌套时，单纯使用上述方法显然很难正确地求解算法的时间复杂度，针对这些复杂的情况，最好的方法就是先将它分为几个容易估算的部分，然后再利用求和法则和乘法法则技术计算整个算法的时间复杂度。

2. 空间复杂度

读到这里，很多读者可能会有这样一个问题，为什么在衡量算法效率的时候，更多的是关注算法的时间复杂度，而不是算法的空间复杂度，难道空间复杂度就不重要吗？如果不重要，为什么很多时候又特别强调在 O(n) 或是其他数量级的空间复杂度内解决指定的问题呢？

其实，算法的空间复杂度并非不重要，也并非技术人员不去关注它，只是相较于时间复杂度，技术人员更多地会关注算法的时间性能。空间复杂度的分析方法与时间复杂度的分析方法类似，一个算法的空间复杂度也通常都与该算法的输入规模 n 有关系，通常也被表示为一个关于 n 的函数。定义 S(n) 是一个算法的空间复杂度，通常可以表示为 $S(n) = O(f(n))$ 或 $S(n) = \Theta(f(n))$。其中，n 为输入的规模，$f(n)$ 表示算法所需的存储空间。

一个程序在执行时，除了需要存储空间来存储本身所使用的指令、常数、变量和输入数据外，还需要一些对数据进行操作的存储单元以及一些为得到计算所需信息的辅助空间。具体而言，程序执行时所需存储空间主要包括以下两部分：固定部分与可变部分。固定部分空间的大小与输入/输出的数据的个数多少、数值无关，主要包括指令空间（即代码空间）、数据空间（常量、简单变量）等。这部分属于静态空间。可变部分主要包括动态分配的空间以及递归栈所需的空间。这部分的空间大小与问题规模有关。举一个例子，如果一个算法的空间复杂度为 O(1)，那么说明数据规模 n 和算法所需的辅助空间大小无关，即算法的空间复杂度为一个常量，不随被处理数据量 n 的大小而改变，并不是说该算法仅仅使用一个辅助空间。当一个算法的空间复杂度与被处理数据量 n 呈线性比例关系时，可表示为 O(n)。

分析一个算法所占用的存储空间要从各方面综合考虑。例如，对于一个算法而言，如果用递归方式实现，那么代码量一般比较简短，几行代码即可实现，但是需要注意的是，虽然算法本身所占用的存储空间较少，然而由于在执行过程中需要多次进行函数调用（调用函数自身），所以在运行时需要一个附加堆栈来记录函数调用的有关信息，从而会产生额外较多的临时存储单元；如果采用非递归的方法实现该算法，那么程序的逻辑关系将会变得较为复杂，代码量也随之增加，导致代码本身占用的存储空间较递归实现方式多一些，但由于函数调用次数较少，便使得运行时只需要较少的辅助存储单元。此外，若算法的形参为数组，则只需要为它分配一个存储由实参传送来的一个地址指针的空间，即一个机器字长空间；若算法的参数传递方式为引用，则也只需要为其分配存储一个地址的空间，用它来存储对应实参变量的地址，以便由系统自动引用实参变量。

其实，对于一个算法而言，其时间复杂度与空间复杂度往往不是孤立存在的，二者会相互影响，有时候，为了获得较好的时间复杂度，可能会使空间复杂度变高，即通常说的以空间换时间；然而，在位图法与 Hash 法等算法中，有时候又会为了获得较低的空间复杂度，而使时间复杂度变高。所以，在设计算法（特别是大型算法）时，只有综合考虑各种因素，例如算法的使用频率、数据量的大小、运行环境、系统要求等各方面因素，权衡利弊，才能够设计出符合需求的高效算法。

3. 实例分析

下面将分别针对几种常见的时间复杂度进行示例分析，从而给读者更直观的认识。

（1）O(1)

什么样的算法的时间复杂度为O(1)呢？为了说明这个问题，首先看一个简单的交换两个变量值的例子。

```
temp=i;
i=j;
j=temp;
```

上述代码中的代码片段包含了3条语句，每条语句顺序执行，完成了变量i与变量j的交换，因此这一代码片段的执行时间就是这3条语句各自的执行时间之和，与整个算法的输入规模n无关。所以该代码片段的时间复杂度为常数阶，记为O(1)。

有一个需要注意的问题，在求解算法的时间复杂度时，要特别注意区分O(1)与O(n)的情况。下面代码中给出了两个过程，分别是Process_A和Process_B。对于过程Process_A，当输入为任意值时循环次数均为1000，因此时间复杂度为O(1)；对于过程Process_B，当输入n为任意值时循环次数均为n，每次循环体的运行时间均为常数级，因此Process_B的时间复杂度为O(n)（n为输入参数的值）。

```
Process_A(int n)
{
    for(i=0;i<1000;i++)
    do
        j=i+1;
    end for;
}

Process_B(int n)
{
    for(i=0;i<n;i++)
    do
        j=i+1;
    end for;
}
```

（2）O(n)

O(n)代表算法的运算时间和输入呈线性关系。下述代码中的代码段中，语句(1)的频度为1，语句(2)的频度为n，语句(3)的频度为$n-1$，语句(4)的频度为$n-1$，语句(5)的频度为$n-1$，所以全段代码的时间复杂度$T(n)=1+n+3(n-1)=4n-2=O(n)$。

```
a=0;
b=0;               (1)
for(i=1;i<n;i++)   (2)
do
    s=a+b;         (3)
    b=a;           (4)
    a=s;           (5)
end for
```

（3）O(log$n$)

下述代码所示中，语句(1)的频度为1，设语句(2)的频度为$f(n)$，由于$2^{f(n)} \leqslant n$，那么可

知道 $f(n) \leqslant \log n$ ，所以，$T(n) = \mathrm{O}(\log n)$ 。

```
i=1;                    (1)
while(i<=n)
do
        i=i*2;          (2)
end while
```

再看一个二分查找的例子，代码如下所示，其时间复杂度也为 $\mathrm{O}(\log n)$ （n 为数组 A 中元素的个数）。

```
int BinSrch(int A[],int key) //A[i...n]是升序排列
{
    int left=1,right=A.length()-1,mid;
    while(left<=right)
    do
        mid=(left+right)/2;
        if(A[mid]<key)
        do
            left=mid+1;
        else if(A[mid]>key)
            right=mid-1;
        else if(A[mid]==key)
            return mid;
        end if
    end while
    return -1;
}
```

（4）$\mathrm{O}(n^2)$

接下来，再给出几个时间复杂度为 $\mathrm{O}(n^2)$ 的例子。在下面代码所示中，第一行是一个赋值语句，所以，只会被执行 1 次，第二行是一个循环语句，循环总共被执行 $n+1$ 次，第三行是一个嵌套的循环语句，每次循环执行 $n+1$ 次，总共 n 次循环，因此执行次数为 $n(n+1)$，第四行是一个自增语句，执行次数为 n^2，因此总的执行次数为：$T(n)=n^2+n(n+1)+1=2n^2+n+1$。去掉所有的低阶项，再去掉最高阶项的系数就可得到这个代码段的时间复杂度为 $\mathrm{O}(n^2)$ 。

code	time
sum=0;	1
for(i=1;i<=n;i++)	n+1
for(j=1;j<=n;j++)	n(n+1)
sum++;	n*n
end for	0
end for	0

再看一个简单例子：示例代码如下所示，语句(1)的频度为 $n-1$，语句(2)的频度为 $(n-1)*(2n+1)=2n^2-n-1$，所以该代码段的运行时间为 $f(n)=2n^2-n-1+(n-1)=2n^2-2$，又因为 $2n^2-2=\Theta(n^2)$，所以该段代码的时间复杂度为 $T(n)=\mathrm{O}(n^2)$ 。一般情况下，对循环语句只需要考虑循环体中语句的执行次数，忽略该语句中条件判断、控制转移等成分，当有若干个循环语句时，算法的时间复杂度是由嵌套层数最多的循环语句中最内层语句（在下述代

码中是由语句（2））的频度决定的。

```
for(i=1;i<n;i++)
do
    y=y+1;                    (1)
    for(j=0;j<=(2*n);j++)
    do
        x++;                  (2)
    end for;
end for
```

（5）O(n^3)

下述代码中，当 $i = j = k = n$ 时，最内层循环共执行了 $n \cdot (n+1) \cdot (n-1) / 6$ 次，所以其时间复杂度为 O(n^3)。通过这个例子不难发现，当代码段中有循环嵌套语句时，算法的时间复杂度是由嵌套层数最多的循环语句块中最内层语句的频度决定的。下述代码段中执行频度最大的是语句(1)，最内层循环的执行次数虽然与问题规模 n 没有直接关系，但是却与外层循环的变量取值有关，而最外层循环的次数直接与 n 有关，因此可以从内层循环向外层分析语句(1)的执行次数，则该程序段的时间复杂度为 $T(n) = $ O($n^3 / 6 + $ 低次项$) = $ O(n^3)。

```
PROCESS(int n)
{
    int i, j, k, x=0;
    for(i=0; i<n; i++)
    do
        for(j=0; j<i; j++)
        do
            for(k=0; k<j; k++)
            do
                x=x+2;            (1)
            end for
        end for
    end for
}
```

也许有的读者要问，从理论角度分析算法的复杂度不够客观、准确，为什么不通过统计的方式直接运行算法，通过查看程序执行的时间和空间来判断算法的复杂度呢？那样得到的结果是实际运行所需的时间与空间，难道不是更真实、更量化、更能反映出算法的复杂度吗？其实，这种事后统计的方法并非不可行，但是它存在某些方面的局限性：第一，执行难度较大，为了测试程序执行的时间与占用空间，需要人为地去编写测试程序，而这种编写测试程序的工作也是一件较为费时费力的事情；第二，事后统计的方法不能真实反映情况，例如，程序运行的时间不仅与算法本身有关系，还与计算机运行环境（例如硬件配置）、编程语言的选择（如汇编语言就比高级语言更高效）、数据量大小、不同的编译策略（Debug/Release）、输入数据的状态、测试数据量的大小等存在着紧密的联系。所以，大多数算法的时间复杂度都是通过理论分析得出，而非编程实现算法运行后统计所得。

读到这个地方，很多读者可能会产生疑问，现在计算机硬件的运行速度已经很快了，为什么还要不断地追求低的时间复杂度呢？在此，给大家举一个简单的例子说明一下，用通俗的话来描述，假设 $n=1$ 所需的时间为 1 秒。那么当 $n = 10,000$ 时。

> $O(1)$ 的算法需要 1 秒执行完毕。
>
> $O(n)$ 的算法需要 10,000 秒≈2.7 小时执行完毕。
>
> $O(n^2)$ 的算法需要 100,000,000 秒≈3.17 年执行完毕。
>
> $O(n!)$ 的算法需要 XXXXXXXX。

可见算法的时间复杂度对其执行时间影响有多大。目前，由于参考模型、海量数据等影响因素，世界上最快的处理器仍然无法完全准确无误地预测天气、地震等，所以，虽然提高计算机处理能力能够对算法的执行速度有良好的促进作用，但是对于像 n^2 或者 $n!$ 乃至更高的时间复杂度的应用而言，改进算法降低其复杂度，发挥的效果会比提升硬件计算能力更大。

2.3　递归式求解

当一个算法包含对自身的递归调用时，其运行时间通常可以用递归式（Recurrence）来表示。递归式是一组等式或不等式，它所描述的函数是用在更小的输入下该函数的值来定义的。例如归并排序算法的最坏情况运行时间 $T(n)$ 可以由下面的递归式

$$T(n) = \begin{cases} \Theta(1) \\ 2T\left(\dfrac{n}{2}\right) + \Theta(n) \end{cases}$$

表示，其解为 $T(n) = \Theta(n \cdot \lg n)$。

下面将介绍如何解递归式，即找出解的渐进"Θ"或"O"界的方法。解递归式的方法主要有代换法（Substitution Method）、递归树方法（Recursion-Tree Method）与主方法（Master Method）。下面我们将主要介绍主方法。

在给出主方法定义之前，首先对一些技术细节进行说明。在表达和解递归式时常常略去一些技术性细节。例如，常常假设函数的自变量为整数，另外一个容易忽略的细节是边界条件，因为对于固定规模的输入来说，算法的运行时间为常量，故对足够小的 n 来说，表示算法运行时间的递归式一般为 $T(n) = \Theta(1)$。据此，为了方便起见，就常忽略递归式的边界条件，并且假设 n 值足够小时 $T(n)$ 是常量。

主方法给出了递归式 $T(n) = a \cdot T(n / b) + f(n)$ 的边界，其中 $a \geqslant 1$，$b>1$，$f(n)$ 是给定的函数。$T(n) = a \cdot T(n / b) + f(n)$ 描述了将规模为 n 的问题划分为 a 个子问题的算法的运行时间，每个子问题规模为 n/b，a 和 b 是正常数。a 个子问题被分别递归地解决，时间各为 $T(n/b)$。划分原问题和合并答案的代价由函数 $f(n)$ 描述。主方法主要依赖于下面的定理：

定理 2.2（主定理）　设 $a \geqslant 1$，$b>1$ 为常数，设 $f(n)$ 为一函数，$T(n)$ 由递归式

$$T(n) = a \cdot T(n / b) + f(n)$$

对非负整数进行定义，其中 n/b 指 $\lfloor n / b \rfloor$ 或 $\lceil n / b \rceil$。那么 $T(n)$ 可能有如下的渐进界：

1）若存在常数 $\varepsilon > 0$，使得 $f(n) = O(n^{\log_b a - \varepsilon})$，则 $T(n) = \Theta(n^{\log_b a})$；

2）若 $f(n) = \Theta(n^{\log_b a})$，则 $T(n) = \Theta(n^{\log_b a} \lg n)$；

3）若存在常数 $\varepsilon > 0$，使得 $f(n) = \Omega(n^{\log_b a + \varepsilon})$，且对常数 $c < 1$ 与所有足够大的 n，有

$a \cdot f(n/b) \leqslant cf(n)$，则 $T(n) = \Theta(f(n))$。

在定理 2.2 的三种情况中，每一种情况都把函数 $f(n)$ 与函数 $n^{\log_b a}$ 进行比较。直觉上感觉解是由两个函数中较大的一个决定。在第一种情况中，不仅要有 $f(n) < n^{\log_b a}$，还必须是多项式地小于（即对某个常量 $\varepsilon > 0$，$f(n)$ 必须渐进地小于 $n^{\log_b a}$，两者差一个因子 n^ε）。在第三种情况中，不仅要有 $f(n) > n^{\log_b a}$，还必须是多项式地大于（即对某个常量 $\varepsilon > 0$，$f(n)$ 必须渐进地大于 $n^{\log_b a}$，两者之间相差一个因子 n^ε），还要满足规则性条件"$a \cdot f(n/b) \leqslant cf(n)$"。

要注意这三种情况并没有覆盖所有可能的 $f(n)$。当 $f(n) < n^{\log_b a}$，但不是多项式地小于时，就在第一种情况和第二种情况中存在一条"空隙"。同样当 $f(n) > n^{\log_b a}$，但不是多项式地大于时，就在第三种情况和第二种情况中存在一条"空隙"。如果 $f(n)$ 处于以上两种情况中的任一种，那么主方法就不能用于解递归式。

现在来看一个例子，设某一算法的时间复杂度用递归式可以表示为：

$$T(n) = 9T(n/3) + n$$

那么，在这个递归式中，$a = 9$，$b = 3$，$f(n) = n$，则 $n^{\log_b a} = n^{\log_3 9} = \Theta(n^2)$。因为 $f(n) = O(n^{\log_b a - \varepsilon})$，其中 $\varepsilon = 1$，这对应主定理中的第一种情况，因此答案为 $T(n) = \Theta(n^2)$。

再看一个例子，设某一算法的时间复杂度用递归式可以表示为：

$$T(n) = 9T\left(\frac{2n}{3}\right) + 1$$

那么，在这个递归式中，$a = 9$，$b = 3/2$，$f(n) = 1$，则 $n^{\log_b a} = n^{\log_{3/2} 1} = n^0 = 1$。第二种情况成立，因为 $f(n) = \Theta(n^{\log_b a}) = \Theta(1)$，故递归式的解为 $T(n) = \Theta(\lg n)$。

设某一算法的时间复杂度用递归式可以表示为：

$$T(n) = 3T\left(\frac{n}{4}\right) + n \cdot \lg n$$

那么，在这个递归式中，$a = 3$，$b = 4$，$f(n) = n \cdot \lg n$，$n^{\log_b a} = n^{\log_4 3} = O(n^{0.793})$。因为 $f(n) = O(n^{\log_b a + \varepsilon})$，其中 $\varepsilon \approx 0.2$。如果能证明对 $f(n)$ 第三种情况中的规则性条件成立，那么就可以选用定理 2.2 中的第三种情况，因此递归式的解为 $T(n) = \Theta(n \cdot (\lg n))$。

第二部分

经典算法思想

虽然算法设计有很多思路，但是归纳起来，算法设计中有五种思想使用最为广泛，它们分别是递归与分治法、动态规划算法、贪心算法、回溯法与分支界限法。下面将逐一介绍这些经典算法思想以及利用这些算法思想可以解决的具体问题。

第 3 章　递归与分治法

在现实中，有很多较为复杂的问题，如果直接解决这些问题会比较困难，但是这些问题可以被分解为 n 个规模较小而结构与原问题相似的子问题，通过解决这些相对简单的子问题，得到子问题的解，然后将子问题的解合并，就得到原问题的解。以上这个过程就是通过**分治策略**来解决问题。讲到分治，就必须提到递归，它们就像一对孪生兄弟，经常同时应用在算法设计中，并由此产生许多高效的算法。本章将详细介绍递归与分治的思想以及它们的应用。

3.1　递归的概念

递归即"函数调用自己"，这是对递归很浅的一种认识。斐波那契（Fibonacci）数列应该是最基础的递归数列了。关于递归，维基百科给出的定义如下。

递归：在数学和计算机科学中，递归指由一种（或多种）简单的基本情况定义的一类对象或方法，并规定其他所有情况都能被还原为其基本情况。

递归使用的就是分治的思想，它是分治思想的一种具体实现，它们都是倾向于将问题简化，直到简化到某一个终结条件后，再层层向上追溯。因此，在使用递归时，必须有一个明确的递归结束条件，称为递归出口。通过上面的定义可以看出，对于各类递归问题，都可以分成如下两个阶段。

1）递推：把复杂的问题的求解分解为比原问题简单一些的问题的求解；

2）回归：当获得最简单问题的解后，逐步返回，依次得到复杂问题的解。

下述代码给出了用非递归和递归的方法来输出 n 个自然数，从中可以看出递归与非递归思想的不同之处。对于递归方法，可以将其分为两个不同的阶段：递推与回归。其中，递推阶段主要负责把复杂的问题的求解分解为比原问题简单一些的问题的求解，而回归则指的是当获得最简单的情况后，逐步返回，依次得到复杂的解。

```
PRINT_A(int n)        //非递归算法
{
    int i;
    for (i=1; i<=n; i++)
    do
        print i;
    end for;
    return;
}

PRINT_B(int n)        //递归算法
{
    if (n==0) return;
    else
    do
```

```
                PRINT_B(n-1);
                print n;
            end if;
        return;
    }
```

总的来说，递归一般可以用于解决以下三大类问题：

1）数据是按递归方式定义的。例如 Fibonacci 数列等。

2）问题解法可以按递归方式实现。例如回溯等。

3）数据的结构形式是按递归定义的。例如树的遍历、图的搜索等。

递归调用应用非常广泛，而且也易于理解，但在使用递归时，一般有如下几点内容需要注意：

1）终止条件：当递归函数符合这个限制条件时，它便不再调用自身。

2）不断推进：每一次递归，都要使问题朝着终止条件前进，否则是无法结束递归的。

3）设计法则：假设所有的递归调用都能运行。

4）合成效益法则：在不同的递归调用中应聚焦于解决同一个问题，不应该做重复性的工作。

用递归方法解决问题的过程中，递归函数的内部执行过程大致可以分为三步：

1）运行开始时，为递归调用建立一个工作栈，其结构包括实参、局部变量和返回地址；

2）每次执行递归调用之前，把递归函数的实参和局部变量的当前值以及调用后的返回地址压栈；

3）每次递归调用结束后，将栈顶元素出栈，使相应的实参和局部变量恢复为调用前的值，然后转向返回地址指定的位置继续执行。

可以看出用递归方式解决问题的思路简单清晰，如果能够找出问题蕴含的递归结构，将很快得到结果，但是递归将导致执行过程中出现多次函数调用，使用到大量堆、栈空间，降低算法效率，费时费内存。递归常用场景有：阶乘、Fibonacci 数列、汉诺塔问题、整数划分、枚举排列及二叉树、图的搜索相关问题。下面将介绍几个用递归思想解决的经典问题。

例 3.1 求解 Fibonacci 数列。

无穷数列<1,1,2,3,5,8,13,21,34,55,…>被称为 Fibonacci 数列。它可以递归定义为：

$$F(n) = \begin{cases} 1 & n = 0 \\ 1 & n = 1 \\ F(n-1) + F(n-2) & n > 1 \end{cases}$$

从这个定义可以看出 $F(n)$ 的递归定义中，前两行为该递归函数的边界条件（递归出口），第三行为该递归函数的递归方程。由此可以很容易用递归的方法求出数列中第 n 个元素对应的取值。具体算法代码如下所示。

```
int Fibonacci (int n)
{
    int Fn;
    if (n==1 || n==2)
    do
        Fn=1;
    else
    do
```

```
                Fn = (Fibonacci(n−1) + Fibonacci(n−2));
            end if
            return Fn;
    }
```

例 3.2　汉诺塔（Hanoi）问题。

汉诺塔来源于印度的古老传说。在世界中心贝纳勒斯（位于印度北部）的圣庙里，一块黄铜板上插着三根宝石针，印度教的主神梵天在创造世界的时候，在其中一根针上从下到上穿好了由大到小排列的 64 片金片，这就是所谓的汉诺塔。不论白天黑夜，总有一个僧侣在按照下面的法则移动这些金片：一次只移动一片，不管在哪根针上，小片必须在大片上面。僧侣们预言，当所有的金片都从梵天穿好的那根针上移动到另外一根针上时，世界就将消失，而梵塔、庙宇和众生也将同归于尽。

上面的古老传说抽象为汉诺塔问题后，其定义为：

设 A、B、C 是 3 个塔座，初始时，在塔 A 上有一叠共 n 个圆盘，这些圆盘自下而上，由大到小地叠在一起。各圆盘从小到大编号为 $1,2,\cdots,n$，现要求将塔座 A 上的这一叠圆盘移到塔座 B 上，并仍按同样顺序叠置。

在移动圆盘时应遵守以下移动规则：

1）每次只能移动 1 个圆盘；

2）任何时刻都不允许将较大的圆盘压在较小的圆盘之上；

3）在满足移动规则 1 和 2 的前提下，可将圆盘移至 A、B、C 中任一塔座上。

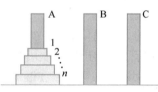

塔座上有 n 个圆盘的汉诺塔问题被称为 n 阶汉诺塔问题。令过程 Hanoi（n，a，c，b）表示解 n 阶汉诺塔问题的算法，其中第一个参数表示问题的阶数，第 2、3、4 参数分别表示起始柱、中间柱与目的柱，过程 MOVE（a，n，b）表示将起始柱 A 上编号为 n 的圆盘（最后一个圆盘）移动到目的柱 B 上。现在用递归的思路，可以用以下方法解决这个问题：

1）当 n=1 时，只要将编号 1 的盘子从 A 移到 B 即可。

2）当 n>1 时，要以 C 为辅助，此时设法将 n−1 个较小的盘子从 A 移到 C，将剩下的最大盘子从 A 移到 B，最后，再设法将 n−1 个较小的盘子从 C 移到 B。这样，n 个盘子的移动就可以分解为两次 n−1 个盘子的移动。

从上面的方法可知，要完成 Hanoi（n，a，c，b）的工作，可以分解成四个步骤：

1）如果 n=1，可直接将这一个圆盘移动到目的柱上，过程结束。如果 n>1，则进行步骤 2）。

2）设法将起始柱的上面 n−1 个圆盘（编号 1~n−1）按移动原则移动到中间柱上。

3）将起始柱上的最后一个圆盘（编号为 n）移到目的柱上。

4）设法将中间柱上的 n−1 个圆盘按移动原则移到目的柱上。

由此可以看出，步骤 2）与步骤 4）实际上还是 Hanoi 塔问题，如果最原始的问题为 n 阶汉诺塔问题，且表示为 Hanoi(n, a, c, b)，则步骤 2）与步骤 4）为 n−1 阶汉诺塔问题，分别表示为：Hanoi(n−1, a, b, c)和 Hanoi(n−1, c, a, b)。那么我们现在很容易给出解 n 阶汉诺塔问题的算法，代码如下所示。

```
Hanoi( n, a, c, b )
{
  if   n==1
  then
       move(a, 1, b);
  else
       Hanoi( n−1, a, b, c );
       move( a, n, b );
       Hanoi( n−1, c, a, b );
  end if
  return;
}
```

递归算法代码简洁、清晰、易于验证，但时间与空间消耗较大，因为它会调用嵌套函数，如果调用层数太深，会存在堆栈溢出的风险。而迭代的形式则相对复杂，但效率较高。往往有这样的观点：**能不用递归就不用递归，递归都可以用迭代来代替**。从理论上讲，递归和迭代在时间复杂度方面是等价的（在不考虑函数调用开销和函数调用产生的堆栈开销情况下），但实际上递归确实效率比迭代低。迭代是利用变量的原值推算出变量的一个新值，它是一个从前向后归纳推演的过程，通过前面的过程函数不停地调用后面的过程函数解决问题，而递归却是一个从后向前再向后的推演过程，即自己调用自己。既然这样，递归没有任何优势，是不是就没有使用递归的必要了，那递归的存在有何意义呢？从算法结构来说，递归声明的结构并不总能够转换为迭代结构，原因在于结构的引申本身属于递归的概念，用迭代的方法在设计初期根本无法实现，因此在结构设计时，通常采用递归的方式而不是采用迭代的方式。一个极典型的例子就是链表，使用递归定义它极其简单，但是用非递归的方式去对其进行定义及调用处理说明就比较困难，因为这些问题的底层数据结构本身就是递归，尤其是在遇到环链、图、网格等问题时，使用迭代方式从描述到实现上都会变得不现实。

所以，对于上述求 Fibonacci 数列的问题，除了递归以外，使用迭代的方法也是可行的，而且效率更高。可以将已经计算过的数字缓存起来，下次计算的时候不需要再进行重复运算，从而可以大量节省运算时间。根据以上思路，示例代码如下所示。通过分析可知，这种方法的时间复杂度为 O(n)。

```
int fibonacci(int n)
{
        if (n < 1)
            return 0;
        if (n == 1 || n == 2)        //特殊值不用迭代
            return 1;
        int f1 = 1, f2 = 1, fn = 0;  //迭代变量
        int i;
        for (i = 3; i <= n; i++)     //用 i 的值来限制迭代的次数
        do
            fn = f1 + f2;
            f1 = f2;                 //f1 和 f2 迭代前进，其中 f2 在 f1 的前面
```

```
            f2 = fn;
        end for
        return fn;
    }
```

3.2 分治法

分治（Divide-and-Conquer）就是"分而治之"的意思，分治法的基本思想就是将一个规模为 n 的问题分解为 k 个规模较小的子问题，这些子问题互相独立且与原问题相关联。通过递归方式来求解这些子问题，然后将各个子问题的解合并成原问题的解，如图 3-1 所示。它的一般的算法设计模式代码如下所示。

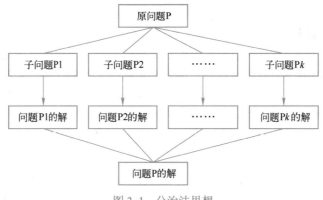

图 3-1　分治法思想

```
divide-and-conquer(P)
{
    if ( | P | <= n0) adhoc(P);                      //解决小规模的问题

    divide P into smaller subinstancesP1,P2,...,Pk；  //分解问题
    for (i=1;i<=k;i++)
    do
        yi=divide-and-conquer(Pi);                  //递归的求各个解
    end for

    return merge(y1,...,yk);                         //将各子问题的解合并为原问题的解
}
```

在用分治法设计算法时，最好使子问题的规模大致相同，即将一个问题分成大小相等的 k 个子问题（许多问题取 k=2）。这种使子问题规模大致相等的做法出自一种平衡子问题的思想，通常比子问题规模不等的做法要好。

例 3.3　分治法求数列中最大最小值。

问题描述： 输入一个数组 $A[1,\cdots,n]$，求出 A 中的最大值与最小值。

方法思想： 使用分治法的思想，首先把数组分成两部分，再把这两部分中的每一部分再分成两部分，一直递归分解下去直到每一部分小于或等于两个数为止，然后比较这两个数大小，然后回弹比较直到递归的最外层，就可以找到数组中的最大最小值，代码如下所示。

```
MaxMin(A,left,right,fmax,fmin)        //A[1:n]是 n 元数组，
{
    /*
    ** 参数 left，right ： 1≤left≤right≤n，使用该过程将数组 A[left..right]
    ** 中的最大最小元分别赋给 fmax 和 fmin。
    */
    if (left==right)                  //子数组 A[left..right]中只有一个元素
    then
        fmax:=A[left]; fmin:=A[left];
    else if (left==right-1)           //子数组 A[left..right]中只有两个元素
    then
            if A[left]<A[right]
            then
                fmin=A[left];
                fmax=A[right];
            else
                fmin=A[right];
                fmax=A[left];
            end if;
    else                              //子数组 A[left..right]中的元素多于两个
        mid=(left+right)/2;
        MaxMin(A, left, mid, lmax, lmin);
        MaxMin(A, mid+1, right, rmax, rmin);
        fmax=max(lmax, rmax);
        fmin=min(lmin, rmin);
    end if;
}
```

伪代码已经给出了算法的逻辑，只需要根据 Python 语言的特性转换成 Python 的实现即可，实现代码如下：

```python
def MaxMin(A,left,right):
    if left==right:          #子数组 A[left..right]中只有一个元素
        fmax = A[left]
        fmin = A[left]
    elif left==right-1:     #子数组 A[left..right]中只有两个元素
        if A[left]<A[right]:
            fmin=A[left]
            fmax=A[right]
        else:
            fmin=A[right]
            fmax=A[left]
    else:                            #子数组 A[left..right]中的元素多于两个
        mid=(left+right)//2;
        lmax, lmin = MaxMin(A, left, mid)
        rmax, rmin = MaxMin(A, mid+1, right)
        fmax=max(lmax, rmax)
        fmin=min(lmin, rmin)
    return fmax, fmin

if __name__ == "__main__":
```

```
A = [1,2,3,4,5,6]
max, min= MaxMin(A, 0, len(A)-1)
print(max)
print(min)
```

程序运行结果为:

```
6
1
```

现在来分析上述代码中算法的时间复杂度,用 n 表示待查找数组中元素的个数,用 $T(n)$ 表示该问题的时间复杂度。根据算法中的递归关系可以得出:

$$T(n) = \begin{cases} 0 & n = 1 \\ 1 & n = 2 \\ T\left(\dfrac{n}{2}\right) + T\left(\dfrac{n}{2}\right) + 2 & n > 2 \end{cases}$$

根据上一章讲述的算法分析方法,可以得到 $T(n) = \dfrac{3n}{2} - 1 = O(n)$。

总的来说,分治法所能解决的问题一般具有以下几个特征:

1)可行性。该问题的规模缩小到一定的程度时就可以容易地解决;因为问题的计算复杂性一般是随着问题规模的增加而增加,因此大部分问题满足这个特征。

2)可分解性。该问题可以分解为若干个规模较小的相同问题,即该问题具有最优子结构性质,这条特征是应用分治法的前提,它也是大多数问题可以满足的,此特征反映了递归思想的应用。

3)可合并性。利用该问题分解出的子问题的解可以合并为该问题的解;能否利用分治法完全取决于问题是否具有这条特征,如果具备了前两条特征,而不具备第三条特征,则可以考虑贪心算法或动态规划。

4)独立性。该问题所分解出的各个子问题是相互独立的,即子问题之间不包含公共的子问题。这条特征涉及分治法的效率,如果各子问题是不独立的,则分治法要做许多不必要的工作,重复地解公共的子问题,此时虽然也可用分治法,但用动态规划或贪心法会更好。

下面重点来分析分治法的复杂性,从一般设计模式看,用分治法设计的程序通常是一个递归算法。若一个分治法将规模为 n 的问题分成 k 个规模为 n/m 的子问题去解。假设规模为 1 的问题耗费 1 个单位时间,再设将原问题分解为 k 个子问题以及将 k 个子问题的解合并为原问题的解需用 $f(n)$ 个单位时间。用 $T(n)$ 表示该分治法求解规模为 $|P|=n$ 的问题所需的计算时间,则有:

$$T(n) = \begin{cases} O(1) & n = 1 \\ kT\left(\dfrac{n}{m}\right) + f(n) & n > 1 \end{cases}$$

通过迭代法求得方程解为:

$$T(n) = n \log_m k + \sum_{j=0}^{\log_m n - 1} k^j \cdot f(n / m^j)$$

其中, $n \log_m k$ 为基本子问题所消耗的时间, $\sum_{j=0}^{\log_m n - 1} k^j \cdot f(n / m^j)$ 则为合并部分所消耗

的时间。设 $f(n) = \Theta(n^d)$，$d \geqslant 0$。依照主定理可得：

$$T(n) = \begin{cases} \Theta(n^d) & k < m^d \\ \Theta(n^d \cdot \log n) & k = m^d \\ \Theta(n^{\log_m k}) & k > m^d \end{cases}$$

3.3 分治法的应用

下面通过一些例子来直观地感受应用分治思想解决实际问题。

例 3.4 通过简单分治法求矩阵乘法。

问题描述： $n \times n$ 矩阵 A 和 B 的乘积矩阵 C 中的元素 $C[i,j]$ 定义为：

$$c_{ij} = \sum_{k=1}^{n} a_{ik} b_{kj}$$

如果依此定义来计算矩阵 A 和 B 的乘积矩阵 C，则每计算 C 的一个元素 $C[i,j]$，就需要做 n 次乘法和 $n-1$ 次加法。因此，算出矩阵 C 的 n^2 个元素所需的计算时间为 $O(n^3)$。

下面用分治法来求两个矩阵的乘法。

首先假定 n 是 2（$n=2^k$）的幂，如果相乘的两矩阵 A 和 B 不是方阵，可以通过适当添加全零行和全零列，使之成为行列数为 2 的幂的方阵。

使用分治法，将矩阵 A、B 和 C 中每一矩阵都分块成 4 个大小相等的子矩阵，每个子矩阵都是 $n/2 \times n/2$ 的方阵。由此可将方程 $C=A \times B$ 重写为：

$$\begin{bmatrix} C_{11} & C_{12} \\ C_{21} & C_{22} \end{bmatrix} = \begin{bmatrix} A_{11} & A_{12} \\ A_{21} & A_{22} \end{bmatrix} \begin{bmatrix} B_{11} & B_{12} \\ B_{21} & B_{22} \end{bmatrix}$$

由此可得：

$$C_{11} = A_{11}B_{11} + A_{12}B_{21} \qquad C_{12} = A_{11}B_{12} + A_{12}B_{22}$$

$$C_{21} = A_{21}B_{11} + A_{22}B_{21} \qquad C_{22} = A_{21}B_{12} + A_{22}B_{22}$$

如果 $n=2$，则两个 2 阶方阵的乘积可以直接计算出来，共需 8 次乘法和 4 次加法。

当子矩阵的阶大于 2 时，可以继续将子矩阵分块，直到子矩阵的阶降为 2。这样就产生了一个分治降阶的递归算法。依此算法，可以将计算 2 个 n 阶方阵的乘积转化为计算 8 个 $n/2$ 阶方阵的乘积和 4 个 $n/2$ 阶方阵的加法。2 个 $n/2 \times n/2$ 矩阵的加法显然可以在 $c*n^2/4$（$O(n^2)$）时间内完成，这里 c 是一个常数。

上述分治法的计算时间耗费 $T(n)$ 的递归方程满足：

$$T(n) = \begin{cases} O(1) & n = 2 \\ 8T\left(\dfrac{n}{2}\right) + O(n^2) & n > 2 \end{cases}$$

可得 $T(n) = O(n^3)$，相比依照定义计算的方法没有改进，原因是没有减少矩阵乘法次数。为了降低时间复杂度，必须减少乘法次数，其关键在于计算 2 个 2 阶方阵的乘积时所用乘法次数能否少于 8 次。为此，Strassen 提出了一种只用 7 次乘法运算计算 2 阶方阵乘积的方法（但增加了加/减法次数）：

$$M_1 = A_{11}(B_{12} - B_{22}), \quad M_2 = (A_{11} + A_{12})B_{22}$$
$$M_3 = (A_{21} + A_{22})B_{11}, \quad M_4 = A_{22}(B_{21} - B_{11})$$
$$M_5 = (A_{11} + A_{22})(B_{11} + B_{22}), \quad M_6 = (A_{12} - A_{22})(B_{21} + B_{22})$$
$$M_7 = (A_{11} - A_{21})(B_{11} + B_{12})$$

完成了这 7 次乘法后，再做若干次加/减法就可以得到：

$$C_{11}=M_5+M_4-M_2+M_6, \quad C_{12}=M_1+M_2$$
$$C_{21}=M_3+M_4, \quad C_{22}=M_5+M_1-M_3-M_7$$

在这种分治算法中，用了 7 次对于 $n/2$ 阶矩阵乘积的递归调用和 18 次 $n/2$ 阶矩阵的加减运算。由此可知，该算法的所需的计算时间 $T(n)$ 满足如下的递归方程：

$$T(n) = \begin{cases} O(1) & n = 2 \\ 7T\left(\dfrac{n}{2}\right) + O(n^2) & n > 2 \end{cases}$$

求解可得：$T(n) = O(n^{\log 7}) \approx O(n^{2.81})$，相较 $T(n) = O(n^3)$ 有了较大的改进。

关于空间复杂度，常规方法需要存储 2 个 n 阶方阵，加一行 n 个存储单元共需 $2n^2+n$ 个单元。而 Strassen 方法需要 $O(n^{2.81})$ 个单元，比常规乘法大，因此 Strassen 方法可以看作以空间换时间的一种方法。

例 3.5　使用分治法求解智力题。

假设有一个袋子，袋子中装有 15 个 1 元硬币和一个游戏币，这个游戏币比 1 元硬币要轻一些，如何不通过观察外观的方式找出那个游戏币呢？本题提供一个天平用于称量。通过逐个称量硬币质量的方法固然可以找出这个游戏币，但是这样需要 15 次称量，即使是将硬币分为 8 组，每组 2 个，每组比较一次，如果发现轻的，则能确定该币为游戏币，此种方法最少也需要 8 次称量。无论以上哪种方法，都不是最优方法。而采用分治法，问题就变得简单高效了。第一次将 16 个硬币平均分为两组，每组 8 个硬币，比较一次，找出质量较轻的一组 8 个硬币，根据性质可知，那枚游戏币肯定在质量较轻的这一组中。然后再将这 8 个硬币平均分为两组，每组 4 个硬币，找出质量较轻的一组 4 个硬币，紧接着将这 4 个硬币平均分为两组，每组 2 个硬币，找出质量较轻的一组 2 个硬币，最后，将两个硬币分别放在天平两端，即可找出这枚游戏币来。此种方法一共只需要进行 4 次比较即可。将硬币分为两组后，一次比较可以将硬币的范围缩小到原来的一半，这样充分地利用了只有一枚游戏币的基本性质。

不难发现，分治法的应用范围非常广泛，除上面讲的一些例子以外，常见的应用场景还有：1）二分查找，2）大整数乘法，3）棋盘覆盖，4）归并排序，5）快速排序，6）线性时间选择，7）最接近点对问题，8）循环赛日程表，9）最大子段和等，在此就不一一介绍了。

3.4　达人修炼真题

1．如何在不排序的情况下求数组中的中位数

题目描述：

所谓中位数就是一组数据从小到大排列后中间的那个数字。如果数组长度为偶数，那么

中位数的值就是中间两个数字相加除以 2，如果数组长度为奇数，那么中位数的值就是中间那个数字。

分析与解答：

根据定义，如果数组是一个已经排序好的数组，那么直接通过索引即可获得所需的中位数。如果题目允许排序的话，那么本题的关键在于选取一个合适的排序算法对数组进行排序。一般而言，快速排序的平均时间复杂度较低，为 $O(n\log_2 n)$，所以，如果采用排序方法的话，算法的平均时间复杂度为 $O(n\log_2 n)$。

但题目要求不许使用排序算法。此时，可以换一种思维：分治的思想。快速排序算法在每一次局部递归后都保证某个元素左侧元素的值都比它小，右侧元素的值都比它大，因此，可以利用这个思路快速地找到第 n 大元素，而与快速排序算法不同的是，这个算法关注的并不是元素的左右两边，而仅仅是某一边。

可以采用一种类似快速排序的方法，找出这个中位数来。具体而言，首先把问题转化为求一列数中第 i 小的数的问题，求中位数就是求一列数的第（length/2+1）小的数的问题（其中 length 表示的是数组序列的长度）。

当使用一次类快速排序算法后，分割元素的下标为 pos：

1）当 pos>length/2 时，说明中位数在数组左半部分，那么继续在左半部分查找。

2）当 pos==length/2 时，说明找到该中位数，返回 A[pos]即可。

3）当 pos<length/2 时，说明中位数在数组右半部分，那么继续在数组右半部分查找。

以上默认此数组序列长度为奇数，如果为偶数就调用上述方法两次找到中间的两个数求平均。示例代码如下：

```
"""
如何在不排序的情况下求数组中的中位数
题目描述：所谓中位数就是一组数据从小到大排列后中间的那个数字。如果数组长度为偶数，那
么中位数的值就是中间两个数字相加除以 2，如果数组长度为奇数，那么中位数的值就是中间那个数字。
"""
class Test:
    def __init__(self):
        self.pos = 0
    # 以 array[low]为基准把数组分成两部分
    def partition(self,array,low,high):
        key = array[low]
        while low < high:
            while low < high and array[high] >= key:
                high -= 1
            array[low] = array[high]
            while low < high and array[low] <= key:
                low += 1
            array[high] = array[low]
        array[low] = key
        self.pos = low

    def getMid(self,array):
        low = 0
        high = len(array) - 1
```

```
        mid = (low + high) // 2
        while True:
            # array[low]为基准把数组分成两部分
            self.partition(array,low,high)
            if self.pos == mid:        # 找到中位数
                break
            elif self.pos > mid:       # 继续在右半部分查找
                high = self.pos - 1
            else:                      # 继续在左半部分查找
                low = self.pos + 1
        # 如果数组长度为奇数，中位数为中间的元素，否则就是中间两个数的平均值
        return array[mid] if len(array)%2 != 0 else (array[mid] + array[mid+1])//2


if __name__ == "__main__":
    array = [7,5,3,1,11,9]
    result = Test().getMid(array)
    print(result)
```

程序的运行结果为

   6

算法性能分析：

这个算法在平均情况下的时间复杂度为 $O(n)$。

2. 如何从大量的 url 中找出相同的 url

题目描述：

给定 a、b 两个文件，各存放 50 亿个 url，每个 url 各占 64B，内存限制是 4GB，请找出 a、b 两个文件共同的 url。

分析解答：

由于每个 url 需要占 64B，所以 50 亿个 url 占用的空间大小为 50 亿×64=5G×64=320GB。由于内存大小只有 4GB，因此不可能一次性把所有的 url 都加载到内存中处理。对于这个类型的题目，一般都需要使用分治法，即把一个文件中的 url 按照某一特征分成多个文件，使得每个文件的大小都小于 4GB，这样就可以把这个文件一次性读到内存中进行处理了。对于本题而言，主要的实现思路如下：

1）遍历文件 a，对遍历到的 url 求 hash(url)%500，根据计算结果把遍历到的 url 分别存储到 $a_0,a_1,a_2,\cdots,a_{499}$（计算结果为 i 的 url 存储到文件 a_i 中），这样每个文件的大小大约为 600MB。当某一个文件中 url 的大小超过 2GB 的时候，可以按照类似的思路把这个文件继续分为更小的子文件（例如：如果 a1 大小超过 2GB，那么可以把文件继续分成 $a_{11},a_{12}\cdots$）。

2）使用同样的方法遍历文件 b，把文件 b 中的 url 分别存储到文件 $b_0,b_1,\cdots,b_{499}$ 中。

3）通过上面的划分，与 a_i 中 url 相同的 url 一定在 b_i 中。由于 a_i 与 b_i 中所有的 url 的大小不会超过 4GB，因此可以把它们同时读入到内存中进行处理。具体思路是：遍历文件 a_i，把遍历到的 url 存入到 set 中，接着遍历文件 b_i 中的 url，如果这个 url 在 set 中存在，那么说明这个 url 是这两个文件共同的 url,可以把这个 url 保存到另外一个单独的文件中。当把文件 $a_0\sim a_{499}$ 都遍历完成后，就找到了两个文件共同的 url。

3.　如何实现链表的逆序

题目描述：

给定一个带头结点的单链表，请将其逆序。即如果单链表原来为 head->1->2->3->4->5->6->7，则逆序后变为 head->7->6->5->4->3->2->1。

分析与解答：

由于单链表与数组不同，单链表中每个结点的地址都存储在其前驱结点的指针域中，因此对单链表中任何一个结点的访问只能从链表的头指针开始进行遍历。在对链表的操作过程中，需要特别注意在修改结点指针域的时候，记录下后继结点的地址，否则就会丢失后继结点。

方法一：就地逆序

主要思路：在遍历链表的时候，修改当前结点的指针域的指向，让其指向它的前驱结点。为此需要用一个指针变量来保存前驱结点的地址。此外，为了在调整当前结点指针域的指向后还能找到后继结点，还需要另外一个指针变量来保存后继结点的地址，在所有结点都被保存好以后就可以直接完成指针的逆序了。除此之外，还需要特别注意对链表首尾结点的特殊处理。具体实现方式如图 3-2 所示。

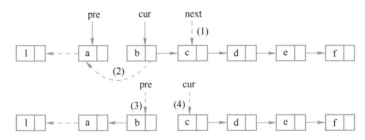

图 3-2　就地逆序

在上图中，假设当前已经遍历到 cur 结点，由于它所有的前驱结点都已经完成了逆序操作，因此只需要使 cur.next=pre 即可完成逆序操作，在此之前为了能够记录当前结点的后继结点的地址，需要用一个额外的指针 next 来保存后继结点的信息，通过上图（1）～（4）四步把实线的指针调整为虚线的指针就可以完成当前结点的逆序；当前结点完成逆序后，可以通过向后移动指针来对后续的结点用同样的方法进行逆序操作。算法实现如下：

首先给出单链表数据结构的定义示例：

```python
class LNode:
    def __init__(self):
        self.data = None    # 数据域
        self.next = None    # 后继结点
```

基于这个链表结构，逆序的实现方式如下：

```python
# 方法功能：对单链表进行逆序 输入参数： head： 链表头结点
def Reverse(head):
    # 判断链表是否为空
    if head == None or head.next == None:
        return
    pre = None        # 前驱结点
```

```
            cur = None          # 当前结点
            next = None         # 后继结点
            # 把链表首结点变为尾结点
            cur = head.next
            next = cur.next
            cur.next = None
            pre = cur
            cur = next
            # 是当前遍历到的结点 cur 指向其前驱结点
            while cur.next != None:
                next = cur.next
                cur.next = pre
                pre = cur
                cur = next
            #链表的头结点指向倒数第二个结点
            cur.next = pre
            #链表的头结点指向原来链表的尾结点
            head.next = cur


if __name__ == '__main__':
    i = 1
    # 链表头结点
    head = LNode()
    head.next = None
    tmp = None
    cur = head
    # 构造单链表
    while i < 8:
        tmp = LNode()
        tmp.data = i
        tmp.next = None
        cur.next = tmp
        cur = tmp
        i += 1
    print('逆序前： ', end='')
    cur = head.next
    while cur != None:
        print(cur.data, end=' ')
        cur = cur.next

    print("\n 逆序后： ", end='')
    Reverse(head)
    cur = head.next
    while cur != None:
        print(cur.data, end=' ')
        cur = cur.next
```

程序的运行结果为

```
逆序前： 1  2  3  4  5  6  7
逆序后： 7  6  5  4  3  2  1
```

算法性能分析：

以上这种方法只需要对链表进行一次遍历，因此时间复杂度为 O(*n*)，其中 *n* 为链表的长度。但是需要常数个额外的变量来保存当前结点的前驱结点与后继结点，因此空间复杂度为 O(1)。

方法二：递归法

假定原链表为 1->2->3->4->5->6->7，递归法的主要思路为：先逆序除第一个结点以外的子链表（将 1->2->3->4->5->6->7 变为 1->7->6->5->4->3->2），接着把结点 1 添加到逆序的子链表的后面（1->2->3->4->5->6->7 变为 7->6->5->4->3->2->1）。同理，在逆序链表 2->3->4->5->6->7 时，也是先逆序子链表 3->4->5->6->7（逆序为 2->7->6->5->4->3），接着实现链表的整体逆序（2->7->6->5->4->3 转换为 7->6->5->4->3->2）。实现代码如下：

```
"""
方法功能：对不带头结点的单链表进行逆序
输入参数：firstRef:链表头结点
"""

def RecursiveReverse(head):
    # 如果链表为空或链表中只有一个元素
    if head is None or head.next is None:
        return head
    else:
        # 反转后面的结点
        newhead = RecursiveReverse(head.next)
        # 把当前遍历的结点加到后面结点逆序后链表的尾部
        head.next.next = head
        head.next = None
    return newhead


"""
方法功能：对带头结点的单链表进行逆序
输入参数：head：链表头结点
"""

def Reverse(head):
    if head is None:
        return
    # 获取链表第一个结点
    firstNode = head.next
    # 对链表进行逆序
    newhead = RecursiveReverse(firstNode)
    # 头结点指向逆序后链表的第一个结点
    head.next = newhead
    return newhead
```

算法性能分析：

由于递归法也只需要对链表进行一次遍历，因此算法的时间复杂度也为 O(*n*)，其中 *n* 为链表的长度。递归法的主要优点是：思路清晰，容易理解，而且也不需要保存前驱结点的地址；缺点是：算法实现的难度较大，此外，由于递归法需要不断地调用自己，需要额外的压栈与弹栈操作，因此与方法一相比，性能会有所下降。

方法三：插入法

插入法的主要思路为：从链表的第二个结点开始，把遍历到的结点插入到头结点的后面，直到遍历结束。假定原链表为 head->1->2->3->4->5->6->7，在遍历到 2 的时候，将其插入到头结点后，链表变为 head->2->1->3->4->5->6->7。同理将后序遍历到的所有结点都插入到头结点 head 后，就可以实现链表的逆序。实现代码如下：

```
def Reverse(head):
    # 判断链表是否为空
    if head is None or head.next is None:
        return
    cur = None    # 当前结点
    next = None    # 后继结点
    cur = head.next.next
    # 设置链表的第一个结点为尾结点
    head.next.next = None
    # 把遍历到结点插入到头结点的后面
    while cur is not None:
        next = cur.next
        cur.next = head.next
        head.next = cur
        cur = next
```

算法性能分析：

以上这种方法也只需要对单链表进行一次遍历，因此时间复杂度为 O(n)，其中 n 为链表的长度。与方法一相比，这种方法不需要保存前驱结点的地址；与方法二相比，这种方法不需要递归的调用，效率更高。

引申：

1）对不带头结点的单链表进行逆序。

2）从尾到头输出链表。

分析与解答：

对不带头结点的单链表的逆序，读者可以自己练习（方法二已经实现了递归的方法），这里主要介绍单链表逆向输出的方法。

方法一：就地逆序+顺序输出

首先对链表进行逆序，然后顺序输出逆序后的链表。这个方法的缺点是改变了链表原来的结构。

方法二：逆序+顺序输出

先申请新的存储空间，对链表进行逆序，然后顺序输出逆序后的链表。逆序的主要思路为：每当遍历到一个结点的时候，就申请一块新的存储空间来存储这个结点的数据域，同时把新结点插入到新的链表的头结点后面。这种方法的缺点是需要申请额外的存储空间。

方法三：递归输出

递归输出的主要思路为：先输出除当前结点外的后继子链表，然后输出当前结点。假如链表为：1->2->3->4->5->6->7，那么就先输出 2->3->4->5->6->7，再输出 1。同理，对于链表 2->3->4->5->6->7，也是先输出 3->4->5->6->7，接着输出 2，直到遍历到链表的最后一个结点 7 的时候会输出结点 7，然后递归地输出 6，5，4，3，2，1。实现代码如下：

```
def ReversePrint(firstNode):
    if firstNode is None:
        return
    ReversePrint(firstNode.next)
    print(firstNode.data, end=' ')


if __name__ == '__main__':
    i = 1
    # 链表头结点
    head = LNode()
    head.next = None
    tmp = None
    cur = head
    # 构造单链表
    while i < 8:
        tmp = LNode()
        tmp.data = i
        tmp.next = None
        cur.next = tmp
        cur = tmp
        i += 1
    print('顺序输出: ', end='')
    cur = head.next
    while cur != None:
        print(cur.data, end=' ')
        cur = cur.next

    print('\n 逆序输出: ', end='')
    ReversePrint(head.next)
```

程序的运行结果为

```
顺序输出: 1 2 3 4 5 6 7
逆序输出: 7 6 5 4 3 2 1
```

算法性能分析:

以上这种方法只需要对链表进行一次遍历,因此时间复杂度为 $O(n)$,其中 n 为链表的长度。

4. 如何从无序链表中移除重复项

题目描述:

给定一个没有排序的链表,去掉其重复项,并保留原顺序,例如链表 1->3->1->5->5->7,去掉重复项后变为 1->3->5->7。

分析与解答:

方法一: 顺序删除

主要思路:通过双重循环直接在链表上进行删除操作。外层循环用一个指针从第一个结点开始遍历整个链表,然后内层循环用另外一个指针遍历其余结点,将与外层循环遍历到的指针所指结点的数据域相同的结点删除。如图 3-3 所示:

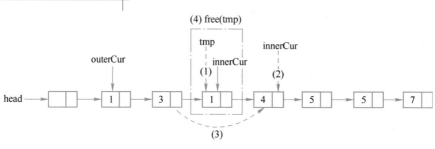

图 3-3　顺序删除

假设外层循环从 outerCur 开始遍历，当内层循环指针 innerCur 遍历到上图实线所示的位置（outerCur.data==innerCur.data）时，需要把 innerCur 指向的结点删除。具体步骤如下：

1）用 tmp 记录待删除的结点的地址。

2）为了能够在删除 tmp 结点后继续遍历链表中其余的结点，使 innerCur 指向它的后继结点：innerCur=innerCur.next。

3）从链表中删除 tmp 结点。

实现代码如下：

```
'''
** 方法功能：对带头结点的无序单链表删除重复的结点
** 输入参数：head：链表头结点
'''
def removeDup(head):
    if head is None or head.next is None:
        return
    outerCur = head.next    # 用于外层循环，指向链表的第一个结点
    innerCur = None    # 用于内层循环来遍历 outerCur 后面的结点
    innerPre = None                        # innerCur 的前驱结点
    while outerCur is not None:
        innerCur = outerCur.next
        innerPre = outerCur
        while innerCur is not None:
            # 找到重复的结点并删除
            if outerCur.data == innerCur.data:
                innerPre.next = innerCur.next
                innerCur = innerCur.next
            else:
                innerPre = innerCur
                innerCur = innerCur.next
        outerCur = outerCur.next


if __name__ == "__main__":
    i = 1
    head = LNode()
    tmp = None

    cur = head
    while i < 7:
        tmp = LNode()
```

```
            if i % 2 == 0:
                tmp.data = i + 1
            elif i % 3 == 0:
                tmp.data = i - 2
            else:
                tmp.data = i
            tmp.next = None
            cur.next = tmp
            cur = tmp
            i += 1

    print("删除重复结点前：", end="")
    cur = head.next
    while cur is not None:
        print(cur.data, end=' ')
        cur = cur.next
    removeDup(head)
    print("\n 删除重复结点后：", end="")
    cur = head.next
    while cur is not None:
        print(cur.data, end=' ')
        cur = cur.next
```

程序的运行结果为

```
删除重复结点前: 1  3  1  5  5  7
删除重复结点后: 1  3  5  7
```

算法性能分析：

由于这个算法采用双重循环对链表进行遍历，因此时间复杂度为 $O(n^2)$，其中 n 为链表的长度。在遍历链表的过程中，使用了常量个额外的指针变量来保存当前遍历的结点、前驱结点和被删除的结点，因此空间复杂度为 $O(1)$。

方法二：递归法

该方法的主要思路为：对于结点 cur，首先递归地删除以 cur.next 为首的子链表中重复的结点，接着从以 cur.next 为首的子链表中找出与 cur 有着相同数据域的结点并删除。实现代码如下：

```
def removeDupRecursion(head):
    if head.next is None:
        return head
    pointer = None
    cur = head
    # 对以 head.next 为首的子链表删除重复的结点
    head.next = removeDupRecursion(head.next)
    pointer = head.next
    # 找出以 head.next 为首的子链表中与 head 结点相同的结点并删除
    while pointer is not None:
        if head.data == pointer.data:
            cur.next = pointer.next
            pointer = cur.next
```

```
        else:
                pointer = pointer.next
                cur = cur.next
        return head


def removeDup(head):
    if head is None:
        return
    head.next = removeDupRecursion(head.next)
```

用方法一中的 main 函数运行这个方法可以得到相同的运行结果。

算法性能分析：

这个方法与方法一类似，从本质上而言，由于这个方法需要对链表进行双重遍历，因此时间复杂度为 O(n^2)，其中 n 为链表的长度。由于递归法会增加许多额外的函数调用，因此从理论上讲该方法的效率比方法一低。

方法三：空间换时间

通常情况下，为了降低时间复杂度，往往在条件允许的情况下，通过使用辅助空间实现。具体而言，主要思路如下：

1）建立一个 HashSet，HashSet 用来存储已经遍历过的结点，并将其初始化为空。

2）从头开始遍历链表中的所有结点，存在以下两种可能性：

① 如果结点内容已经在 HashSet 中，则删除此结点，继续向后遍历。

② 如果结点内容不在 HashSet 中，则保留此结点，并将此结点内容添加到 hash_set 中，继续向后遍历。

引申：如何从有序链表中移除重复项。

分析与解答：

上述介绍的方法也适用于链表有序的情况，但是由于以上方法没有充分利用链表有序这个条件，因此算法的性能肯定不是最优的。本题中，由于链表具有有序性，因此不需要对链表进行两次遍历。所以有如下思路：用 cur 指向链表第一个结点，此时需要分为以下两种情况讨论：

1）如果 cur.data==cur.next.data，那么删除 cur.next 结点。

2）如果 cur.data!= cur.next.data，那么 cur=cur.next，继续遍历其余结点。

5．如何求一个字符串的所有排列

题目描述：

实现一个函数，当输入一个字符串时，要求输出这个字符串的所有排列。例如输入字符串 abc，要求输出由字符 a、b、c 所能排列出来的所有字符串：abc,acb,bac,bca,cab,cba。

分析与解答：

这道题主要考察对递归的理解，可以采用递归的方法来实现。当然也可以使用非递归的方法来实现，但是与递归法相比，非递归法难度增加了很多。下面分别介绍这两种方法。

方法一：递归法

以下以字符串 abc 为例介绍对字符串进行全排列的方法。具体步骤如下所示：

1）首先固定第一个字符 a，然后对后面的两个字符 b 与 c 进行全排列。

2）交换第一个字符与其后面的字符，即交换 a 与 b，然后固定第一个字符 b，接着对后面的两个字符 a 与 c 进行全排列。

3）由于第 2）步交换了 a 和 b，破坏了字符串原来的顺序，因此，需要再次交换 a 和 b，使其恢复到原来的顺序，然后交换第一个字符与第三个字符（即交换 a 和 c），接着固定第一个字符 c，对后面的两个字符 a 与 b 求全排列。

在对字符串求全排列的时候就可以采用递归的方式来求解，实现方法如图 3-4 所示。

在使用递归方法求解的时候，需要注意以下两个问题：1）逐渐缩小问题的规模，并且可以用同样的方法来求解子问题。2）递归一定要有结束条件，否则会导致程序陷入死循环。本题目递归方法实现代码如下所示：

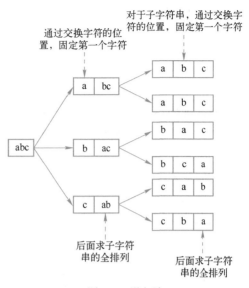

图 3-4　递归法

```python
def swap(str,i,j):
    tmp = str[i]
    str[i] = str[j]
    str[j] = tmp


'''
***** 方法功能：对字符串中的字符进行全排列
***** 输入参数：str：待排列的字符串；start：待排列的子字符串的首字符下标
'''
def permutation(str,start):
    if str == None or start < 0:
        return
    # 完成全排列后输出当前排列的字符串
    if start == len(str)-1:
        print("".join(str),end=' ')
    else:
        i = start
        while i < len(str):
            # 交换 start 与 i 所在位置的字符
            swap(str,start,i)
            #固定第一个字符，对剩余的字符进行全排列
            permutation(str,start+1)
            # 换原 start 与 i 所在位置的字符
            swap(str,start,i)
            i += 1

def permutation_transe(s):
    str = list(s)
    permutation(str,0)
```

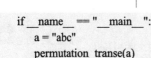

```
    if __name__ == "__main__":
        a = "abc"
        permutation_transe(a)
```

程序的运行结果为

abc acb bac bca cba cab

算法性能分析：

假设这个算法需要的基本操作数为 $f(n)$，那么 $f(n)=n*f(n-1)=n*(n-1)*f(n-2)\cdots=n!$。所以，算法的时间复杂度为 $O(n!)$。算法在对字符进行交换的时候用到了常量个指针变量，因此，算法的空间复杂度为 $O(1)$。

方法二：非递归法

递归法比较符合人的思维，因此，算法的思路以及算法实现都比较容易。下面介绍一种非递归的方法。算法的主要思想是：从当前字符串出发找出下一个排列（下一个排列为大于当前字符串的最小字符串）。

通过引入一个例子来介绍非递归算法的基本思想：假设要对字符串 "12345" 进行排序。第一个排列一定是 "12345"，依此获取下一个排列："12345"->"12354"->"12435"->"12453"->"12534"->"12543"->"13245"->…。从 "12543"->"13245" 可以看出找下一个排列的主要思路是：1）从右到左找到两个相邻递增（从左向右看是递增的）的字符，例如 "12543"，从右到左找出第一个相邻递增的子串为 "25"；将这个小的字符记为 pmin。2）找出 pmin 后面的比它大的最小的字符进行交换，在本例中 '2' 后面的子串中比它大的最小的字符为 '3'，因此，交换 '2' 和 '3' 得到字符串 "13542"。3）为了保证下一个排列为大于当前字符串的最小字符串，在第 2）步中完成交换后需要对 pmin 后的子串重新组合，使其值最小，只需对 pmin 后面的字符进行逆序即可（因为此时 pmin 后面的子字符串中的字符必定是按照降序排列，逆序后字符就按照升序排列了），逆序后就能保证当前的组合是新的最小的字符串；在这个例子中，上一步得到的字符串为 "13542"，pmin 指向字符 '3'，对其后面的子串 "542" 逆序后得到字符串 "13245"。4）当找不到相邻递增的子串时，说明找到了所有的组合。

需要注意的是，这种方法适用于字符串中的字符是按照升序排列的情况。因此，非递归方法的主要思路为：1）首先对字符串进行排序（按字符进行升序排列）。2）依次获取当前字符串的下一个组合，直到找不到相邻递增的子串为止。实现代码如下：

```
    def swap(str,i,j):
        tmp = str[i]
        str[i] = str[j]
        str[j] = tmp

    '''
    ***** 方法功能：根据当前字符串的组合
    ***** 输入参数：str:字符数组
    ***** 返回值：  还有下一个返回 True，否则返回 False
    '''
    def getNextPermutation(str):
        end = len(str) - 1                    # 字符串最后一个字符的下标
        cur = end                             # 用来从后向前遍历字符串
```

```
        suc = 0                                # cur 的后继
        tmp = 0
        while cur != 0:
            # 从后向前开始遍历字符串
            suc = cur
            cur -= 1
            if str[cur] < str[suc]:
                # 相邻递增字符，cur 指向较小的字符
                # 找出 cur 后面最小的字符 tmp
                tmp = end
                while str[tmp] < str[cur]:
                    tmp -= 1
                # 交换 cur 和 tmp
                swap(str,cur,tmp)
                # 把 cur 后面的字符串进行翻转
                reverse(str,suc,end)
                return True
        return False


'''
***** 方法功能：翻转字符串
***** 输入参数：begin 和 end 分别为字符串中的第一个字符和最后一个字符的下标
'''
def reverse(str,begin,end):
    i = begin
    j = end
    while i < j:
        swap(str,i,j)
        i += 1
        j -= 1


'''
***** 方法功能：获取字符串中字符的所有组合
***** 输入参数：str：字符数组
'''
def permutation(s):
    if s == None or len(s) < 1:
        return
    str = list(s)
    str.sort()                                # 升序排列字符串数组
    print("".join(str),end=' ')
    while getNextPermutation(str):
        print("".join(str),end=' ')


if __name__ == "__main__":
    a = "abc"
    permutation(a)
```

程序的运行结果为

```
abc  acb  bac  bca  cab  cba
```

算法性能分析：

首先对字符串进行排序，时间复杂度为 $O(n^2)$，接着求字符串的全排列，由于长度为 n 的字符串全排列个数为 $n!$，因此，Permutation 函数中的循环执行的次数为 $n!$，循环内部调用函数 getNextPermutation，getNextPermutation 内部用到了双重循环，因此，它的时间复杂度为 $O(n^2)$。所以，求全排列算法的时间复杂度为 $O(n! \cdot n^2)$。

引申：如何去掉重复的排列

分析与解答：

当字符串中没有重复字符时，其所有组合对应的字符串也就没有重复的情况，但是当字符串中有重复字符时，例如"baa"，此时如果按照上面介绍的算法求全排列，就会产生重复的字符串。

由于全排列的主要思路是从第一个字符起每个字符分别与它后面的字符进行交换，例如：对于"baa"，交换第一个与第二个字符后得到"aba"，再考虑交换第一个与第三个字符后得到"aab"，由于第二个字符与第三个字符相等，因此，会导致这两种交换方式对应的全排列是重复的（在固定第一个字符的情况下，它们对应的全排列都为"aab"和"aba"）。从上面的分析可以看出去掉重复排列的主要思路是：从第一个字符起每个字符分别与它后面非重复出现的字符进行交换。在递归方法的基础上只需要增加一个判断字符是否重复的函数即可，实现代码如下：

```
# 方法功能：交换字符数组下标为 i 和 j 对应的字符
def swap(str, i, j):
    tmp = str[i]
    str[i] = str[j]
    str[j] = tmp


"""
函数功能：判断[begin,end)区间中是否有字符与*end 相等
输入参数：begin 和 end 为指向字符的指针
返回值： true:如果有相等的字符，否则返回 false
"""
def isDuplicate(str, begin, end):
    i = begin
    while i < end:
        if str[i] == str[end]:
            return False
        i += 1
    return True


"""
函数功能：对字符串中的字符进行全排列
输入参数：str 为待排序的字符串，start 为待排序的子字符串的首字符下标
"""
def permutation(str, start):
    if str == None or start < 0:
        return
    # 完成全排列后输出当前排列的字符串
    if start == len(str) - 1:
```

```
            print(''.join(str), '', end='')

        else:
            i = start
            while i < len(str):
                if not isDuplicate(str, start, i):
                    i += 1
                    continue
                # 交换 start 与 i 所在位置的字符
                swap(str, start, i)
                # 固定第一个字符，对剩余的字符进行全排列
                permutation(str, start + 1)
                # 还原 start 与 i 所在位置的字符
                swap(str, start, i)
                i += 1


def permutation_transe(s):
    str = list(s)
    permutation(str, 0)


if __name__ == "__main__":
    s = "aba"
    permutation_transe(s)
```

程序的运行结果为

```
aba  aab  baa
```

6．如何计算一个数的 n 次方

题目描述：

给定一个数 d 和 n，如何计算 d 的 n 次方？例如：$d=2$，$n=3$，d 的 n 次方为 $2^3=8$。

分析与解答：

方法一：蛮力法

可以把 n 的取值分为如下几种情况：

1）$n=0$，那么计算结果肯定为 1。

2）$n=1$，那么计算结果肯定为 d。

3）$n>0$，计算方法是：初始化计算结果 result=1，然后对 result 执行 n 次乘以 d 的操作，得到的结果就是 d 的 n 次方。

4）$n<0$，计算方法是：初始化计算结果 result=1，然后对 result 执行 $|n|$ 次除以 d 的操作，得到的结果就是 d 的 n 次方。

以 2 的 3 次方为例，首先初始化 result=1，接着对 result 执行三次乘以 2 的操作：result =result*2=1*2=2，result =result*2=2*2=4，result =result*2=4*2=8，因此，2 的 3 次方等于 8。根据这个思路给出实现代码如下：

```
        '''
        ****** 方法功能：计算一个数的 n 次方
        ****** 输入参数：d 为底数，n 为幂
```

```
****** 返回值：    d^n
"""
def power(d,n):
    if n == 0:
        return 1
    if n == 1:
        return d
    result = 1.0
    if n > 0:
        i = 1
        while i <= n:
            result *= d
            i += 1
        return result
    else:
        i = 1
        while i <= abs(n):
            result /= d
            i += 1
        return result


if __name__ == "__main__":
    print(power(2,3))
    print(power(-2,3))
    print(power(2,-3))
```

程序的运行结果为

```
8
-8
0.125
```

算法性能分析：

这个算法的时间复杂度为 $O(n)$，需要注意的是，当 n 非常大的时候，这种算法的效率是非常低的。

方法二：递归法

由于方法一没有充分利用中间的计算结果，因此，算法效率有很大的提升余地。例如在计算 2 的 100 次方时，假如已经计算出了 2 的 50 次方的值 tmp，就没必要对 tmp 再乘以 50 次 2 了，可以直接利用 tmp*tmp，就得到了结果。利用这个特点给出递归实现方法如下：

1）n=0，那么计算结果肯定为 1。

2）n=1，那么计算结果肯定为 d。

3）n>0，首先计算 $2^{\frac{n}{2}}$ 的值 tmp，如果 n 为奇数，那么计算结果 result=tmp*tmp*d，如果 n 为偶数，那么计算结果 result=tmp*tmp。

4）n<0，首先计算 $2^{\left|\frac{n}{2}\right|}$ 的值 tmp，如果 n 为奇数，那么计算结果 result=1/(tmp*tmp*d)，如果 n 为偶数，那么计算结果 result=1/(tmp*tmp)。

根据以上思路实现代码如下：

```
def   power(d,n):
    if n==0: return   1
    if n==1:return   d
    tmp=power(d,abs(n)//2)
    if  n>0:
        # n 为奇数
        if   n%2==1:
            return tmp*tmp*d
        # n 为偶数
        else:
            return tmp*tmp
    else:
        if   n%2==1:
            return 1/(tmp*tmp*d)
        else:
            return 1/(tmp*tmp)
```

算法性能分析：

这个算法的时间复杂度为 $O(\log_2 n)$。

7．如何判断字符串是否为整数

题目描述：

写一个函数，检查字符串是否为整数，如果是，那么返回其整数值。

分析与解答：

整数分为负数、零与正数，负数只有一种表示方法，而正数可以有两种表示方法。例如：-123，123，+123。因此，在判断字符串是否为整数的时候，需要把这几种问题都考虑到。下面主要介绍两种方法。

方法一：递归法

对于正数而言，例如 123，可以看成 12×10+3，而 12 又可以看成 1×10+2。而-123 可以看成(-12)×10-3，-12 可以被看成(-1)×10-2。根据这个特点可以采用递归的方法来求解，首先根据字符串的第一个字符确定整数的正负，接着对字符串从右往左遍历，假设字符串为 "$c_1c_2c_3...c_n$"，如果 c_n 不是整数，那么这个字符串不能表示成整数；如果这个数是非负(c_1='-')，那么这个整数的值为 "$c_1c_2c_3...c_{n-1}$" 对应的整数值乘以 10 加上 c_n 对应的整数值，如果这个数是负数(c_1='-')，那么这个整数的值为 $c_1c_2c_3...c_{n-1}$ 对应的整数值乘以 10 减去 c_n 对应的整数值。而求解子字符串 "$c_1c_2c_3...c_{n-1}$" 对应的整数的时候，可以用相同的方法来求解，即采用递归的方法来求解。对于 "+123" 这种情况，首先去掉 "+"，然后处理方法与 "123" 相同。由此可以得到递归表达式为

c_1=='-' ? toint("$c_1c_2c_3...c_{n-1}$") * 10 - (c_n - '0') : toint("$c_1c_2c_3...c_{n-1}$") * 10 +(c_n - '0')。

递归的结束条件是：当字符串长度为 1 时，直接返回字符对应的整数的值。实现代码如下：

```
class Test:
    def __init__(self):
        self.flag = None
    def getFlag(self):
        return self.flag
```

```
                    # 判断 c 是否是数字，如果是返回 True,否则返回 False
                    def isNumber(self,c):
                        return c >= '0' and c <= '9'


                    # '''
                    # 判断 str 是否为数字，如果是返回数字，且设置 flag=True，否则设置 flag=False'
                    # 输入参数：str:字符数组；length:数组长度；flag：表示 str 是否是数字
                    # '''
                    def strtoint(self,str,length):
                        if length > 1:
                            if not self.isNumber(list(str)[length-1]):
                                # 不是数字
                                print("不是数字")
                                self.flag = False
                                return -1
                            if list(str)[0] == '-':
                                return self.strtoint(str,length-1)*10-(ord(list(str)[length-1])-ord('0'))
                            else:
                                return self.strtoint(str,length-1)*10+ord(list(str)[length-1])-ord('0')
                        else:
                            if list(str)[0] == '-':
                                return 0
                            else:
                                if not self.isNumber(list(str)[0]):
                                    print("不是数字")
                                    self.flag = False
                                    return -1
                                return ord(list(str)[0]) - ord('0')


                    def strToint(self,s):
                        if s == None or len(s) <= 0 or list(s)[0]=='-' and len(s) == 1:
                            print("不是数字")
                            self.flag = False
                            return -1
                        if list(s)[0] == '+':
                            return self.strtoint(s[1:len(s)],len(s)-1)
                        else:
                            return self.strtoint(s,len(s))


                if __name__ == "__main__":
                    t = Test()
                    s = "-543"
                    print(t.strToint(s))
                    s = "543"
                    print(t.strToint(s))
                    s = "+543"
                    print(t.strToint(s))
                    s = "++43"
                    result = t.strToint(s)
                    if t.getFlag():
```

```
            print(result)
```

程序的运行结果为

```
        −543
        543
        543
        不是数字
```

算法性能分析：

由于这个算法对字符串进行了一次遍历，因此，时间复杂度为 $O(n)$，其中，n 是字符串的长度。

方法二：非递归法

首先通过第一个字符的值确定整数的正负，然后去掉符号位，把后面的字符串当作正数来处理，处理完成后再根据整数的正负返回正确的结果。实现方法为从左到右遍历字符串计算整数的值，以 "123" 为例，遍历到'1'的时候结果为1，遍历到'2'的时候结果为 1×10+2=12，遍历到 '3' 的时候结果为 12×10+3=123。其本质思路与方法一类似，根据这个思路实现代码如下：

```python
class Test:
    def __init__(self):
        self.flag = None

    def getFlag(self):
        return self.flag

    # 判断 c 是否是数字，如果是返回 True，否则返回 False
    def isNumber(self,c):
        return c >= '0' and c <= '9'

    def strToint(self,strs):
        if strs == None:
            self.flag = False
            print("不是数字")
            return -1
        self.flag = True
        res = 0
        i = 0
        minus = False                    # 是否是负数
        if list(strs)[i] == '-':         # 结果是负数
            minus = True
            i += 1
        if list(strs)[i] == '+':         # 结果是正数
            i += 1
        while i < len(strs):
            if self.isNumber(list(strs)[i]):
                res = res*10 + ord(list(strs)[i]) - ord('0')
            else:
                self.flag = False
                print("不是数字")
```

```
            return -1
        i += 1
    return -res if minus else res
```

算法性能分析：

由于这个算法对字符串进行了一次遍历，因此，算法的时间复杂度为 O(n)，其中，n 是指字符串的长度。但是由于方法一采用了递归法，而递归法需要大量的函数调用，也就有大量的压栈与弹栈操作（函数调用都是通过压栈与弹栈操作来完成的）。因此，虽然这两个方法有相同的时间复杂度，但是方法二的运行速度会比方法一更快，效率更高。

8. 如何统计字符串中连续重复的字符个数

题目描述：

用递归的方式实现一个求字符串中连续出现相同字符的最大值，例如字符串"aaabbcc"中连续出现字符 'a' 的最大值为 3，字符串"abbc"中连续出现字符 'b' 的最大值为 2。

分析与解答：

如果不要求采用递归的方法，那么算法的实现就非常简单，只需要在遍历字符串的时候定义两个额外的变量 curMaxLen 与 maxLen，分别记录与当前遍历的字符重复的连续字符的个数和遍历到目前为止找到的最长的连续重复字符的个数即可。在遍历的时候，如果相邻的字符相等，则执行 curMaxLen+1；否则，更新最长连续重复字符的个数，即 maxLen=max (curMaxLen, maxLen)，由于碰到了新的字符，因此，curMaxLen=1。

题目要求用递归的方法来实现，通过对非递归方法进行分析可知，在遍历字符串的时候，curMaxLen 与 maxLen 是最重要的两个变量，那么在进行递归调用的时候，通过传入两个额外的参数（curMaxLen 与 maxLen）就可以采用与非递归方法类似的方法来实现，实现代码如下：

```
def getMaxDupChar(s,startIndex,curMaxLen,maxLen):
    # 字符串遍历结束，返回最长连续重复字符串的长度
    if startIndex == len(s)-1:
        return max(curMaxLen,maxLen)
    # 如果两个连续的字符相等，那么在递归调用的时候把当前最长的长度加 1
    if list(s)[startIndex] == list(s)[startIndex+1]:
        return getMaxDupChar(s,startIndex+1,curMaxLen+1,maxLen)
    # 两个连续的子串不相等，求出最长串 max(curMaxLen,maxLen)
    # 当前连续重复字符串的长度变为 1
    else:
        return getMaxDupChar(s,startIndex+1,1,max(curMaxLen,maxLen))

if __name__ == "__main__":
    print("abbc 的最长连续重复子串长度为：",getMaxDupChar("abbc",0,1,1))
    print("aaabbcc 的最长连续重复子串长度为：",getMaxDupChar("aaabbcc",0,1,1))
```

程序的运行结果为

```
abbc 的最长连续重复子串长度为：2
aaabbcc 的最长连续重复子串长度为：3
```

算法性能分析：

由于这个算法对字符串进行了一次遍历，因此，算法的时间复杂度为 O(n)。这个算法也

没有申请额外的存储空间。

9. 如何查找数组中元素的最大值和最小值

题目描述：

给定数组 a1, a2, a3, ..., an，要求找出数组中的最大值和最小值。假设数组中的值两两各不相同。

分析与解答：

虽然题目没有时间复杂度与空间复杂度的要求，但是给出的算法的时间复杂度肯定是越低越好。

方法一：蛮力法

查找数组中元素的最大值与最小值并不困难，最容易想到的方法就是蛮力法。具体过程如下：首先定义两个变量 max 与 min，分别记录数组中最大值与最小值，并将其都初始化为数组的首元素的值，然后从数组的第二个元素开始遍历数组元素，如果遇到的数组元素的值比 max 大，那么该数组元素的值为当前的最大值，并将该值赋给 max，如果遇到的数组元素的值比 min 小，那么该数组元素的值为当前的最小值，并将该值赋给 min。

算法性能分析：

上述方法的时间复杂度为 O(n)，但很显然，以上这个方法称不上是最优算法，因为最差情况下比较的次数达到了 2n-2 次（数组第一个元素首先赋值给 max 与 min，接下来的 n-1 个元素都需要分别跟 max 与 min 比较一次，比较次数为 2n-2），最好的情况下比较次数为 n-1。是否可以降低比较次数呢？回答是肯定的，分治法就是一种高效的方法。

方法二：分治法

本题中，当采用分治法求解时，就是将数组两两一对分组，如果数组元素个数为奇数个，就把最后一个元素单独分为一组，然后分别对每组中的两个元素进行比较，把二者中值小的数放在数组的左边，值大的数放在数组右边，只需要比较 n/2 次就可以将数组分组完成。然后可以得出结论：最小值一定在每一组的左半部分，最大值一定在每一组的右半部分，接着只需要在每一组的左半部分找最小值,右半部分找最大值，查找分别需要比较 n/2-1 次和 n/2-1 次；因此，总共比较的次数大约为 n/2 * 3= 3n/2-2 次。

实现代码如下：

```python
class MaxMin:
    def __init__(self):
        self.max = None
        self.min = None
    def getMax(self):
        return self.max
    def getMin(self):
        return self.min
    def getmaxAndmin(self,array):
        if array == None:
            print("数组为空")
            return
        length = len(array)
        # 两两分组，把较小的数放在左半部分，较大的数放在右半部分
        i = 0
```

```
            while i < length-1:
                if array[i] > array[i+1]:
                    tmp = array[i]
                    array[i] = array[i+1]
                    array[i+1] = tmp
                i += 2
            # 在各个分组的左半部分找最小值
            self.min = array[0]
            i = 2
            while i < length:
                if array[i] < self.min:
                    self.min = array[i]
                i += 2
            # 在各个分组的左半部分找最大值
            self.max = array[1]
            i = 3
            while i < length:
                if array[i] > self.max:
                    self.max = array[i]
                i += 2
            # 如果数组元素个数为奇数，最后一个元素被分为一组，需要特殊处理
            if length % 2 == 1:
                if self.max < array[length-1]:
                    self.max = array[length-1]
                if self.min > array[length-1]:
                    self.min = array[length-1]


    if __name__ == "__main__":
        array = [7,3,19,40,4,7,1]
        m = MaxMin()
        m.getmaxAndmin(array)
        print("max = ",m.getMax())
        print("min = ",m.getMin())
```

程序的运行结果为

```
最大值:40
最小值:1
```

方法三：变形分治法

除了分治法以外，还有一种变形分治法，其具体步骤如下：将数组分成左右两部分，先求出左半部分的最大值和最小值，再求出右半部分的最大值和最小值，然后再综合比较，左右两部分的最大值中的较大值即为合并后的数组的最大值,左右两部分的最小值中的较小值即为合并后数组的最小值，通过此种方法即可求合并后的数组的最大值与最小值。

以上过程是个递归过程，对于划分后的左右两部分，同样重复这个过程，直到划分区间内只剩一个元素或者两个元素为止。

示例代码如下所示：

```
class MaxMin:
    def getMAxMin(self,array,start,end):
```

```
            if array == None:
                print("数组为空")
                return
            list = []
            mid = (start + end) // 2
            if start == end:                        #1 与 r 之间只有 1 个元素
                list.append(array[start])
                list.append(array[start])
                return list
            if start + 1 == end:                    #1 与 r 之间只有 2 个元素
                if array[start] >= array[end]:
                    max = array[start]
                    min = array[end]
                else:
                    max = array[end]
                    min = array[start]
                list.append(min)
                list.append(max)
                return list
            # 递归计算左半部分
            lList = self.getMAxMin(array,start,mid)
            # 递归计算右半部分
            rList = self.getMAxMin(array,mid+1,end)
            # 计算总的最大值
            max = lList[1] if (lList[1] > rList[1]) else rList[1]
            # 计算总的最小值
            min = lList[0] if (lList[0] < rList[0]) else rList[0]
            list.append(min)
            list.append(max)
            return list

    if __name__ == "__main__":
        array = [7,3,19,40,4,7,1]
        m = MaxMin()
        result = m.getMAxMin(array,0,len(array)-1)
        print("max = ",result[1])
        print("min = ",result[0])
```

算法性能分析：

这个方法与方法二的思路从本质上讲是相同的，只不过这个方法是使用递归的方式实现的，因此，比较次数仍为 $3n/2-2$ 次。

第 4 章　动态规划算法

动态规划（Dynamic Programming，DP）是求解决策过程（decision process）最优化的数学方法，通常应用于最优化问题，即要做出一组选择以获得一个最优解。在做选择的同时，经常出现同样形式的子问题。当某一特定的子问题被重复多次计算时，使用动态规划方法将非常有效。这一章中将详细给出动态规划的思想以及应用这种思想解决的一些经典问题。

4.1　动态规划基础

4.1.1　动态规划基本思想

和分治法一样，动态规划也是通过组合子问题的解而解决整个问题，但是二者的不同之处在于：分治法将问题划分成一些独立的子问题，然后递归地求解各子问题，最后合并子问题的解得到原始问题的解；而**动态规划适用于子问题独立但重叠的情况，子问题独立指的是一个子问题的解不会影响同一问题中另一个子问题的解，子问题重叠指的是各个子问题中包含有公共的子问题**，在这种情况下，如果用分治法来解决问题，会导致对同一个子问题进行多次重复求解，进而降低效率。动态规划的思路是在解决原始问题的过程中，对每个子问题只求解一次，将其结果保存下来，避免在后续的求解过程中重复计算。

在设计动态规划算法时，大体可以分为以下 4 个阶段：

1）分析最优解的性质，并形式化描述最优解的结构；

2）递归定义最优解的值；

3）以自底向上或自顶向下的记忆化方式（备忘录法）计算出最优值；

4）根据计算最优值时得到的信息，构造问题的最优解。

接下来将通过一个具体的例子来看如何利用动态规划思想解决一个实际问题——求解两个字符串的最长公共子序列。

4.1.2　动态规划算法举例——最长公共子序列

这一小节重点介绍使用动态规划算法解决最长公共子序列问题，通过这个例子的介绍，可以令读者对动态规划算法的设计以及应用模式有一个直观的感受，接下来再从抽象层面来分析动态规划算法的特征以及适用范围。

1．问题描述与相关概念

给出两个序列（序列中的元素可以是任意形式，例如数字或字符等）S_1 和 S_2，有很多种方法来度量它们之间的相似性，其中的一种度量方法为找出第三个序列 S_3，S_3 中的元素都出现在 S_1 和 S_2 中，而且这些元素必须是以相同的顺序出现，但不必是连续的。能找到的 S_3 越长，表明 S_1 和 S_2 越相似。可以把这个相似性度量方法形式化为最长公共子序列问题。在给出具体算法思路前，首先来介绍相关的几个概念。

子序列（**Subsequence**）：一个特定序列的子序列就是将给定序列中零个或多个元素去掉后得到的结果（不改变元素间相对次序）。以形式化的方式来说，给定序列 $X =< x_1, x_2, \cdots, x_m >$，另一个序列 $Z =< z_1, z_2, \cdots, z_k, >$ 是 X 的子序列，那么必然存在 X 的一个严格递增下标序列 $< i_1, i_2, \cdots, i_k, >$，使得对所有的 $j = 1, 2, \cdots, k$，有 $x_{ij} = z_j$。例如序列<A,B>、<B,C,A>、<A,B,C,D,A> 都是序列<A,B,C,B,D,A,B>的子序列。

公共子序列（**Common Subsequence**）：给定序列 X 和 Y，序列 Z 是 X 的子序列，也是 Y 的子序列，则 Z 是 X 和 Y 的公共子序列。例如 X=<A,B,C,B,D,A,B>，Y=<B,D,C,A,B,A>，那么序列 Z=<B,C,A>为 X 和 Y 的公共子序列，其长度为 3。但 Z 不是 X 和 Y 的最长公共子序列，而序列<B,C,B,A>和<B,D,A,B>均为 X 和 Y 的最长公共子序列，长度为 4，因为 X 和 Y 不存在长度大于或等于 5 的公共子序列。

最长公共子序列（**Longest-Common-Subsequence，LCS**）：给定两个序列 $X =< x_1, x_2, \cdots, x_m >$，$Y =< y_1, y_2, \cdots, y_n >$，如何找出 X 和 Y 的最大长度公共子序列。

2.　最长公共子序列解决方案

下面重点介绍如何解决最长公共子序列问题。

方法一：暴力搜索方案

暴力搜索方案主要采用的是穷举的思路，是所有算法中最直观的方法，但效率往往也是最低的。暴力搜索策略的步骤如下：

1）枚举序列 X 里的每一个子序列 x_i；

2）检查子序列 x_i 是否也是序列 Y 里的子序列；

3）在每一步记录当前找到的子序列里面的最长的子序列。

X 总共有 2^m 个子序列，假设枚举每个子序列需要常数时间，因此在步骤 1）中枚举 X 中所有的子序列的时间复杂度为 $O(2^m)$，检查每个子序列是否也是 Y 的子序列所需时间复杂度为 $O(n)$。因此蛮力策略的最坏时间复杂度为 $O(n2^m)$，这是指数级时间复杂度的算法，对较长的序列求 LCS 是不适用的。

方法二：动态规划方案

（1）描述一个最长公共子序列

动态规划方法的第一个步骤是描述最优解的结构特征，对于序列 $X =< x_1, x_2, \cdots, x_m >$，定义 X 的第 i 个前缀为 $X_i =< x_1, x_2, \cdots, x_i >$，例如，如果 X=<A,B,C,D,A,B>，则 X_3=<A,B,C>，X_0 是一个空序列。对于最长公共子序列，可以用如下方式描述序列 $X =< x_1, x_2, \cdots, x_m >$ 和 $Y =< y_1, y_2, \cdots, y_n >$ 的一个最长公共子序列，假设序列 $Z =< z_1, z_2, \cdots, z_k >$ 是 X 和 Y 的任意一个 LCS。

1）如果 $x_m = y_n$，那么 $z_k = x_m = y_n$，而且 Z_{k-1} 是 X_{m-1} 和 Y_{n-1} 的一个 LCS；

2）如果 $x_m \neq y_n$，那么 $z_k \neq x_m$，而且 Z 是 X_{m-1} 和 Y 的一个 LCS；

3）如果 $x_m \neq y_n$，那么 $z_k \neq y_n$，而且 Z 是 X 和 Y_{n-1} 的一个 LCS。

以上结论的证明较为简单，读者可自行证明，此处不做过多赘述。很明显，以上的结论说明两个序列的一个 LCS 也包含了两个序列的前缀的一个 LCS，这说明 LCS 问题具有最优子结构性能。因此，可以用递归的方式来描述如何寻找两个序列的 LCS。

（2）一个递归解

由步骤 1）中的结论可以知道，在找 $X =< x_1, x_2, \cdots, x_m >$ 和 $Y =< y_1, y_2, \cdots, y_n >$ 的一个最长

公共子序列时，可能要检查一个或两个子问题。如果 $x_m = y_n$，那么必须找出 X_{m-1} 和 Y_{n-1} 的一个 LCS，再将 x_m 添加到这个 LCS 上，便可产生 X 和 Y 的一个最长公共子序列。如果 $x_m \neq y_n$，那么必须找出 X_{m-1} 和 Y 的一个 LCS，并找出 X 和 Y_{n-1} 的一个 LCS，这两个 LCS 中，较长的就是 X 和 Y 的一个最长公共子序列。因此，很显然，LCS 问题具有重叠子问题的性质，即为了找出 X 和 Y 的一个最长公共子序列，可能需要找出 X_{m-1} 和 Y 的一个 LCS，以及找出 X 和 Y_{n-1} 的一个 LCS，但这两个子问题都包含着找出 X_{m-1} 和 Y_{n-1} 的一个 LCS 的子问题，还有许多其他的子问题中的共享子问题。因此，可以用一个递归式来描述和寻找 LCS，设 $c[i,j]$ 为序列 X 和 Y 的最长公共子序列的长度，那么有：

$$c[i,j] = \begin{cases} 0 & 如果 i = 0 或 j = 0 \\ c[i-1,j-1]+1 & 如果 i, j > 0 或 x_i = y_j \\ \max\{c[i,j-1], c[i-1,j]\} & 如果 i, j > 0 或 x_i \neq y_j \end{cases}$$

（3）计算 LCS 的长度

根据步骤 2）中的递归式，可以很容易地写出一个指数时间的递归算法，来计算两个序列的 LCS 的长度，算法代码如下所示。过程 LCS-LENGTH(X, Y) 的输入为两个序列 X 和 Y，该程序返回两个表 c 和 b，其中 $c[m,n]$ 包含 X 和 Y 的一个 LCS 的长度，$b[i,j]$ 指向一个表项，这个表项对应于在计算 $c[i,j]$ 时所选择的最优子问题的解。

```
PRINT-LCS(b, X, i, j)
{
    if (i == 0 or j == 0) then
        return;

    if (b[i,j] == '↖') then
        PRINT-LCS(b, X, i-1, j-1);
        print x[i];
    else if (b[i,j] == '↑') then
        PRINT-LCS(b, X, i-1, j);
    else
        PRINT-LCS(b, X, i, j-1);
    end if
}
```

由 LCS-LENGTH 返回的表 b 可被用来快速构造 $X = <x_1, x_2, \cdots, x_m>$ 和 $Y = <y_1, y_2, \cdots, y_n>$ 的一个最长公共子序列。只需要简单地从 $b[m,n]$ 开始，并按箭头方向追踪下去即可。当在表项 $b[i,j]$ 中遇到一个 '↖' 时，意味着 $x_i = y_j$ 是 LCS 的一个元素。按照这种方法，可以按逆序依次构造出 LCS 的所有元素，算法代码如下所示，其中输入参数分别为过程 LCS-LENGTH 返回的表 b、序列 X、序列 X 的长度以及序列 Y 的长度。图 4-1 给出了 LCS-LENGTH 算法在输入为序列 $X = <A,B,C,B,D,A,B>$ 与序列 $Y = <B,D,C,A,B,A>$ 时输出的表 c 和 b。对于该输入，过程 PRINT-LCS 将输出 "B C B A"。

根据本书第一部分介绍的知识，可以很容易得到算法

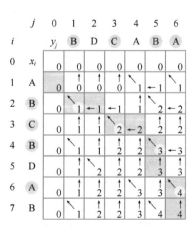

图 4-1　LCS-LENGTH 算法的输出结果

LCS-LENGTH 的运行时间为 O(mn)，在算法 PRINT-LCS 中，因为在递归的每个阶段，i 和 j 至少有一个要减小，由此可知算法 PRINT-LCS 的运行时间为 O($m+n$)，m 和 n 分别为序列 X 和 Y 的长度。

```
LCS-LENGTH(X, Y)
{
    m = X.length;
    n = Y.length;
    create new table b[1...m, 1...n] and c[0...m, 0...n];

    for i = 1 to m
    do
        c[i, 0] = 0;
    end for
    for j = 1 to n
    do
        c[0, j] = 0;
    end for

    for i = 1 to m
        for j = 1 to n
        do
            if x[i] == y[j] then
                c[i,j] = c[i-1, j-1]+1;
                b[i,j] = '↖';
            else if c[i-1, j] >= c[i, j-1] then
                c[i,j] = c[i-1, j];
                b[i,j] = '↑';
            else
                c[i,j] = c[i, j-1];
                b[i,j] = '←';
            end if
        end for
    end for
    return c and b;
}
```

算法复杂度是O(mn)

其中算法输入为序列 X=<A,B,C,B,D,A,B>与序列 Y=<B,D,C,A,B,A>。第 i 行和第 j 列中的方块包含了 $c[i,j]$ 的值以及指向 $b[i,j]$ 值的箭头。

4.2　动态规划算法分析

动态规划是求解某类问题的一种方法，是考察问题的一种途径，而不是一种具体算法。因此，必须对待解决的具体问题进行具体分析，先运用动态规划的原理和方法，建立相应的模型，然后再用动态规划方法去求解。在上一节中，以最长公共子序列为例，给出了如何用动态规划思想求解最优化问题。这一节，将从抽象的角度来分析什么样的问题可以用动态规划思想求解，并介绍动态规划方法的最优化问题中的两个要素：最优子结构和重叠子问题。

4.2.1 最优子结构

用动态规划优化问题的第一步是描述最优解的结构。当一个问题具有最优子结构时，动态规划思想就可能适用于解决该问题（在这种情况下，贪心策略可能也是适用的，后续章节会介绍贪心策略）。最优子结构性质可以表述为：问题的最优解包含着它的子问题的最优解。即不管前面的策略如何，此后的决策必须是基于当前状态的最优决策。

也就是说，在动态规划中，利用子问题的最优解可以得到原问题的最优解，因此在设计算法时，必须认真分析，确保所考虑的子问题范围中，要包含用于最优解中的那些子问题。

上一节的最长公共子序列问题就具有最优子结构性质，两个序列 X 和 Y 的最长公共子序列可以通过这两个序列的前缀间（" X_{m-1} 和 Y_{n-1} " 或 " X_{m-1} 和 Y " 或 " X 和 Y_{n-1} "）的最长公共子序列来构造。在寻找一个问题的最优子结构时，可以采用以下思路求解。

1）试着将待解决问题抽象为做选择的问题，做这种选择会得到一个或多个有待解决的子问题。

2）假设这个待解决问题已经有已知的可以得到最优解的选择，暂且不关心这个选择是如何确定的。

3）已知这个选择后，分析会出现哪些待解决的子问题，并试着恰当地描述这些子问题。

4）证明在待解决问题的一个最优解中，使用的子问题的解本身也是子问题的最优解。

下面用一个简单的例子对上面的思路作进一步的说明。假设现在有一个有向图 G=(V,E) 和结点 $u, v \in V$ 。要求找出一条从 u 到 v 的包含最少边数的路径。这样的一条路径必须是简单路径，因为从路径中去掉一个回路后，会产生边数更少的路径。这个问题被称为**无权最短路径**。

首先假设 $u \neq v$ ，这样任意从 u 到 v 的路径 p 必然包含一个中间顶点 w。这个问题其实等价于判断这个有向图中每一个顶点是否在路径 p 上，因此得到了一个选择问题，即是否选择某顶点作为最短路径上的一个顶点。下一步，可以假设顶点 w 在这条最短路径 p 上（暂且不关心这个结论是如何确定的），那么路径 p 就可以分解为两条子路径，即从顶点 u 到 w 的子路径 p1 和从顶点 w 到 v 的子路径 p2。那么就将解决原问题变成了解决两个子问题。现在就需要证明路径 p1 和路径 p2 是否必须是顶点 u 到 w 和顶点 w 到 v 的无权最短路径，如果是的话，那么就说明这个问题的最优解中包含的子问题的解也是最优解（该证明很容易，故不在此赘述）。可以考虑使用动态规划思想解决。实际上，通常要考虑所有的中间顶点 w，先找出从 u 到 w 的一条最短路径和从 w 到 v 的一条最短路径，然后选择一个会产生整体最短路径的中间结点 w，从而找出从 u 到 v 的一条最短路径。

4.2.2 重叠子问题

动态规划求解的最优化问题必须具备的第二个要素是重叠子问题。重叠子问题指的是：在用递归算法自顶向下求解问题时，每次产生的子问题并不总是新问题，有些问题已经被反复计算多次。对于这些会被求解多次的子问题，在动态规划算法中，对这些子问题只解一次，然后将其解保存起来，以后再遇到同样的问题时就可以直接引用，不必重新求解。

以上一节中介绍的最长公共子序列为例，在解 $c[m,n]$ 时，由递归式可知需要反复查看参数较小的子问题的解。例如给出序列 $X=<A,B,C,B,D,A,B>$ 与序列 $Y=<B,D,C,A,B,A>$ ，按照递归的思路，计算 c[7,6]时，需要调用四次 c[4,2]，如果 c[4,2]每次都被重新计算，而不是被查看，则所增加的运行时间相当可观。事实上，可以证明由递归程序直接来计算 $c[m,n]$的运行时间为 $O(2^{mn})$。然而，如果使用自底向上的动态规划算法，那么可以发现解 c[m,n]时，因为最多有 $m \cdot n$个子问题，从表 4.1 中可知，每个子问题只会被计算一次，计算每个子问题的时间为 O(1)，因此，用动态规划解 LCS 的运行时间为 $O(mn)$。

4.3　动态规划算法的应用

这一节，将通过几个经典的问题进一步为大家展示动态规划思想的灵活运用。其中包括动态规划解 0-1 背包问题，动态规划解最优二叉树。最后给出常见的一些可用动态规划思想解决的问题。

4.3.1　0-1 背包问题

问题描述： 小偷有一个可承受 W重量的背包，他来到一户人家，发现家里有 n件物品，第 i个物品价值 v_i且重 W_i，现在小偷要从这些物品中选出总重量不超过 W的物品，使其总价值最大，那么小偷应该选择哪些物品？

示例：

若 $n=5$，$W=10$ 时，5 件物品的重量与价值分别为<1,5>，<2,4>，<3,3>，<4,2>，<5,1>。

解： 小偷应该带走物品 1,2,3,4。所选物品总价值为 14。

分析：

可以将上面的问题形式化为以下数学问题，即：找到 x_i使得对于所有的 $x_i = \{0,1\}$，$i = 1, 2, \cdots, n$，使得 $\sum_{i=1}^{n} w_i x_i \leqslant W$ 并且 $\sum_{i=1}^{n} x_i v_i$ 最大。

现在按照前两节介绍的思路，来找出这个问题的最优子结构。首先考虑总重量不超过 W的物品组合中价值最高的一组，如果把物品 j从背包中拿出来，那么剩下要装载的物品一定是取自 $n-1$个物品使得不超过载重量 $W - w_j$并且所装物品价值最高。

令 $P(i,w)$表示前 i件物品所能获得的最高价值，其中 w是背包的承受力。那么对于每一个物品 i，都有两种情况需要考虑：

情况 1： 物品 i的重量 $w_j \leqslant W$，小偷对物品 i可拿或者不拿，那么：

$$P(i,w) = \max\{P(i-1,w), P(i-1,W-w_i) + v_i\}$$

情况 2： 物品 i的重量 $w_j > W$，那么小偷不能拿物品 i，那么：

$$P(i,w) = P(i-1,w)$$

可以很容易地写出该问题的**递归解**：

$$P[i,W] = \begin{cases} 0 & W = 0 \\ P(i-1,W) & w_i > W \\ \max\{P(i-1,W), P(i-1,W-w_i)\} + v_i & w_i \leqslant W \end{cases}$$

算法分析：

基于以上的递归式，采用动态规划自下而上的方法，得到以下算法。

```
Knapsack (n,w,S)        //n 为物品数量，w 为背包容量，S 为物品重量与价值信息
{
    for w = 0 to w1 - 1 //wi 为物品 i 的重量，vi 为物品 i 的价值
    do
        P[1, w] = 0;
    end for
    for w = w1 to W
    do
        P[1, w] = v1;
    end for
    for i = 2 to n
    do
        for w = 0 to W
        do
            if wi > w then
                P[i,w] = P[i-1, w];
            else
                P[i,w] = max{P[i-1, w], P[i-1,w-wi] + vi};
            end if
        end for
    end for
}
```

运行时间：$\Theta(nW)$

假设 W=5，物品信息如下：

物品	重量	价值
1	2	12
2	1	10
3	3	20
4	2	15

那么根据上面给出的算法 Knapsack (n,w,S)可得：

$P(1, 1) = P(0, 1) = 0$	$P(2, 1)= \max\{10+0, 0\} = 10$
$P(1, 2) = \max\{12+0, 0\} = 12$	$P(2, 2) = \max\{10+0, 12\} = 12$
$P(1, 3) = \max\{12+0, 0\} = 12$	$P(2, 3)= \max\{10+12, 12\} = 22$
$P(1, 4) = \max\{12+0, 0\} = 12$	$P(2, 4)= \max\{10+12, 12\} = 22$
$P(1, 5) = \max\{12+0, 0\} = 12$	$P(2, 5)= \max\{10+12, 12\} = 22$
$P(3, 1) = P(2,1) = 10$	$P(4, 1) = P(3,1) = 10$
$P(3, 2) = P(2,2) = 12$	$P(4, 2) = \max\{15+0, 12\} = 15$
$P(3, 3) = \max\{20+0, 22\}=22$	$P(4, 3) = \max\{15+10, 22\}=25$
$P(3, 4) = \max\{20+10,22\}=30$	$P(4, 4) = \max\{15+12, 30\}=30$
$P(3, 5)= \max\{20+12,22\}=32$	$P(4, 5)= \max\{15+22, 32\}=37$

4.3.2　石子归并

问题描述： 在一条直线上摆着 n 堆石子，现要将石子有次序地合并成一堆。规定每次只能选取相邻的两堆合并成新的一堆，并将新的一堆的石子数，记为该次合并的得分，试设计一个算法，计算出将 n 堆石子合并成一堆的最小得分。

示例：

假设现在有 4 堆石子，每一堆的石子数量分别为（4,5,9,4），依次挨着摆放。那么合并石子得分最小的方法应该是：

1）合并数量为 4 和 5 的石子堆，（（4,5),9,4）→ （9,9,4）　本次得分 9

2）合并数量为 9 和 4 的石子堆，（9,（9,4））→（9,13）　　　　本次得分 13

3）合并目前仅有的两堆石子，（9,13）→（22）　　　　　　本次得分 22

那么，这种合并方法的得分即为每次合并得分之和，即 9+13+22=44。

分析：

如果 $n-1$ 次合并的全局最优解包含了每一次合并的子问题的最优解，那么经这样的 $n-1$ 次合并后的得分总和必然是最优的。因此可以通过动态规划思想来求解这个问题。

设 $m(i,j)$ 表示将第 i 堆石子到第 j 堆石子合并后的最少总分数。$a(i)$ 为第 i 堆石子的石子数量，$sum(i,j)$ 表示将第 i 堆石子到第 j 堆石子合并为一堆时最后一次合并的分数，即：$sum(i,j)=a(i)+a(i+1)+\cdots+a(j)$。那么：

1）当合并的石子堆为 1 堆时，$m(i,j)=0$；

2）当合并的石子堆为 2 堆时，只有一种合并方式，$m(i,i+1)=a(i)+a(i+1)$；

3）当合并的石子堆为 3 堆时，有两种合并方式，一种为先合并第 1 和第 2 堆，一种为先合并第 2 和第 3 堆，最优方案为这两种合并方法中分数较小的那种，因此有：

$$m(i,i+2)=\min\{(m(i,i+1)+m(i+2,i+2)+sum(i,i+2),(m(i,i)+m(i+1,i+2)+sum(i,i+2))\}$$

4）当合并的石子堆为 4 堆时……

以此类推，可以知道要求 $m(i,j)$，可以首先将这些石子堆划分成两部分，一部分从第 i 堆到第 k 堆，另一部分从第 $k+1$ 堆到第 j 堆，合并这两部分的最小得分再加上合并这两部分的得分，就可以得到合并所有石子堆的得分。那么就要从所有的划分中找出令整体得分最小的选择（即选择令整体得分最小的 k），因此，可以分析出该问题对应的递归解为：

$$m(i,j)=\min_{k=i\ \text{to}\ j-1}\{m(i,k)+m(k+1,j)+sum(i,j)\}$$

利用上面给出的递归式可以用自底向上的方式给出算法。

算法如下：

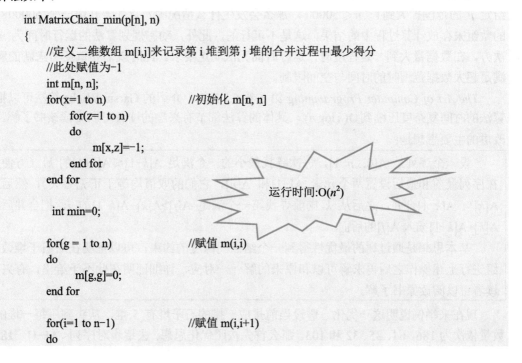

```
int MatrixChain_min(p[n], n)
{
    //定义二维数组 m[i,j]来记录第 i 堆到第 j 堆的合并过程中最少得分
    //此处赋值为-1
    int m[n, n];
    for(x=1 to n)              //初始化 m[n, n]
        for(z=1 to n)
        do
            m[x,z]=-1;
        end for
    end for

    int min=0;

    for(g = 1 to n)            //赋值 m(i,i)
    do
        m[g,g]=0;
    end for

    for(i=1 to n-1)            //赋值 m(i,i+1)
    do
```

运行时间:$O(n^2)$

```
        j=i+1;
        m[i,j]=p[i]+p[j];
    end for

    for(r=3 to n)                       //计算 m(i,j), j-i>1
        for(i=1 to n-r+1)
        do
            j = i+r-1;
            sum=0;

            for(b=i to j)               //最后一次合并的得分
            do
                sum+=p[b];
            end for
            m[i,j] = m[i+1,j]+sum;       //其中一种情况

            for(k= i+1 to j)            //除上面一种组合情况外的其他组合情况
            do
                t=m[i,k]+m[k+1,j]+sum;
                if(t<m[i,j]) then
                    m[i,j] = t;
                end if;
            end for
        end for

        min=m[1,n];                     //最终得到最优解
        return min;
    }
```

优化：上面介绍的动态规划算法在数据规模较小时完全可以解答该问题，但是如果现在给定 n 的范围扩大到 $1 \leqslant n \leqslant 50000$，那么会发生什么情况呢？首先要开辟一个 50000×50000 的数组来存放计算过程中的结果，这是不可行的，此外，动态规划算法的运行时间为 n 的二次方，在数据量大到一定程度时，运行时间无法满足要求。此时就需要重新考虑新的解法来满足超大数据范围时的时间与空间限制。

The Art of Computer Programming 第 3 卷 6.2.2 节中介绍的 Garsia-Wachs 算法可以把当前算法的时间复杂度压缩到 $O(n \log n)$，具体的算法细节有兴趣的读者可以阅读该书了解。这一改进的主要思想是：

> 设一个序列是 A[0...n-1]，每次寻找最小的一个满足 A[k-1]≤A[k+1]的 k，（方便起见在序列最前和最后设置两个元素 A[-1]和 A[n]，它们的取值均等于正无穷大），然后就把 A[k]与 A[k-1]合并，之后从 k 向前寻找第一个满足 A[j]>A[k]+A[k-1]的 j，把合并后的值 A[k]+A[k-1]插入 A[j]的后面。
>
> 基本思想是通过树的最优性得到一个结点间深度的约束，可以证明在对石子堆数量数组进行上述操作之后再求解可以和原来的解一一对应，详细证明在此不予给出，有兴趣的读者可以阅读原书了解。

现在来举例说明这一优化。假设当前排成一排的石子堆有 5 堆，从头到尾每一堆的石子数量依次为 186、64、35、32 和 103。那么首先按照优化思想，去逐步对序列<**A[-1]** **186** **64**

35　32　103　A[*n*]>进行操作，具体步骤如下。

- A[−1]　186　64　35　32　103　A[*n*]

因为 35<103，所以最小的 *k* 是 3，因此，先把 35 和 32 合并，得到它们的和 67，并向前寻找一个第一个超过 67 的数，把 67 插入到这个数字后面，这时序列变为：

- 186　67　64　103

接下来，再考察当前序列，因为 67<103，所以 *k*=2，那么 67 和 64 被合并，得到的和 131 应当放在 186 后，这时序列变为：

- 186　131　103

同上述操作，现在 *k*=2（别忘了，还有 A[−1]和 A[*n*]等于正无穷大），那么合并 131 与 103，得到以下序列：

- 186　234

这时只需直接合并这两堆石子，得到：

- 420

最后的答案就是各次合并的重量之和 420+234+131+67=852。

有兴趣的读者可以亲自动手验证用动态规划与 Garsia-Wachs 算法得到的结果是否一致。

问题扩展 1：将"在一条直线上摆着 *n* 堆石子"改为"石子是排成圆形"，其余条件不变。这个问题如何去解，留给读者自己来试一试。

问题扩展 2：将"计算出将 *n* 堆石子合并成一堆的最小得分"改为"计算出将 *n* 堆石子合并成一堆的最大得分"，其余条件不变。这个问题如何去解，留给读者自己来试一试。

4.3.3　常用动态规划类问题

动态规划法经常在程序员面试中被考察，常见的动态规划类问题有如下一些内容。

1）经典问题：钢条切割、矩阵连乘、最优二叉树、Fibonacci 数列。

2）字符串相关问题：编辑距离、最长回文串、最长回文子序列、回文分割、最长公共子序列、最长公共子串、行编辑问题。

3）0-1 背包问题及其拓展问题：0-1 背包、部分背包、全然背包、多重背包、硬币交互、子集和、子集分割问题。

4）其他问题：子数组最大和、二维子数组最大和、最长递增子序列、丑数。

前面已经给出了几种问题的具体分析与算法，下面将简要给出另外几种常见问题的递归解，如何将递归解用动态规划自底向上的方法进行实现，将留给读者们作为练习。

1.　从数字三角形中找一条从顶到底的最小路径

如下代码所示为一个数字三角形，请设计算法计算从顶到底的某处的一条路径，使该路径所经过的数字总和最小。（只要求输出总和）

```
[
    [2],
    [3,4],
    [6,5,7],
    [4,1,8,3]
]
```

规定如下：

1）一步可沿左斜线向下或向右斜线向下走；

2）图形行数小于等于 100；

3）三角形中的数字为 0，1，…，99。

递归解： 设该三角形一共有 n 行，$f(i,j)$ 表示从位置 (i,j) 出发路径的最小和，$v(i,j)$ 为位置 (i,j) 上数字的取值，则有：

$$f(i,j)=\begin{cases} v(i,j) & i=n \\ \min\{f(i+1,j),f(i+1,j+1)\}+v(i,j) & i<n \end{cases}$$

2. 求最大子数组和

给定一个整型数组 a，求出最大连续子段之和，如果和为负数，则按 0 计算，比如 1，2，-5，6，8 则输出 14。

递归解： 假设给定数组为 vec[]，设 dp[i] 是以 vec[i] 结尾的子数组的最大和，那么对于元素 vec[i+1] 有两种选择：

1）vec[i+1] 接着前面的子数组构成最大和；

2）vec[i+1] 自己单独构成子数组。

那么，可以得到递归解：dp[i+1]=max{dp[i]+vec[i+1], vec[i+1]}

3. 判断字符串 $s3$ 是否由 $s1$ 和 $s2$ 交叉存取组成

判断 $s3$ 是否由 $s1$ 和 $s2$ 合并而成，$s1$ 和 $s2$ 可以混合，但不打乱它们原来的顺序，例如 $s1$ = "aabcc"，$s2$ = "dbbca"，当 $s3$ = "aadbbcbcac"，返回 true，当 $s3$ = "aadbbbaccc"，返回 false。

递归解： 首先假设 $s1$、$s2$ 和 $s3$ 的长度分别为 len1、len2 和 len3。用 dp[i,j] 表示 s3[1,$i+j$] 是否由 s1[1,i] 和 s2[1,j] 交错组成。如果存在 len1+len2≠len3，那么答案必然为 false。因此下面考虑的是如果 len1+len2=len3 时需要如何判断。

如果三个字符串均为空串，那么空串与空串组合，自然还是空串，因此必然有 dp[0,0]=true。

如果字符串非空，那么假设 dp[i,j]=true，那么必然有 $s1_{i-1}$ = $s3_{i+j}$ 或 $s2_{i-1}$ = $s3_{i+j}$ 成立。

1）如果 $s1_{i-1}$=$s3_{i+j}$，那么如果 dp[$i-1,j$]=true，则表示 s3[1,$i-1+j$] 由 s1[1,$i-1$] 和 s2[1,j] 交错组成，那么很显然 dp[i,j]=true，如果 dp[$i-1,j$]=false，那么同理，dp[i,j]=false，即 dp[i,j]=dp[$i-1,j$]。

2）如果 $s2_{i-1}$= $s3_{i+j}$，与情况 1）同理，我们可以得到 dp[i,j]=dp[$i,j-1$]。

可以看出 dp[i,j] 子问题就是 dp[$i-1,j$] 或者 dp[$i,j-1$]。如果 dp[i,j] 成立，必然有至少一个子问题成立。通过以上分析，我们可以得到以下递归解：

$$dp[i,j]=\begin{cases} true & i=j=0 \\ dp[i-1,j] & i\geqslant1且s1_{i-1}=s3_{i-1+j} \\ dp[i,j-1] & j\geqslant1且s2_{i-1}=s3_{i-1+j} \\ false & else \end{cases}$$

4.4 达人修炼真题

1. 如何求数组中两个元素的最小距离

题目描述：

给定一个数组，数组中含有重复元素，给定两个数字 num1 和 num2，求这两个数字在数组中出现位置的最小距离。

分析与解答：

对于这类问题，最简单的方法就是对数组进行双重遍历，找出最小距离，但是这种方法效率比较低。由于在求距离时只关心 num1 与 num2 这两个数，因此，只需要对数组进行一次遍历即可，在遍历的过程中分别记录 num1 和 num2 的位置就可以非常方便地求出最小距离，下面详细介绍两种实现方法。

方法一：蛮力法

主要思路为：对数组进行双重遍历，外层循环遍历查找 num1，只要遍历到 num1，内层循环对数组从头开始遍历找 num2，每当遍历到 num2，就计算它们的距离 dist。当遍历结束后最小的 dist 值就是它们最小的距离。实现代码如下：

```python
def minDistance(array,num1,num2):
    if array == None or len(array) < 1:
        print("参数不合理")
        return 2**32
    minDis = 2**32                      # num1 和 num2 的最小距离
    dist = 0
    i = 0
    while i < len(array):
        if array[i] == num1:
            j = 0
            while j < len(array):
                if array[j] == num2:
                    dist = abs(i - j)        # 当前遍历的 num1 和 num2 的距离
                    if dist < minDis:
                        minDis = dist
                j += 1
        i += 1
    return minDis


if __name__ == "__main__":
    array = [4,6,7,4,7,4,6,4,7,8,5,6,4,3,10,8]
    num1 = 4
    num2 = 8
    print(minDistance(array,num1,num2))
```

程序的运行结果为

2

算法性能分析：

这个算法需要对数组进行两次遍历，因此，时间复杂度为 $O(n^2)$。

方法二：动态规划

上述方法的内层循环对 num2 的位置进行了多次查找。可以采用动态规划的方法把每次遍历的结果都记录下来，从而可以减少遍历次数。具体实现思路是：遍历数组，在遍历的过程中会遇到以下两种情况：

1）当遇到 num1 时，记录下 num1 值对应数组下标的位置 lastPos1，通过求 lastPos1 与上次遍历到 num2 下标的位置的值 lastPos2 的差，可以求出最近一次遍历到的 num1 与 num2 的距离。

2）当遇到 num2 时，同样记录下它在数组中下标的位置 lastPos2，然后通过求 lastPos2 与上次遍历到 num1 的下标值 lastPos1，求出最近一次遍历到的 num1 与 num2 的距离。

假设给定数组为：{4, 5, 6, 4, 7, 4, 6, 4, 7, 8, 5, 6, 4, 3, 10, 8}，num1=4，num2=8。根据以上方法，执行过程如下：

1）在遍历的时候首先会遍历到 4，下标为 lastPos1=0，由于此时还没有遍历到 num2，因此，没必要计算 num1 与 num2 的最小距离。

2）接着往下遍历，又遍历到 num1=4，更新 lastPos1=3。

3）接着往下遍历，又遍历到 num1=4，更新 lastPos1=7。

4）接着往下遍历，又遍历到 num2=8，更新 lastPos2=9；此时由于前面已经遍历到 num1，因此，可以求出当前 num1 与 num2 的最小距离为| lastPos2 - lastPos1|=2。

5）接着往下遍历，又遍历到 num2=8，更新 lastPos2=15；此时由于前面已经遍历到 num1，因此，可以求出当前 num1 与 num2 的最小距离为| lastPos2 - lastPos1|=8；由于 8>2，所以，num1 与 num2 的最小距离为 2。

实现代码如下：

```python
def minDistance(array,num1,num2):
    if array == None or len(array) < 1:
        print("参数不合理")
        return 2**32
    lastPos1 = -1                              # 上次遍历到 num1 的位置
    lastPos2 = -1                              # 上次遍历到 num2 的位置
    minDis = 2**32                             # num1 和 num2 的最小距离
    i = 0
    while i < len(array):
        if array[i] == num1:
            lastPos1 = i
            if lastPos2 >= 0:
                minDis = min(minDis,lastPos1 - lastPos2)
        if array[i] == num2:
            lastPos2 = i
            if lastPos1 >= 0:
                minDis = min(minDis,lastPos2-lastPos1)
        i += 1
    return minDis


if __name__ == "__main__":
    array = [4,6,7,4,7,4,6,4,7,8,5,6,4,3,10,8]
    num1 = 4
    num2 = 8
    print(minDistance(array,num1,num2))
```

算法性能分析：

这个算法只需要对数组进行一次遍历，因此，时间复杂度为 O(n)。

2. 如何求数组连续最大和

题目描述：

一个数组有 n 个元素，这 n 个元素既可以是正数也可以是负数，数组中连续的一个或多个元素可以组成一个连续的子数组,一个数组可能有多个这种连续的子数组,求子数组和的最大值。例如:对于数组{1, −2, 4, 8, −4, 7, −1, −5}而言,其最大和的子数组为{4, 8, −4, 7},最大值为 15。

分析与解答:

这是一道非常经典、常见的笔试面试算法题,有多种解决方法,下面从简单到复杂逐个介绍各种方法。

方法一:蛮力法

最简单也是最容易想到的方法就是找出所有的子数组,然后求出子数组的和,在所有子数组的和中取最大值。实现代码如下:

```python
def maxSubArray(array):
    if array is None or len(array) < 1:
        print("数组不存在")
        return

    maxSum = 0
    i = 0
    while i < len(array):
        j = i
        while j < len(array):
            thisSum = 0
            k = i
            while k < j:
                thisSum += array[k]
                k += 1
            if thisSum > maxSum:
                maxSum = thisSum
            j += 1
        i += 1
    return maxSum


if __name__ == "__main__":
    array = [1, -2, 4, 8, -4, 7, -1, -5]
    print("连续最大和为: ", maxSubArray(array))
```

程序的运行结果为

连续最大和为: 15

算法性能分析:

这个算法的时间复杂度为 $O(n^3)$,显然效率太低,通过对该方法进行分析发现,许多子数组都重复计算了。鉴于此,下面给出一种优化的方法。

方法二:重复利用已经计算的子数组和

由于 Sum[i,j]=Sum[i,j−1]+arr[j],在计算 Sum[i,j]时可以使用前面已计算出的 Sum[i, j−1]而不需要重新计算,采用这种方法可以省去计算 Sum[i,j−1]的时间,因此,可以提高程序的效率。

实现代码如下:

```python
def maxSubArray(array):
```

```
        if array is None or len(array) < 1:
            print("数组不存在")
            return
        maxSum = -2**31
        i = 0
        while i < len(array):
            sums = 0
            j = i
            while j < len(array):
                sums += array[j]
                if sums > maxSum:
                    maxSum = sums
                j += 1
            i += 1
        return maxSum
```

算法性能分析：

这个方法使用了双重循环，因此，时间复杂度为 $O(n^2)$。

方法三：动态规划方法

可以采用动态规划的方法来降低算法的时间复杂度。实现思路如下：

首先可以根据数组的最后一个元素 array[n-1] 与最大子数组的关系分为以下三种情况讨论：

1）最大子数组包含 array[n-1]，即最大子数组以 array[n-1] 结尾。

2）array[n-1] 单独构成最大子数组。

3）如果最大子数组不包含 arr[n-1]，那么求 array[1…n-1] 的最大子数组可以转换为求 array[1…n-2] 的最大子数组。

通过上述分析可以得出如下结论：假设已经计算出子数组 array[1…i-2] 的最大的子数组和 All[i-2]，同时也计算出 array[0…i-1] 中包含 array[i-1] 的最大的子数组的和为 End[i-1]。则可以得出如下关系：All[i-1]=max{ End[i-1],array[i-1],All[i-2]}。利用这个公式和动态规划的思想可以得到如下代码：

```
def maxSubArray(array):
    if array is None or len(array) < 1:
        print("数组不存在")
        return
    End = [None]*len(array)
    All = [None]*len(array)
    End[len(array)-1] = array[len(array)-1]
    All[len(array)-1] = array[len(array)-1]
    End[0] = All[0] = array[0]
    i = 1
    while i < len(array):
        End[i] = max(End[i-1]+array[i], array[i])
        All[i] = max(End[i], All[i-1])
        i += 1
    return All[len(array)-1]
```

算法性能分析：

与前面几个方法相比，这种方法的时间复杂度为 $O(n)$，显然效率更高，但是由于在计算的过程中额外申请了两个数组，因此该方法的空间复杂度也为 O(n)。

方法四：优化的动态规划方法

方法三中每次其实只用到了 End[i-1]与 All[i-1]，而不是整个数组中的值，因此，可以定义两个变量来保存 End[i-1]与 All[i-1]的值，并且可以反复利用。实现代码如下：

```
def maxSubArray(array):
    if array == None or len(array) < 1:
        print("数组不存在")
        return
    nAll = array[0]          # 最大子数组和
    nEnd = array[0]            # 包含最后一个元素的最大子数组和
    i = 1
    while i < len(array):
        nEnd = max(nEnd+array[i], array[i])
        nAll = max(nEnd, nAll)
        i += 1
    return nAll
```

算法性能分析：

这个方法在保证了时间复杂度为 O(n)的基础上，把算法的空间复杂度也降到了 O(1)。

引申：在知道子数组最大值后，如何才能确定最大子数组的位置。

分析与解答：

为了得到最大子数组的位置，首先介绍另外一种计算最大子数组和的方法。在上例的方法三中，通过对公式 End[i]=max(End[i-1]+array[i],array[i])的分析可以看出，当 End[i-1]<0 时，End[i]=array[i]，其中 End[i]表示包含 array[i]的子数组和，如果某一个值使得 End[i-1]<0，那么就从 array[i]重新开始。利用这个性质可以非常容易地确定最大子数组的位置。

实现代码如下：

```
class Test:
    def __init__(self):
        self.begin = 0                          # 记录最大子数组起始位置
        self.end = 0                            # 记录最大子数组结束位置

    def maxSubArray(self, array):
        maxSum = -2**31                         # 子数组最大值
        nSum = 0                                # 包含子数组最后一位的最大值
        nStart = 0
        i = 0
        while i < len(array):
            if nSum < 0:
                nSum = array[i]
                nStart = i
            else:
                nSum += array[i]
            if nSum > maxSum:
                maxSum = nSum
                self.begin = nStart
                self.end = i
```

```
                        i += 1
                return maxSum

        def getBegin(self):
                return self.begin

        def getEnd(self):
                return self.end

if __name__ == "__main__":
        array = [1, -2, 4, 8, -4, 7, -1, -5]
        t = Test()
        print("连续最大和为：", t.maxSubArray(array))
        print("最大和对应的数组起始与结束坐标分别为：",t.getBegin(),",",t.getEnd())
```

程序的运行结果为

```
连续最大和为：15
最大和对应的数组起始与结束坐标分别为：2,5
```

3. 如何获取最佳的矩阵链相乘方法

题目描述：

给定一个矩阵序列，找到最有效的方式将这些矩阵乘在一起。给定表示矩阵链的数组 $p[]$，使得第 i 个矩阵 A_i 的维数为 $p[i-1]×p[i]$。编写一个函数 MatrixChainOrder()，该函数应该返回乘法运算所需的最小乘法数。

输入：$p[] = \{40，20，30，10，30\}$

输出：26000

有 4 个大小为 40×20、20×30、30×10 和 10×30 的矩阵。假设这四个矩阵为 A、B、C 和 D，该函数的执行方法可以使执行乘法运算的次数最少。

分析与解答：

该问题实际上并不是执行乘法，而是决定以哪个顺序执行乘法。由于矩阵乘法是关联的，所以有很多选择来进行矩阵链的乘法运算。换句话说，无论采用哪种方法来执行乘法，结果将是一样的。例如，如果有四个矩阵 A、B、C 和 D，可以有如下几种执行乘法的方法：

(ABC)D =(AB)(CD)= A(BCD)= ....

虽然这些方法的计算结果相同。但不同的方法需要执行乘法的次数是不相同的，因此效率也是不同的。例如，假设 A 是 10×30 矩阵，B 是 30×5 矩阵，C 是 5×60 矩阵。那么，(AB)C 的执行乘法运算的次数为(10×30×5)+(10×5×60)= 1500 + 3000 = 4500 次。

A（BC）的执行乘法运算的次数为(30×5×60)+(10×30×60)= 9000 + 18000 = 27000 次。

显然，第一种方法执行的乘法运算更少，因此效率更高。

对于本题中示例而言，执行乘法运算的次数最少的方法如下：

(A(BC))D 的执行乘法运算的次数为 $20 × 30 × 10 + 40 × 20 × 10 + 40 × 10 × 30$。

方法一：递归法

最简单的方法就是在所有可能的位置放置括号，计算每个放置的成本并返回最小值。在大小为 n 的矩阵链中，可以以 $n-1$ 种方式放置第一组括号。例如，如果给定的链是 4 个矩阵，

(A)(BCD)、(AB)(CD)和(ABC)(D)中，有 3 种方式放置第一组括号。每个括号内的矩阵链可以被看作较小规模的子问题。因此，可以使用递归方便地求解。递归的实现代码如下：

```
def MatrixChainOrder(p,i,j):
    if i == j:
        return 0
    mins = 2**32
    # "'
    # 通过把括号放在不同的地方来获取最小的代价
    # 每个括号内可以递归地使用相同的方法来计算
    # "'
    k = i
    while k < j:
        count = MatrixChainOrder(p,i,k) + MatrixChainOrder(p,k+1,j) + p[i-1]*p[k]*p[j]
        if count < mins:
            mins = count
        k += 1
    return mins


if __name__ == "__main__":
    array = [1,5,2,4,6]
    print("最少的乘法次数为：",MatrixChainOrder(array,1,len(array)-1))
```

程序的运行结果为

最少的乘法次数为 42

这个算法的时间复杂度是指数级的。要注意，这种算法会对一些子问题进行重复计算。例如在计算（A）（BCD）这种方案的时候会计算 CD 的代价，而在计算（AB）（CD）这种方案的时候又会重复计算 CD 的代价。显然子问题是有重叠的，对于这种问题，通常可以用动态规划的方法来降低时间复杂度。

方法二：动态规划

典型的动态规划的方法是使用自下而上的方式构造临时数组来保存子问题的中间结果，从而可以避免大量重复计算。实现代码如下：

```
def MatrixChainOrder(p,n):
    cost =[([None]*n) for i in range(n)]
    i = 1
    while i < n:
        cost[i][i] = 0
        i += 1
    cLen = 2
    while cLen < n:
        i = 1
        while i < n-cLen+1:
            j = i+cLen-1
            cost[i][j] = 2**31
            k = i
            while k <=j-1:
                q = cost[i][k]+cost[k+1][j]+p[i-1]*p[k]*p[j]
```

```
                        if q < cost[i][j]:
                            cost[i][j] = q
                        k += 1
                    i += 1
                cLen += 1
        return cost[1][n-1]

    if __name__ == "__main__":
        array = [1,5,2,4,6]
        print("最少的乘法次数为：",MatrixChainOrder(array,len(array)))
```

算法性能分析：

这个算法的时间复杂度为 $O(n^3)$，空间复杂度为 $O(n^2)$。

4．如何求两个字符串的最长公共子串

题目描述：

找出两个字符串的最长公共子串，例如字符串"abccade"与字符串"dgcadde"的最长公共子串为"cad"。

分析与解答：

对于这道题最容易想到的方法就是采用蛮力法，假设字符串 s1 与 s2 的长度分别为len1 和 len2（假设 len1≥len2），首先可以找出 s2 的所有可能的子串，然后判断这些子串是否也是 s1 的子串，通过这种方法可以非常容易地找出两个字符串的最长公共子串。当然，这种方法的效率是非常低的，主要原因是 s2 中的大部分字符需要与 s1 进行多次的比较。那么是否有更好的方法来降低比较的次数呢？下面介绍两种通过减少比较次数从而降低时间复杂度的方法。

方法一：动态规划法

通过把中间的比较结果记录下来，从而可以避免字符的重复比较。主要思路如下：

首先定义二元函数 $f(i, j)$，分别表示以 s1[i]和 s2[j]结尾的公共子串的长度，显然，$f(0, j) = 0 (j \geq 0)$，$f(i, 0) = 0 (i \geq 0)$，那么，对于 $f(i+1, j+1)$ 而言，有如下两种取值：

1）$f(i+1, j+1) = 0$，当 str1[i+1] != str2[j+1]时。

2）$f(i+1, j+1) = f(i, j) + 1$，当 str1[i+1] == str2[j+1] 时。

根据这个公式可以计算出 $f(i, j)$（$0 \leq i \leq len(s1)$，$0 \leq j \leq len(s2)$）所有的值，从而可以找出最长的公共子串，如图 4-2 所示。

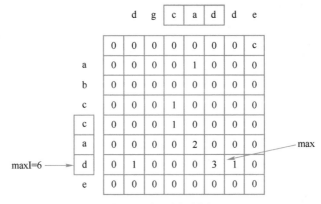

图 4-2　动态规划法

通过上图所示的计算结果可以求出最长公共子串的长度 max 与最长子串结尾字符在字符数组中的位置 maxI，由这两个值就可以唯一确定一个最长公共子串为"cad"，这个子串在数组中的起始下标为 maxI −max=3，子串长度为 max=3。实现代码如下：

```
"""
方法功能：获取两个字符串的最长公共子串
输入参数：str1 和 str2 两个字符串
"""
def  getMaxSubStr(str1,str2):
    len1 =len(str1)
    len2 =len(str2)
    sb="
    maxs = 0    # maxs 用来记录最长公共子串的长度
    maxI = 0    # 用来记录最长公共子串最后一个字符的位置
    # 申请新的空间来记录公共子串长度信息
    M =[([None]*(len1 + 1))  for  i  in  range(len2 + 1)]
    i=0
    while   i<len1+1:
        M[i][0] = 0
        i +=1
    j=0
    while   j<len2+1:
        M[0][j] = 0
        j +=1
    # 通过利用递归公式填写新建的二维数组（公共字串的长度信息）
    i=1
    while   i<len1 + 1:
        j=1
        while   j<len2+1:
            if   list(str1)[i - 1] == list(str2)[j - 1]:
                M[i][j] = M[i - 1][j - 1] + 1
                if   M[i][j] > maxs:
                    maxs = M[i][j]
                    maxI = i
            else:
                M[i][j] = 0
            j +=1
        i +=1
    # 找出公共子串
    i=maxI- maxs
    while   i<maxI:
        sb=sb + list(str1)[i]
        i +=1
    return   sb


if   __name__=="__main__":
    str1 = "abccade"
    str2 = "dgcadde"
    print(getMaxSubStr(str1, str2))
```

程序的运行结果为

```
cad
```

算法性能分析：

由于这个算法使用了二重循环分别遍历两个字符数组，因此，这个算法的时间复杂度为 $O(m*n)$（其中，m 和 n 分别为两个字符串的长度），此外，由于这个算法申请了一个 $m*n$ 的二维数组，因此，算法的空间复杂度也为 $O(m*n)$。很显然，这个算法的缺点是申请了 $m*n$ 个额外的存储空间。

方法二：滑动比较法

这个方法的主要思路为：保持 s1 的位置不变，然后移动 s2，接着比较它们重叠的字符串的公共子串（记录最大的公共子串的长度 maxLen，以及最长公共子串在 s1 中结束的位置 maxLenEnd1），在移动的过程中，如果当前重叠子串的长度大于 maxLen，则更新 maxLen 为当前重叠子串的长度。最后通过 maxLen 和 maxLenEnd1 就可以找出它们最长的公共子串。实现方法如图 4-3 所示。

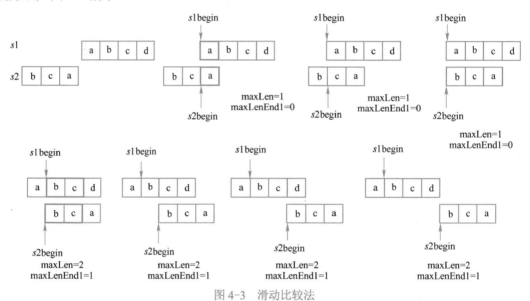

图 4-3　滑动比较法

如上图所示，这两个字符串的最长公共子串为 "bc"，实现代码如下：

```python
def getMaxSubStr(s1,s2):
    len1 =len(s1)
    len2 =len(s2)
    maxLen = 0
    tmpMaxLen = 0
    maxLenEnd1 = 0
    sb ="
    i=0
    while   i < len1 + len2:
        s1begin = s2begin = 0
        tmpMaxLen = 0
        if   i < len1:
```

```
                    s1begin = len1 - i
                else:
                    s2begin = i - len1
                j=0
                while    (s1begin + j < len1) and (s2begin + j < len2):
                    if    list(s1)[s1begin + j] == list(s2)[s2begin + j]:
                        tmpMaxLen +=1
                    else:
                        if    (tmpMaxLen > maxLen):
                            maxLen = tmpMaxLen
                            maxLenEnd1 = s1begin + j
                        else:
                            tmpMaxLen = 0
                    j +=1
                if    tmpMaxLen > maxLen:
                    maxLen = tmpMaxLen
                    maxLenEnd1 = s1begin + j
                i +=1
        i = maxLenEnd1 - maxLen
        while    i < maxLenEnd1:
            sb=sb+list(s1)[i]
            i +=1
        return    sb
```

算法性能分析：

这个算法用双重循环来实现，外层循环的次数为 $m+n$（其中，m 和 n 分别为两个字符串的长度），内层循环最多执行 n 次，算法的时间复杂度为 $O((m+n)*n)$，由于这个算法只使用了几个临时变量，因此，算法的空间复杂度为 $O(1)$。

5. 如何求字符串里的最长回文子串

题目描述：

回文字符串是指一个字符串从左到右与从右到左遍历得到的序列是相同的。例如"abcba"就是回文字符串，而"abcab"则不是回文字符串。

分析与解答：

最容易想到的方法为遍历字符串所有可能的子串（蛮力法），判断其是否为回文字符串，然后找出最长的回文子串。但是当字符串很长的时候，这种方法的效率是非常低的，因此，这种方法不可取。下面介绍几种相对高效的方法。

方法一：动态规划法

在采用蛮力法找回文子串的时候其实有很多字符都在进行比较，因此，可以把前面比较的中间结果记录下来供后面使用。这就是动态规划的基本思想，那么如何根据前面查找的结果，判断后续的子串是否为回文字符串呢？下面给出判断的公式，即动态规划的状态转移公式：

给定字符串"$S_0 S_1 S_2 … S_n$"，假设 $P(i, j)=1$ 表示"$S_i S_{i+1} … S_j$"是回文字符串；$P(i, j)=0$ 则表示"$S_i S_{i+1} … S_j$"不是回文字符串。那么：

$P(i, i)= 1$。

如果 $S_i == S_{i+1}$：那么 $P(i, i+1)=1$，否则 $P(i, i+1)=0$。

如果 $S_{i+1} == S_{j+1}$：那么 $P(i+1, j+1)=P(i, j)$。

根据这几个公式，实现代码如下：

```python
class Test:
    def __init__(self):
        self.startIndex = None
        self.lens = None
    def getStartIndex(self):
        return self.startIndex
    def getLens(self):
        return self.lens

    # '''
    # ***** 方法功能：找出字符串中最长的回文子串
    # ***** 输入参数：str 为字符串，startIndex 与 lens 为找到的回文字符串的起始位置与长度
    # '''
    def getLongesdPalindrome(self,strs):
        if strs == None:
            return
        if len(strs) < 1:
            return
        self.startIndex = 0
        self.lens = 1
        # 申请额外的存储空间记录查找的历史信息
        historyRecord = [([None]*len(strs)) for i in range(len(strs))]
        i = 0
        while i < len(strs):
            j = 0
            while j < len(strs):
                historyRecord[i][j] = 0
                j += 1
            i += 1
        # 初始化长度为 1 的回文字符串信息
        i = 0
        while i < len(strs):
            historyRecord[i][i] = 1
            i += 1
        # 初始化长度为 2 的回文字符串信息
        i = 0
        while i < len(strs)-1:
            if list(strs)[i] == list(strs)[i+1]:
                historyRecord[i][i+1] = 1
                self.startIndex = i
                self.lens = 2
            i += 1
        # 查找长度为 3 开始的回文字符串
        pLen = 3
        while pLen <= len(strs):
            i = 0
            while i < len(strs)-pLen+1:
                j = i+pLen-1
                if list(strs)[i] == list(strs)[j] and historyRecord[i+1][j-1] == 1:
```

```
                    historyRecord[i][j] = 1
                    self.startIndex = i
                    self.lens = pLen
                i += 1
            pLen += 1

if __name__ == "__main__":
    strs = "abcdefgfedxyz"
    t = Test()
    t.getLongesdPalindrome(strs)
    if t.getStartIndex() != -1 and t.getLens() != -1:
        print("最长的回文字符串为: ",end="")
        i = t.getStartIndex()
        while i < t.getStartIndex()+t.getLens():
            print(list(strs)[i],end="")
            i += 1
    else:
        print("查找失败")
```

程序的运行结果为

最长的回文子串为: defgfed

算法性能分析:

这个算法的时间复杂度为 $O(n^2)$, 空间复杂度也为 $O(n^2)$。

此外, 还有另外一种动态规划的方法来实现最长回文字符串的查找。主要思路是: 对于给定的字符串 str1, 求出对其进行逆序的字符串 str2, str1 与 str2 的最长公共子串就是 str1 的最长回文子串。

方法二: 中心扩展法

判断一个字符串是否为回文字符串最简单的方法是: 从字符串最中间的字符开始向两边扩展, 通过比较左右两边字符是否相等就可以确定这个字符串是否为回文字符串。这种方法对于字符串长度为奇数和偶数的情况需要分别对待。例如: 对于字符串 "aba", 就可以从最中间的位置 b 开始向两边扩展; 但是对于字符串 "baab", 就需要从中间的两个字母开始分别向左右两边扩展。

基于回文字符串的这个特点, 可以设计这样一个方法来找回文字符串: 对于字符串中的每个字符 c_i, 向两边扩展, 找出以这个字符为中心的回文子串的长度。由于上面介绍的回文字符串长度的奇偶性, 这里需要分两种情况: 1) 以 c_i 为中心向两边扩展。2) 以 c_i 和 c_{i+1} 为中心向两边扩展。实现代码如下:

```
class Test:
    def __init__(self):
        self.startIndex = None
        self.lens = 0
    def getStartIndex(self):
        return self.startIndex
    def getLens(self):
        return self.lens
    # 对字符串 str, 以 c1 和 c2 为中心向两侧扩展寻找回文字符串
```

```
        def expandBothSide(self,strs,c1,c2):
            n = len(strs)
            while c1 >= 0 and c2 < n and list(strs)[c1] == list(strs)[c2]:
                c1 -= 1
                c2 += 1
            tmpStartIndex = c1 + 1
            tmpLen = c2 - c1 - 1
            if tmpLen > self.lens:
                self.lens = tmpLen
                self.startIndex = tmpStartIndex
        # 方法功能：找出字符串最长的回文子串
        def getLongestPalindrome(self,strs):
            if strs == None:
                return
            n = len(strs)
            if n < 1:
                return
            i = 0
            while i < n-1:
                # 找回文子串长度为奇数的情况
                self.expandBothSide(strs,i,i)
                # 找回文子串长度为偶数的情况
                self.expandBothSide(strs,i,i+1)
                i += 1

if __name__ == "__main__":
    strs = "abcdefgfedxyz"
    t = Test()
    t.getLongestPalindrome(strs)
    if t.getStartIndex() != -1 and t.getLens() != -1:
        print("最长的回文字符串为：",end='')
        i = t.getStartIndex()
        while i < t.getStartIndex()+t.getLens():
            print(list(strs)[i],end='')
            i += 1
    else:
        print("查找失败")
```

算法性能分析：

这个算法的时间复杂度为 $O(n^2)$，空间复杂度为 $O(1)$。

6. 如何求最长递增子序列的长度

题目描述：

假设 $L=<a_1,a_2,...,a_n>$ 是 n 个不同的实数的序列，L 的递增子序列是这样一个子序列：$Lin=<ak_1,ak_2,...,ak_m>$，其中，$k_1<k_2<...<k_m$ 且 $ak_1<ak_2<...<ak_m$。求最大的 m 值。

方法一：最长公共子串法

对序列 $L=<a_1,a_2,...,a_n>$ 递增排序得到序列 $LO=<b_1,b_2,...,b_n>$。显然，L 与 LO 的最长公共子序列就是 L 的最长递增子序列。因此，可以使用求公共子序列的方法来求解。

方法二：动态规划法

由于以第 i 个元素为结尾的最长递增子序列只与以第 $i-1$ 个元素为结尾的最长递增子序列有关，因此，本题可以采用动态规划法来解决。下面首先介绍动态规划法中的核心内容：递归表达式的求解。

以第 i 个元素为结尾的最长递增子序列的取值有两种可能：

1）当第 i 个元素单独作为一个子串（$L[i]<=L[i-1]$）。

2）以第 $i-1$ 个元素为结尾的最长递增子序列加 1（$L[i]>L[i-1]$）。

由此可以得到如下的递归表达式：假设 maxLen[i] 表示以第 i 个元素为结尾的最长递增子序列，那么有：

1）maxLen $[i]$=max{1，maxLen $[j]$+1}，$j<i$ and $L[j]<L[i]$；

2）maxLen[0]=1。

根据这个递归表达式很容易写出实现代码如下：

```python
def getMaxAscendingLen(strs):
    maxLen = [None]*len(strs)
    maxLen[0] = 1
    maxAscendingLen = 1
    i = 1
    while i < len(strs):
        maxLen[i] = 1
        j = 0
        while j < i:
            if list(strs)[j] < list(strs)[i] and maxLen[j] > maxLen[i]-1:
                maxLen[i] = maxLen[j] + 1
                maxAscendingLen = maxLen[i]
            j += 1
        i += 1
    return maxAscendingLen

if __name__ == "__main__":
    s = "xbcdza"
    print("最长递增子序列的长度为：",getMaxAscendingLen(s))
```

程序的运行结果为

最长递增子序列的长度为：　4

算法性能分析：

由于这个算法用双重循环来实现，因此，该算法的时间复杂度为 $O(n^2)$，此外由于该算法还使用了 n 个额外的存储空间，因此，空间复杂度为 $O(n)$。

7．如何求字符串的编辑距离

题目描述：

编辑距离又称 Levenshtein 距离，是指两个字符串之间由一个转换成另一个所需的最少编辑操作次数。许可的编辑操作包括将一个字符替换成另一个字符、插入一个字符以及删除一个字符。请设计并实现一个算法来计算两个字符串的编辑距离，并计算其复杂度。在某些应用场景下，替换操作的代价比较高，假设替换操作的代价是插入和删除的两倍，算法该如何调整？

分析与解答：

本题可以使用动态规划的方法来解决，具体思路如下：

给定字符串 $s1$，$s2$，首先定义一个函数 $D(i,j)$（$0 \leq i \leq$ strlen($s1$)，$0 \leq j \leq$ strlen($s2$)），用来表示第一个字符串 $s1$ 长度为 i 的子串与第二个字符串 $s2$ 长度为 j 的子串的编辑距离。从 $s1$ 变换到 $s2$ 可以通过如下三种操作：

1）添加操作。假设已经计算出 $D(i,j-1)$ 的值（$s1[0...i]$ 与 $s2[0...j-1]$ 的编辑距离），则 $D(i,j)=D(i,j-1)+1$（$s1$ 长度为 i 的子串后面添加 $s2[j]$ 即可）。

2）删除操作。假设已经计算出 $D(i-1,j)$ 的值（$s1[0...i-1]$ 到 $s2[0...j]$ 的编辑距离），则 $D(i,j)=D(i-1,j)+1$（$s1$ 长度为 i 的子串删除最后的字符 $s1[j]$ 即可）。

3）替换操作。假设已经计算出 $D(i-1,j-1)$ 的值（$s1[0...i-1]$ 与 $s2[0...j-1]$ 的编辑距离），如果 $s1[i]=s2[j]$，则 $D(i,j)=D(i-1,j-1)$，如果 $s1[i]!=s2[j]$，则 $D(i,j)=D(i-1,j-1)+1$（替换 $s1[i]$ 为 $s2[j]$，或替换 $s2[j]$ 为 $s1[i]$）。

此外，$D(0,j)=j$ 且 $D(i,0)=i$（从一个字符串变成长度为 0 的字符串的代价为这个字符串的长度）。

由此可以得出如下实现方式：对于给定的字符串 $s1$，$s2$，定义一个二维数组 D，则有以下几种可能性。

1）如果 $i=0$，那么 $D[i,j]=j$（$0 \leq j \leq$ strlen($s2$)）。

2）如果 $j=0$，那么 $D[i,j]=i$（$0 \leq i \leq$ strlen($s1$)）。

3）如果 $i>0$ 且 $j>0$，

① 如果 $s1[i]=s2[j]$，那么 $D(i,j)=\min\{$ edit($i-1,j$)$+1$, edit($i,j-1$)$+1$, edit($i-1,j-1$)$\}$。

② 如果 $s1[i]!=s2[j]$，那么 $D(i,j)=\min\{$ edit($i-1,j$)$+1$, edit($i,j-1$)$+1$, edit($i-1,j-1$)$+1\}$。

通过以上分析可以发现，对于第一个问题可以直接采用上述的方法来解决。对于第二个问题，由于替换操作是插入或删除操作的两倍，因此，只需要修改如下条件即可：

如果 $s1[i]!=s2[j]$，那么 $D(i,j)=\min\{$ edit($i-1,j$)$+1$, edit($i,j-1$)$+1$, edit($i-1,j-1$)$+2\}$。

根据上述分析，给出实现代码如下：

```python
class EditDistance:
    def mins(self,a,b,c):
        tmp = a if a < b else b
        return tmp if tmp < c else c

    # 参数 replaceWeight 用来表示替换操作与插入删除操作的倍数
    def edit(self,s1,s2,replaceWeight):
        # 两个空串的编辑距离为 0
        if s1 == None and s2 == None:
            return 0
        # 其中一个为空串，那么编辑距离为另一个字符串的长度
        if s1 == None:
            return len(s2)
        if s2 == None:
            return len(s1)
        # 申请二维数组来存储中间的计算结果
        D = [([None]*(len(s2)+1)) for i in range(len(s1)+1)]
```

```
        i = 0
        while i < len(s1)+1:
            D[i][0] = i
            i += 1
        i = 0
        while i < len(s2)+1:
            D[0][i] = i
            i += 1
        i = 1
        while i < len(s1)+1:
            j = 1
            while j < len(s2)+1:
                if list(s1)[i-1] == list(s2)[j-1]:
                    D[i][j] = self.mins(D[i-1][j]+1,D[i][j-1]+1,D[i-1][j-1])
                else:
                    D[i][j] = min(D[i-1][j]+1,D[i][j-1]+1,D[i-1][j-1]+replaceWeight)
                j += 1
            i += 1
        print("---------------------------------")
        i = 0
        while i < len(s1)+1:
            j = 0
            while j < len(s2)+1:
                print(D[i][j],end=' ')
                j += 1
            print()
            i += 1
        print("---------------------------------")
        dis = D[len(s1)][len(s2)]
        return dis


if __name__ == "__main__":
    s1 = "bciln"
    s2 = "fciling"
    ed = EditDistance()
    print("第一问：")
    print("编辑距离为：",str(ed.edit(s1,s2,1)))
    print("第二问：")
    print("编辑距离为：",str(ed.edit(s1,s2,2)))
```

程序的运行结果为

```
第一问：
---------------------------
0 1 2 3 4 5 6 7
1 1 2 3 4 5 6 7
2 2 1 2 3 4 5 6
3 3 2 1 2 3 4 5
4 4 3 2 1 2 3 4
5 5 4 3 2 2 2 3
---------------------------
```

```
编辑距离：3
第二问：
----------------------------
0 1 2 3 4 5 6 7
1 2 3 4 5 6 7 8
2 3 2 3 4 5 6 7
3 4 3 2 3 4 5 6
4 5 4 3 2 3 4 5
5 6 5 4 3 4 3 4
----------------------------
编辑距离：4
```

算法性能分析：

这个算法的时间复杂度与空间复杂度都为 O($m*n$)（其中，m、n 分别为两个字符串的长度）。

第 5 章　贪　心　算　法

上一章介绍了采用动态规划算法解最优化问题的思路。实际上，适用于解最优化问题的算法往往包含一系列步骤，每一步都会涉及一个或多个选择问题。这一章将重点介绍另一种解最优化问题的思路——贪心算法。贪心算法与动态规划算法相比，思路更简单，即每一次所做的选择都是当前看来最优的，这个算法期望可以通过每一次所做的局部最优选择来产生待解决问题的全局最优解。

5.1　贪心算法基础

贪心算法在大部分的最优化问题中都可以应用，但并非适用于所有情况。这一节中，我们仍然首先向大家介绍贪心算法的基本思路，并利用一个简单的问题（装载问题）为大家展示贪心算法的用法。

5.1.1　贪心算法基本思想

贪心算法是一种十分接近人类日常思维的解题策略，在日常生活中，人们经常会怀着对目标最直观、最高效的思路去解决问题，虽然这种思路未必可以得到最优解，但是它可以为某些问题确定一个可行性范围。在某些范围内，贪心算法是一个最佳选择。

假设一个商店的收银员有面值为 25 美分、10 美分、5 美分及 1 美分的硬币。一个小孩买了价值少于 1 美元的糖，并将 1 美元交给收银员。收银员希望找给小孩的硬币数目最少。如果小孩买了 34 美分的糖果，那么找钱的方法应该是 25 美分+25 美分+10 美分+5 美分+1 美分。因为我们有种直觉，即在找零钱时，应该优先使用面值大的硬币，剩余的金额就越少。每次都使用当前可以使用的硬币中的最大面额，那么最终就可以使得找给小孩的硬币数目最少。

上面的问题就是日常生活中利用的贪心策略。实际上贪心算法的基本思想是把最优化问题的求解看作是一系列选择，每次选择当前状态下的最优选择（局部最优解）。每做一次选择后，所求问题会简化为一个规模更小的子问题，从而通过每一步的最优解逐步达到整体的最优解。

一般情况下，可以使用如下步骤来设计贪心算法：

```
从问题的某一初始解出发              //待求解的原始问题

while 能朝给定总目标前进一步        //将原问题变成更小子问题的步骤
do
    求出可行解的一个解元素；
end while

由所有解元素组合成问题的一个可行解   //整理解
```

5.1.2　贪心算法举例——装载问题

下面来详细分析如何利用贪心策略求解一个经典问题——装载问题。

问题描述： 有一批集装箱要装上一艘载重量为 C 的轮船。其中集装箱 i 的重量为 W_i。现在要求设计一种方法可以在装载体积不受限制的情况下，将尽可能多的集装箱装上轮船。

问题分析： 当载重量为定值 C 时，W_i 越小，可装载的集装箱数量 n 越大，因此可以将问题划分为 i 个子问题，只要依次选择最小重量集装箱，满足所有备选集装箱总重量小于或等于 C。那么可以用数学的形式把这个问题描述为求解公式：

$$\max\left\{\sum\nolimits_{i=1}^{n} x_i\right\},$$

其中：$\sum\nolimits_{i=1}^{n} w_i x_i \leqslant C$

$$x_i \in \{0,1\}, 1 \leqslant i \leqslant n$$

基于以上分析，可以很容易地写出用贪心算法解决该问题的伪代码，代码如下所示。

```
float loading(float C, float w[], int x[])
{   //x[i]=1 当且仅当货箱 i 被装载
    int n=w.length;
    for(i=0 to n) do
        d[i]=<w[i],i>;
    end for
    MergeSort(d); //对 d 进行根据重量 w[i]从小到大排序
    float opt=0;
    for(i=0 to n) do
        x[i]=0;
    end for
    i=0;
    while(i<n && d[i].w<=c) do
        x[d[i].i]=1;
        opt+=d[i].w;
        c-=d[i].w;
        i++;
    end while
    return opt;
}
```

运行时间:O($n\lg n$)

5.2 贪心算法的分析

这一节将重点讨论适用贪心方法可以求解的问题所具有的一般性质。对于一个具体的问题，怎么知道是否可以用贪心算法解此问题，以及能否得到问题的最优解呢？这个问题很难给予肯定的回答。但是，从许多可以用贪心算法求解的问题中看到这类问题一般具有两个重要性质：**贪心选择**和**最优子结构性质**。

1. 贪心选择性质

所谓贪心选择性质，是指所求问题的整体最优解可以通过一系列局部最优的选择，即通过贪心选择来实现。这是贪心算法可行的第一个基本要素，也是贪心算法与动态规划算法的主要区别。

前面的章节中介绍了动态规划思想通常以自底向上的方式解各个子问题，而贪心算法则通常以自顶向下的方式进行，以迭代的方式逐个做出贪心选择，每做一次贪心选择，所求问题将简化为规模更小的子问题。对于一个具体的问题而言，要确定该问题是否具有贪心选择性质，必须证明每一步所做的贪心选择将最终产生问题的整体最优解，然而证明过程通常需要一些技巧来完成。通常来说，可以在证明过程中先考察一个全局最优解，然后证明可以通过修改这个最优解，使其采用贪心选择，这个选择会使原问题变为一个相似的、规模更小的问题。

2．最优子结构性质

当一个问题的最优解包含其子问题的最优解时，则称该问题具有最优子结构性质。最优子结构性质是一个问题是否可以用动态规划或贪心算法求解的关键特征。基于对最优子结构的观察，能够写出描述一个最优解值的递归式，从而写出解决问题的算法。但是需要注意的是，并非所有具有最优子结构性质的问题都可以采用贪心策略来得到最优解，这一点将在后面章节中所介绍的背包问题中看到。

虽然贪心算法和动态规划算法都要求问题具有最优子结构性质，但是二者却存在着巨大的差别，具体差别见表 5-1。

表 5-1　贪心算法和动态规划算法性质比较

	动态规划算法	贪心算法
决策方式	每一次的决策基于子问题的解	每一次的决策基于当前问题的状态
子问题求解	子问题首先被求解	求解子问题前首先做出贪心选择
求解方式	自底向上求解	自顶向下求解
算法复杂度	算法通常较复杂，效率较低	算法通常较简单，效率较高

3．贪心算法的基本步骤

> 1）设计问题的最优子结构；
>
> 2）给出问题的递归解；
>
> 3）证明在递归的任一阶段，最优选择之一总是贪心选择。那么，做贪心选择总是安全的。证明通过做贪心选择，所有子问题（除一个以外）都为空。
>
> 4）设计出一个实现贪心策略的递归算法，将递归算法转换成迭代算法。

5.3　贪心算法的应用

这一节将通过几个典型问题来熟悉贪心策略的应用方法。

5.3.1　普通背包问题

问题描述

在前面章节中，已经介绍了利用动态规划思想解 0-1 背包问题，而这里将介绍另一种背包问题，即普通背包问题。下面首先给出这两种背包问题的描述。

0-1 背包问题

给定 n 种物品和一个背包，物品 i 的重量是 W_i，其价值为 V_i，背包的容量为 C。应如何选择装入背包的物品，使得装入背包中物品的总价值最大？

> 在选择装入背包的物品时，对每种物品 i 只有两种选择，即装入背包或不装入背包，不能将物品 i 装入背包多次，也不能只装入部分的物品 i。

普通背包问题

给定 n 种物品和一个背包。物品 i 的重量是 W_i，其价值为 V_i，背包的容量为 C。应如何选择装入背包的物品，使得装入背包中物品的总价值最大？与 0-1 背包问题的不同之处在于选择物品 i 装入背包时，可以选择物品 i 的一部分，而不一定要全部装入背包，$1 \leqslant i \leqslant n$。

可以发现这两种背包问题都具有最优子结构性质，极为相似，但普通背包问题可以用贪心算法求解，而 0-1 背包问题却不能用贪心算法求解，应该用动态规划算法求解。

任务

编写程序，解决普通背包问题。

问题分析

根据问题，可以将所求问题用数学方式表达如下：

$$\max \sum_{i=1}^{n} v_i x_i \quad (x_i \text{ 为装入物品 } i \text{ 的比例})$$

其中：
$$\begin{cases} \sum_{i=1}^{n} w_i x_i \leqslant C & w_i > 0 \\ 0 \leqslant x_i \leqslant 4 & i = 1, 2, \cdots, n \\ v_i > 0, w_i > 0, C > 0 & i = 1, 2, \cdots, n \end{cases}$$

假设 $n=3$，$C=20$，$V=\{25,24,15\}$，$W=\{18,15,10\}$，下面可以列举出 4 个可行解，见表 5-2：

表 5-2　普通背包问题 4 个可行解

	(x_1, x_2, x_3)	$\sum_{i=1}^{3} w_i x_i$	$\sum_{i=1}^{3} v_i x_i$
1	(1/2,1/3,1/4)	16.5	24.5
2	(1,2/15,0)	20	28.2
3	(0,2/3,1)	20	31
4	(0,1,1/2)	20	31.5（最优解）

通过观察表 5-2 中的结果并思考如何设计贪心策略。按照贪心目标不同，可以有三种策略。分别如下：

1）按照价值最大贪心，使目标函数增长最快。这就需要按照价值从高到低对物品排序，依次选择物品，那么将得到表 5-2 中的可行解 2（次最优解）；

2）按照重量最小贪心，使背包重量增长最慢。这就需要按照重量从小到大对物品排序，依次选择物品，那么将得到表 5-2 中的可行解 3（次最优解）；

3）按价值率最大贪心，使单位重量价值增长最快。这就需要按价值率从大到小对物品排序，依次选择物品，那么将得到表 5-2 中的可行解 4（最优解）；

很显然，策略 3）是最佳的贪心策略。

在前文中介绍过，0-1 背包问题不能通过贪心思想来求解，其中主要原因在于在该问题中，采用贪心策略无法保证背包最终会被装满，若无法装满背包，那么部分闲置的背包空间会使每公斤背包空间的价值降低了。事实上，在考虑 0-1 背包问题时，应该比较选择该物品和不选择该物品所导致的最终方案，然后根据这一结果再做出最佳选择。由此就产生了许多互相重叠的子问题，这便是 0-1 背包问题可以利用动态规划求解的一个重要特征。

问题求解

那么根据策略 3），可以很容易地写出求解的算法，代码如下所示。

```
GreedyKnapsack(n, M, v[], w[], x[])
{
        //按价值率最大贪心选择
        Sort(n, v, w); //使得 v[1]/w[1] ≥ v[2]/w[3] ≥ ... ≥ v[n]/w[n]
        for(i= 1 to n) do
            x[i]=0;
        end for
        c=M;
        for(i = 1 to n) do
            if(w[i]>c)
                break;
            x[i]=1;
            c-=w[i];
        end for
        if(i≤n) then
            x[i]=c/w[i];          //使物品 i 是选择的最后一项
}
```

运行时间:O(nlgn)

那么现在来通过数学方法证明这个策略的确是最优的。

定理：如果 $v[1]/w[1] \geq v[2]/w[3] \geq ... \geq v[n]/w[n]$，则上述代码中给出的算法可以为普通背包问题生成一个最优解。

证明思路：可以将贪心解与任意一个最优解进行对比，若二者不同，则从头遍历最优解与贪心解，找到第一个不同的活动 i，设法用贪心解中对应的活动 j 去代换最优解中的活动 j，并证明最优解在分量代换之后其总价值将保持不变，这样反复对比，直到新产生的最优解与贪心解完全一致，从而证明了贪心解也是最优解。具体的证明步骤在此省略，留给读者自行完成。

5.3.2 活动安排问题

问题描述

设有 n 个活动的集合 $E = \{1, 2, \cdots, n\}$，其中每个活动都要求使用同一资源，如演讲会场等，而在同一时间内只有一个活动能使用这一资源。每个活动 i 都有一个要求使用该资源的起始时间 s_i 和结束时间 f_i，且 $s_i < f_i$。如果选择了活动 i，则它在半开时间区间 $[s_i, f_i)$ 内占用资源。若区间 $[s_i, f_i)$ 与区间 $[s_j, f_j)$ 不相交，则称活动 i 与活动 j 是相容的。也就是说，当 $s_i \geq f_j$ 或 $s_j \geq f_i$ 时，活动 i 与活动 j 相容。

任务

编写程序，选出最大的相容活动子集合。

问题分析

在设计贪心策略之前，首先来构造这个问题的子问题空间：

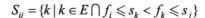
$$S_{ij} = \{k \mid k \in E \bigcap f_i \leqslant s_k < f_k \leqslant s_j\}$$

从上式可以看出，集合 S_{ij} 包含了所有与活动 i 和 j 相兼容，并且不迟于活动 i 结束和不早于活动 j 开始的活动。现在虚构活动 0 和活动 $n+1$，其中 $f_0=0$，$S_{n+1}=\infty$。那么所要求解的问题就变为寻找 $S_{0,n+1}$ 中最大兼容活动子集。

可以试着制定贪心策略来完成这个任务，首先对输入的活动以其完成时间的非减序排列，然后每次总是选择具有最早完成时间的相容活动加入最优解集合中。直观上看，按这种方法选择相容活动为未安排活动留下尽可能多的时间，也就是说，该算法的贪心选择的意义是使剩余的可安排时间段极大化，以便安排尽可能多的相容活动。

假设现在待安排的 11 个活动的开始时间和结束时间按照结束时间的非减序排列如下：

i	1	2	3	4	5	6	7	8	9	10	11
s_i	1	3	0	5	3	5	6	8	8	2	12
f_i	4	5	6	7	8	9	10	11	12	13	14

按照以上制定的贪心策略对这 11 个活动进行求解，可以得到的结果是 {1,4,8,11} 或者 {2,4,9,11}。

以下定理可证明上述贪心算法的正确性。

定理：对于任意非空子问题 S_{ij}，设 m 是 S_{ij} 中具有最早结束时间的活动，即 $f_m = \min\{f_k \mid \in S_{ij}\}$，则：

1）活动 m 在 S_{ij} 的某最大兼容活动子集中被使用；

2）子问题 S_{im} 为空，所以选择 m 将使子问题 S_{mj} 为唯一可能非空的子问题。

证明：先证明第 2 部分。假设 S_{im} 非空，因此有活动 k 满足 $f_i \leqslant s_k < f_k \leqslant s_m < f_m$。$k$ 同时也在 S_{ij} 中，且具有比 m 更早的结束时间，这与 m 的选择相矛盾，故 S_{im} 为空。利用类似的原理，第 1 部分的证明读者可以自行完成。

由此可以看出利用贪心算法解决问题的基本思想为：

> 从问题的某一个初始解出发，通过一系列的贪心选择，即当前状态下的局部最优选择，逐步逼近给定的目标，尽可能快地求得更好的解。
>
> 在贪心算法中采用逐步构造最优解的方法，在每个阶段，都做出按某一评价标准选出的最优的决策，该评价准则是贪心策略。
>
> 验证贪心算法的正确性，就是要证明按照既定的贪心策略求得的解是全局最优解。
>
> 那么，现在证明了贪心策略解决活动安排问题是正确的，接下来便可以根据贪心策略写出相应的算法。

问题求解

下述代码为用贪心算法求解活动安排问题的算法伪代码。其中，参数中的 s 与 f 为数组，分别表示活动的开始和结束时间，n 个输入活动已经按照活动结束时间进行单调递增顺序排序。其中第一个 while 循环部分的目的是寻找最早结束的第一个活动，即寻找与活动 i 兼容的一个活动 m，利用活动 m 与活动 $m \sim j$ 之间的最优子集的并集构成最终的最优子集。可以看到 Recursive-activity-selector 属于递归程序，它以对自己的递归调用的并操作结束，因此，可以将其转化为迭代形式 Greedy-activity-selector(s, f)。

```
Recursive-activity-selector(s[], f[], i, j)        //递归形式
{
    m=i+1;
    while(m<j && s[m]<f[i]) do
        m=m+1;
    end while
    if(m<j) then
        return {m} Recursive-activity-selector(s, f, m, j);
    else return null;
    end if
}

Greedy-activity-selector(s, f)        //迭代形式
{
    n=length[s];
    A={1};
    i=1;
    for(m = 2 to n) do
        if(s[m] f[i]) then
            add m into A;
            i=m;
        end if
    end for
    return A;
}
```

运行时间:O(*n*)

实际上，这一问题也可以用动态规划思想来求解。因为，同样可以证明原问题具有最优子结构性质，同时可以根据子问题的最优解来构造出原问题的最优解。具体的解法留给读者来亲自动手试一试。

5.3.3　纪念品分组

问题描述

元旦快到了，校学生会让乐乐负责新年晚会的纪念品发放工作。为使得参加晚会的同学所获得的纪念品价值相对均衡，他要把购来的纪念品根据价格进行分组，但每组最多只能分到两件纪念品，并且每组纪念品的价格之和不能超过一个给定的整数 *w*。为了保证在尽量短的时间内发完所有纪念品，乐乐希望分组的数目最少。

任务

找出所有分组方案中分组数最少的一种，输出最少的分组数目。

问题分析

这是一个典型的用贪心策略求解的问题，较为简单，理解了题意就会发现题目的思想就在于两数相加然后让这个数字小于等于 *w*。如果一个数加上当前数列中最小的数字之和大于 *w*，那就意味着这个数就要单独分一组。基于这个思想，可以设计出完成该任务的贪心策略，见表 5-3。

表 5-3　求解纪念品问题的贪心策略

① 将纪念品按照价值从高到低排序，形成一个有序数组
② 首先，从数组的第一个数开始遍历数组，拿到了第一个数 *i* 之后从最小的数开始遍历数组，依次比较 *i* 加上较小的数是否超过给定的整数。若未超过，那么这两个数字对应的礼物可以被分为一组，如果超过，那么只能由价值较大的物品自身组成一组，同时把分组结果记录下来
③ 将分好组的纪念品排除出选择范围，然后按照上一步骤中的方案继续挑选合适的分组，直到数组中所有的数字都被分组

简而言之，只需要将给定的价格排好序，判断最高与最低可否为一组，如果不可以为一组，那么就让价格高的物品自身成为一组，直到遍历完所有的商品。该贪心策略的正确性就留给读者自行证明。

问题求解

依照上文给出的贪心思想可以给出求解该问题的伪代码，代码如下所示。

```
GiftAssign(array, n, max)//max 为每组纪念品的价格的上限
{
        sum=0;
        sort(array,array+n);
        for(j =0 to n-1) do
                for(h =n-1 to 0) do
                        if(h==j) then continue;
                        if(array[j]+array[h]<=max&&flag[j]==0&&flag[h]==0) then
                                flag[j]=1;
                                flag[h]=1;
                                sum++;
                                break;
                        else
                                flag[j]=1;
                                sum++;
                                break;
                        end if
                end for
        end for
}
```

引申：哈夫曼编码

这里给出贪心算法的另外一个重要应用，即哈夫曼编码，哈夫曼编码是广泛地用于数据文件压缩的十分有效的编码方法。其压缩率通常在 20%～90%之间。哈夫曼编码算法用字符在文件中出现的频率表来建立一个用 0、1 码表示各字符的最优表示方式。一个包含 100000 个字符的文件，各字符出现频率不同，见表 5-4。

表 5-4　文件中各字符的出现频率

	a	b	c	d	e	f
频率（千次）	45	13	12	16	9	5
定长码	000	001	010	011	100	101
变长码	0	101	100	111	1101	1100

有多种方式表示文件中的信息，若用0、1 码表示字符的方法，即每个字符用唯一的一个 0、1 串表示。若采用定长编码表示，则需要 3 位表示一个字符，整个文件编码需要 300000 位；若采用变长编码表示，给频率高的字符较短的编码；频率低的字符较长的编码，达到整体编码减少的目的，则整个文件编码需要（45×1+13×3+12×3+16×3+9×4+5×4）×1000= 224000 位，由此可见，变长码比定长码方案好，总码长减小约 25%。

前缀码：对每一个字符规定一个 0、1 码作为其代码，并要求任意一字符的代码都不是其他字符代码的前缀。这种编码称为前缀码。编码的前缀性质可以使译码方法非常简单；例如 001011101 可以唯一的分解为 0,0,101,1101，因而其译码为 aabe。

译码过程需要能够方便地取出编码的前缀，因此需要表示前缀码的合适的数据结构。为此，可以用二叉树作为前缀码的数据结构：树叶表示给定字符；从树根到树叶的路径当作该字符的前缀码；代码中每一位的 0 或 1 分别作为指示某结点到左孩子或右孩子的"路标"。

从图 5-1 可以看出，表示最优前缀码的二叉树总是一棵完全二叉树，即树中任意结点都有 2 个孩子。图 5-1a 表示定长编码方案不是最优的，其编码的二叉树不是一棵完全二叉树。在一般情况下，若 C 是编码字符集，表示其最优前缀码的二叉树中恰有|C|个叶子。每个叶子对应于字符集中的一个字符，该二叉树有|C|-1 个内部结点。

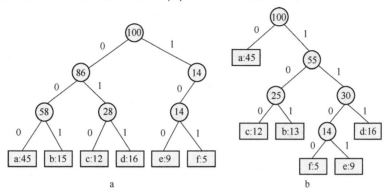

图 5-1　两种编码方案

给定编码字符集 C 及频率分布 f，即 C 中任意一字符 c 以频率 $f(c)$在数据文件中出现。C 的一个前缀码编码方案对应于一棵二叉树 T。字符 c 在树 T 中的深度记为 $d_T(c)$。$d_T(c)$也是字符 c 的前缀码长。则平均码长定义为：

$$B(T)\sum_{c\in C}f(c)d_T(c)$$

使平均码长达到最小的前缀码编码方案称为 C 的最优前缀码。

哈夫曼提出**构造最优前缀码的贪心算法**，由此产生的编码方案称为**哈夫曼编码**。其构造步骤如下：

1）哈夫曼算法以自底向上的方式构造表示最优前缀码的二叉树 T。

2）算法以|C|个叶结点开始，执行|C|-1 次的"合并"运算后产生最终所要求的树 T。

3）假设编码字符集中每一字符 c 的频率是 $f(c)$。以 f 为键值的优先队列 Q 用在贪心选择时有效地确定算法当前要合并的 2 棵具有最小频率的树。一旦 2 棵具有最小频率的树合并后，产生一棵新的树，其频率为合并的 2 棵树的频率之和，并将新树插入优先队列 Q。经过 n-1 次的合并后，优先队列中只剩下一棵树，即所要求的树 T。

有兴趣的读者可以自己证明构造最优前缀码问题具有贪心选择性质与最优子结构性质，并写出哈夫曼编码的算法。

5.4　达人修炼真题

如何找出最小的不重复数

题目描述：

给定任意一个正整数，求比这个数大的最小的"不重复数"。"不重复数"的含义是相邻两位不相同，例如 1101 是重复数，而 1201 是不重复数。

分析与解答：

方法一：蛮力法

最容易想到的方法就是对这个给定的数加 1，然后判断这个数是不是"不重复数"，如果不是，那么继续加 1，直到找到"不重复数"为止。显然这种算法的效率非常低。

方法二：从右到左的贪心算法

例如给定数字 10999，首先对这个数字加 1，变为 11000，接着从右向左找出第一对重复的数字 00，对这个数字加 1，变为 11001，继续从右向左找出下一对重复的数 00，将其加 1，同时把这一位往后的数字变为 0101…形式（当某个数字自增后，只有把后面的数字变成0101…，才是最小的不重复数字），这个数字变为 11010，接着采用同样的方法，使 11010->12010就可以得到满足条件的数。

需要特别注意的是当对第 i 个数进行加 1 操作后，可能会导致第 i 个数与第 $i+1$ 个数相等，因此，需要处理这种特殊情况，下图以 99020 为例介绍处理方法。

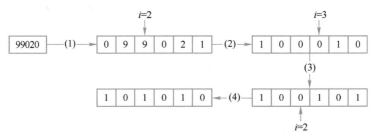

1）把数字加 1 并转换为字符串。

2）从右到左找到第一组重复的数 99（数组下标为 $i=2$），把 99 加 1，变为 100，然后把后面的字符变为 0101…形式。得到 100010。

3）由于执行步骤 2）后对下标为 2 的值进行了修改，导致它与下标为 $i=3$ 的值相同，因此，需要对 i 自增变为 $i=3$，接着从 $i=3$ 开始从右向左找出下一组重复的数字 00，对 00 加 1变为 01，后面的字符串变为 0101…形式，得到 100101。

4）由于下标为 $i=3$ 与 $i+1=4$ 的值不同，因此，可以从 $i-1=2$ 的位置开始从右向左找出下一组重复的数字 00，对其加 1 就可以得到满足条件的最小的"不重复数"。

根据这个思路给出实现方法如下：

1）对给定的数加 1。

2）循环执行如下操作：对给定的数从右向左找出第一对重复的数（下标为 i），对这个数字加 1，然后把这个数字后面的数变为 0101…形式从而得到新的数。如果操作结束后下标为 i的值等于下标为 $i+1$ 的值，则对 i 进行自增操作，否则对 i 进行自减操作；然后从下标为 i 开始从右向左重复执行步骤 2），直到这个数是"不重复数"为止。

实现代码如下：

```
def carry(num,pos):
    while pos > 0:
        if int(num[pos]) > 9:
            num[pos] = '0'
            num[pos-1] = str(int(num[pos-1])+1)
```

```
            pos -= 1
```
```
    '''
    功能方法：获取大于 n 的最小不重复数
    输入参数：n 为正整数
    返回值：  大于 n 的最小不重复数
    '''
    def findMinNonDupNum(n):
        count = 0
        nChar = list(str(n+1))
        ch = [None]*(len(nChar)+2)
        ch[0] = '0'
        ch[len(ch)-1] = '0'
        i = 0
        while i < len(nChar):
            ch[i+1] = nChar[i]
            i += 1
        lens = len(ch)
        i = lens - 2
        while i > 0:
            count += 1
            if ch[i-1] == ch[i]:
                ch[i] = str(int(ch[i])+1)        # 末尾数字加 1
                carry(ch,i)                      # 处理进位
                # 把下标为 i 后面的字符串变为 0101……串
                j = i + 1
                while j < lens:
                    if (j-i) % 2 == 1:
                        ch[j] = '0'
                    else:
                        ch[j] = '1'
                    j += 1
                # 第 i 位加 1 后，可能会与第 i+1 位相等
                i += 1
            else:
                i -= 1
        print("循环次数为：",count)
        return int(''.join(ch))


    if __name__ == "__main__":
        print(findMinNonDupNum(23345))
        print(findMinNonDupNum(1101010))
        print(findMinNonDupNum(99010))
        print(findMinNonDupNum(8989))
```

程序的运行结果为

```
    循环次数为：7
    23401
    循环次数为：11
    1201010
```

```
循环次数为：13
101010
循环次数为：10
9010
```

方法三：从左到右的贪心算法

与方法二类似，只不过是从左到右开始遍历，如果碰到重复的数字，那么把其加 1，后面的数字变成 0101…。实现代码如下：

```python
def FindMinNonDupNum(n):
    count = 0
    nchar = list(str(n+1))
    ch = [None]*(len(nchar)+1)
    ch[0] = '0'
    i = 0
    while i < len(nchar):
        ch[i+1] = nchar[i]
        i += 1
    i = 2
    while i < len(ch):
        count += 1
        if ch[i-1] == ch[i]:
            ch[i] = str(int(ch[i])+1)
            carry(ch,i)
            j = i+1
            while j < len(ch):
                if (j-i)%2 == 1:
                    ch[j] = '0'
                else:
                    ch[j] = '1'
                j += 1
        else:
            i += 1
    print("循环次数为：",count)
    return int(''.join(ch))
```

程序的运行结果为

```
循环次数为：5
23401
循环次数为：7
1201010
循环次数为：6
101010
循环次数为：5
9010
```

显然，方法三循环的次数少于方法二，因此，方法三的性能要优于方法二。

第6章 回 溯 法

在实际问题中，通常需要通过穷举搜索技术寻找问题的答案（所有可行解或最优解），当问题规模较小时，可以顺利得到问题的解，然而，当处理对象规模逐渐变大后，通过穷举进行求解将变得不可行，即便现代计算机的时钟频率高达几 GHz。解决这些明显超出规模的问题需要对问题本身进行更深入的研究，仔细缩减解的搜索空间，来确保只去考察真正有用的元素。

回溯法作为一种选优搜索法，又被称为试探法。利用回溯法求解问题时，通常首先需要定义问题的一个解空间并用易于搜索的方式表达解空间，通常会将解空间转化成树结构，然后从树的根结点出发按深度优先策略搜索解空间，当搜索到某一步时，判断通过当前结点是否能得到问题的解，若发现当前选择并不佳或达不到目标，则跳过对以该结点为根的子树的搜索，逐层向其祖先结点回溯，否则，继续沿着当前选择的结点按深度优先策略搜索，最终获得问题的解。这种系统地检查解空间的过程，抛弃那些不可能得出合法解的候选解，从而使求解时间大大缩短的方法被称为回溯法，下面来详细讨论回溯法的具体思想、实现框架以及具体的应用。

6.1 回溯法基本概念与算法框架

6.1.1 基本思路

回溯是一种在问题的解空间中对所有可能的解（可能是由若干个部分组成的一种格局）进行遍历的系统性方案。那么，利用回溯法求解问题时，首先需要构建该问题的解空间和状态空间树。

解空间：设问题的解向量为 $X = (x_1, x_2, \cdots, x_n)$，$x_i$ 的取值范围为有穷集 S_i。把 x_i 的所有可能取值组合，称为问题的解空间，每一个组合是问题的一个可能解。必须定义一个具有条理的可能解的生成方案，使得所有可能的解有且只有一次出现在该集合中（不重不漏）。

例如：在 0-1 背包问题中，$S=\{0,1\}$，当 $n=3$ 时，0-1 背包问题的解空间是：{ (0,0,0)，(0,0,1)，(0,1,0)，(1,0,0)，(0,1,1)，(1,0,1)，(1,1,0)，(1,1,1) }，当输入规模为 n 时，有 2^n 种可能的解。

状态空间树：通常为了方便搜索，需要把解空间表达为树结构，这棵树通常被称为状态空间树。

例如：图 6-1 为当 $n=3$ 时，0-1 背包问题的状态空间树。从树根到叶子结点的路径上的数字 (0,1)，从上至下依次代表了第 1 到第 3 个物品是否被装入包中。

在对状态空间树进行搜索时，搜索目标通常可以分为两类：

1）寻找问题的可行解，即满足某个约束条件的解，可行解是解空间中的一个子集；

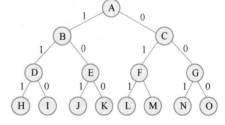

图 6-1 当 $n=3$ 时，0-1 背包问题的状态空间树

2）寻找问题的最优解，即目标函数取极值的可行解。例如，在 0-1 背包问题中，一共有 2^n 种可能的解，其中有些是可行解，但只有一个或几个是最优解。

回溯法的基本方法是搜索，在搜索树结构的解空间过程中每次搜索至某一结点时，首先利用一个预先定义好的剪枝函数（判断函数）来判断当前的路径是否可行来避免产生无效的搜索。通常，剪枝函数主要包括两类：

1）使用约束函数，剪去不满足约束条件的路径；

2）使用界限函数，剪去不能得到最优解的路径。

根据剪枝函数的判断结果与当前搜索状态，可以将状态空间树中的结点分为三种：

1）1_结点（活结点）：所搜索到的结点不是叶结点，且满足约束条件和目标函数的界，其子结点还未全部搜索完毕；

2）e_结点（扩展结点）：解空间树的搜索过程中，一个正在产生子结点的结点称为扩展结点，扩展结点也是一个活结点；

3）d_结点（死结点）：死结点即不满足约束条件的目标函数、其子结点已全部搜索完毕的结点或者叶结点。以 d_结点作为根的子树，可以在搜索过程中删除。

当确定了问题解空间的结构后，回溯法就从开始结点（根结点）出发，以深度优先的方式搜索整个解空间，这时，这个开始结点就成为一个活结点，也是扩展结点，当该结点满足剪枝条件，搜索向纵深方向移至一个新结点。当某个结点无法再向纵深方向移动，则该结点就变成死结点，此时，应该往回移动（回溯）至最近的一个活结点处，令该结点变为扩展结点然后继续搜索，直至找到所有要求的解或解空间中已没有活结点时为止。

可以看出，在回溯法执行时，应当始终使搜索路径尽量不重复，必要时应该对不可能为解的部分进行剪枝(pruning)，同时保存当前步骤，如果得到解就输出。按照这个思路，下面给出回溯法求解问题的框架，代码如下所示。通过这个框架，可以通过回溯法解决很多问题。

```
finished = FALSE;                    //是否获得全部解？这个变量需要根据算法的具体场景进行赋值
backtrack(a[], k, input)
{
    int c[MAXCANDIDATES];            //本次搜索的候选解
    int ncandidates;                 //候选解数目
    int i;                           //counter
    if (is_a_solution(a,k,input)) then
        process_solution(a,k,input);
    else
        k = k+1;
        construct_candidates(a,k,input,c,&ncandidates);
        for (i=0 to ncandidates-1) do
            a[k] = c[i];
            make_move(a,k,input);
            backtrack(a,k,input);        //递归下一层
            unmake_move(a,k,input);
            if (finished) then
                return;                  //如果符合终止条件就提前退出
        end for
    end if
}
```

上述代码中的主要函数和变量的含义为

a[ ]：当前获得的部分解；

k：搜索深度；

input:用于传递的更多的参数；

is_a_solution(a,k,input)：判断当前的部分解向量 a[1...k]是否是一个符合条件的解；

construct_candidates(a,k,input,c,&ncandidates)：根据目前状态，构造这一步可能的选择，存入 c[]数组，其长度存入 ncandidates；

process_solution(a,k,input)：对于符合条件的解进行处理，通常是输出、计数等；

make_move(a,k,input)和 **unmake_move(a,k,input)**：前者将采取的选择更新到原始数据结构上，后者把这一行为撤销。

backtrack(a,k,input)：对当前状态下 a 的候选解进行考察，首先考察当前得到的部分解向量 a 是否是一个符合条件的解，是则输出或做出其他处理，否则根据当前状态可能拥有的其他选择，进行进一步的搜索，这一任务采用递归调用 backtrack 的方式来实现。递归深度每增加一层，backtrace 就会被调用一次，直至算法结束。

6.1.2　回溯法的实现

回溯法的思路是对解空间作深度优先搜索，因此，在一般情况下可以用递归方式来实现回溯法。递归回溯的算法框架代码如下所示。

```
//针对 N 叉树的递归回溯方法
//t 为当前搜索深度，n 为解空间树高度，x 为树的每一层的选择结果组成的向量
 Backtrack ( t )
 {
     if (t>n) then
         output(x);                          //搜索到叶子结点，输出结果，x 是可行解
     else
         for (i = 1 to k) do                 //当前结点的所有子结点
             x[t]=value(i);                  //每个子结点的值赋值给 x
                                             //满足约束条件和界限条件
             if (constraint(t) && bound(t)) then
                 Backtrack(t+1);             //递归下一层
             end if
         end for
     end if
 }
```

下述代码为用迭代方式实现回溯法的算法描述。与递归相比，迭代方法在设计方面更复杂，但效率更高。这一点在本书前面章节做过相应分析。

```
//针对 N 叉树的迭代回溯方法
//t 为当前搜索深度，n 为解空间树高度，x 为树的每一层的选择结果组成的向量
 IterativeBacktrack ()
 {
     t=1;
     while (t>0) do
         if(ExistSubNode(t)) then            //当前结点的存在子结点
             for (i = 1 to k) do             //遍历当前结点的所有子结点
```

```
            x[t]=value(i);                    //每个子结点的值赋值给 x
            if (constraint(t)&&bound(t)) then //满足约束条件和界限条件
                    //solution 表示在结点 t 处得到了一个解
                    if (solution(t)) then
                            output(x);        //得到问题的一个可行解，输出
                    else
                            t++;              //没有得到解，继续向下搜索
                    end if
            end if
        end for
    else                                      //不存在子结点，返回上一层
        t--;
    end if
  end while
}
```

由此可以看出，用回溯法解题的一个显著特征是在搜索过程中动态产生问题的解空间，在任何时刻，算法只保存从根结点到当前扩展结点的路径。如果解空间树中从根结点到叶子结点的最长路径长度为 $h(n)$，则回溯法所需的计算空间通常为 $O(h(n))$，而显式地存储整个解空间则通常需要 $O(2h(n))$ 或 $O(h(n)!)$ 的存储空间。

6.2 回溯法的应用

这一节将通过几个具体的问题来展示如何在实际问题中运用回溯法来求解。其中有些问题，在前文中其实已经讨论过，只是讨论的侧重点与下文有所不同。

6.2.1 0-1 背包问题

问题描述

给定 n 种物品和一个背包，物品 i 的重量是 W_i，其价值为 V_i，背包的容量为 C。应如何选择装入背包的物品，使得装入背包中物品的总价值最大？

问题分析

在前面章节中，已经知道 0-1 背包问题的形式化描述为：

给定 $C>0$，$w_i>0$，$v_i > 0$ $(0 \leqslant i < n)$，要求一个 n 元组（$x_0, x_1, \cdots, x_{n-1}$），$x_i \in \{0,1\}$，$0 \leqslant i < n$，使得 $\sum_{i=0}^{n} w_i x_i \leqslant C$ 且 $\sum_{0 \leqslant i < n} v_i x_i$ 最大。其中，$x_i=0$ 表示物品 i 不放入背包中，$x_i=1$ 表示物品 i 放入背包中。

而且已经通过前文的例子知道这个问题的解空间是 $\{0,1\}$，其中 1 代表该物品被装入，0 代表该物品不被装入。在回溯搜索过程，从根结点开始，如果来到了叶子结点，表示一条搜索路径结束，如果该路径上存在更优的解，则保存下来。如果不是叶子结点，而是中间结点，就继续深度遍历其子结点。

0-1 背包问题的剪枝条件（判定可行解的约束条件）可以设计为检查目前选择的物品的数量是否已超出背包容量，即：

$$\sum_{i=0}^{n-1} w_i x_i \leqslant M , \quad w_i > 0 , \quad x_i \in \{0,1\}$$

如果已超出，那么不需要沿着当前选择物品为根结点的子树进行搜索，而需要回退到上一结点，如果未超出背包容量，那么可以继续沿着当前结点进行深度优先遍历。

最终目的是使得装入背包中物品的总价值最大，那么该目标也可以用以下的目标函数来描述：

$$\max \sum_{i=0}^{n-1} v_i x_i , \quad v_i > 0 , \quad x_i \in \{0,1\}$$

那么，搜索最优解的思路为：顺序选取物品装入背包，假设已选取了前 i 件物品之后背包还没有装满，则继续选取第 $i+1$ 件物品，若该件物品"太大"不能装入，则丢弃该物品，继续选取下一件，直至背包无法再装入剩余物品为止。如果在剩余的物品中找不到合适的物品装入背包，则说明"刚刚"装入背包的那件物品"不合适"，应将它取出，继续再从它之后的物品中选取，如此重复，直至求得满足条件的解。因为回溯求解的过程是"后进先出"，所以需要用到栈来保存当前已经搜索过的符合条件的解（物品），具体而言，我们可以在存储过程中，利用数组来存储各个物品的重量，然后用深度优先的搜索方式求解，将符合条件的数组元素的下标存入栈中，最后得到符合条件的解并输出。

前文提到过，为了提高效率，会设计剪枝函数来避免搜索不符合条件的结点，那么在 0-1 背包问题中，假设 r 是当前未搜索的物品价值总和，cp 为从根结点到当前结点的路径上所选物品的价值，bp 为选择当前结点可能得到的装入背包中物品的最大总价值，L 为已经搜索过的可行解中的最大总价值。那么很显然，当 cp+r=bp<L 时，我们可以剪去以 X 为根的子树。

问题求解

按照以上的分析，很容易写出解该问题的算法，伪代码如下所示。

```
void Backtracking(i)
// c 为背包容量，n 为物品数量，weight 为存放物品重量的数组，price 为存放物品价值的数组，
// bestAnswer 存储当前最优解，ba 为当前最优解
    int curerntWeight=0;    //当前重量
    int currentPrice=0;     //当前价值
    int bestPrice=0;        //当前最优值
    int bp=0;
    int times=0;
    times+=1;
    if(i>n) then
        printanswer（n,ba）;
        if(bestPrice > bp) then
            bp=bestPrice;
            for(j = 1 to n) do
                ba[j]=bestAnswer[j];
            end for
        end if
        return;
    end if
    if(currentWeight+weight[i]<=c) then //将物品放入背包，搜索左子树
        bestAnswer[i]=1;
        currentWeight+= weight[i];
        bestPrice+=price[i];
        Backtracking(i+1)    //完成上面的递归，返回上一结点，物品 i 不放入背包，接下来递归右子树
```

```
            currentWeight-=weight[i];
            bestPrice-=price[i];
        end if
        bestAnswer[i]=0;
        Backtracking(i+1);

    void printanswer(n,ba[])
        int i;
        for(i=1 to n-1) do
            print ba[i];
        end for;
```

6.2.2 八皇后问题

问题描述

在 8×8 的棋盘上放置 8 个皇后，使这 8 个皇后中任意两个皇后都不在同一行、同一列及同一斜角线上。

问题分析

八皇后问题的解可以用一个 8 元组（$x_1, \cdots, x_8$）来表示，其中 x_i 是放在第 i 行的皇后所在的列号，$x_i \in [1,8]$。于是，该问题的解空间便由 8^8 个 8 元组组成。根据题意，可知求解该问题时对应的约束条件为：

$$x_i \neq x_j \quad \text{for all} \quad i, j$$

$$|x_i - x_j| \neq |j - i|$$

很明显，约束条件使得该问题的解空间的大小由 8^8 个元组减少到 8! 个元组。

那么，解该问题的过程中，需要一个判断约束条件是否满足的函数来判断第 i 行的皇后所处位置的正确性，代码如下所示。

```
bool place(x[],k)
{
    for(i=1 to k-1) do
        if(x[i]==x[k] || abs((x[i]-x[k])==abs(i-k)) then
            //abs 为求绝对值函数
            return false;
        end if
    end for
    return true;
}
```

问题求解

根据前文给出的回溯法的框架以及上文的分析，可以很容易给出回溯法求解八皇后问题的算法，代码如下所示。

```
void queens(n, x[])          //算法一：n 为皇后数，x 为存放解的数组
{
    int k=1;                 //k 为搜索深度
    x[1]=0;
    while(k>0) do
```

```
        x[k]=x[k]+1;              //当前列加 1 的位置开始搜索
        while((x[k]<=n)&& (!place(x,k)))do//判断当前列的位置是否满足约束条件
            x[k]=x[k]+1;          //不满足条件，则继续搜索下一列位置
        end while
        if(x[k]<=n) then
            if(k == n) then
                break;
            else
                k=k+1;
                x[k] = 0;
            end if
        else
            x[k]=0;
            k=k-1;
        end if
    end while
}

void queens(row, x[])              //算法二：row 为当前的行数，n 为皇后数，x 为存放解的数组
{
    if(row==n)then
        return;
    else
        for(col=0 to n−1) do
            x[row]=col;
            if(place(x,row))then
                queens(row+1,x);
            end if
        end for
    end if
}
```

　　上述代码中给出的两个算法都是这个问题的有效解法，但是算法二更简洁。算法二的做法是逐行安排皇后的位置，其参数 row 表示现在正执行到第几行。n 是皇后数，在八皇后问题里取值为 8。第 2 行表示如果程序当前能正常执行到第 8 行，即找到了一种解法，如果当前还没排到第 8 行，则进入 else 语句。遍历所有列 col，将当前 col 存储在数组 x 中，然后使用 place 函数检查 row 行 col 列能不能摆皇后，若能摆皇后，则递归调用 queens 去安排下一列摆皇后的问题。读者在编写完整程序时，在主函数中调用 queens(0)，那么就可以得到正确结果，读者还可对可行解进行统计，就会发现其实八皇后问题一共有 92 种解法。

6.2.3　一摞烙饼的排序

问题描述

　　假设有一堆烙饼，大小不一，需要把它们摆成从下到上由大到小的顺序。每次只能一次翻转最上面的几个烙饼，把它们上下颠倒。反复多次可以使烙饼有序，那么，最少应该翻转几次呢？

问题分析

　　这个问题来源于《编程之美》中的 1.3 节。根据《编程之美》的分析可知，对于 n 个烙

饼，如果每次都把最大的先翻到最上面，然后把它翻到最下面，这样就只用处理最上面的(*n*-1)个。而翻完 *n*-1 个时，最小的必然已经在上面，因此，翻转次数的上界是 2(*n*-1)。

如果要采用回溯法来求解这一问题，那么为了在搜索解的时候提高效率，就需要进行必要的剪枝。很显然，如果当前翻转次数已经大于上界 2(*n*-1)，则当前分析的翻转方案必然不是最优的，应该直接返回，同时，当烙饼内部几个部分分别有序时（比如 3、4、5 已经连在一起，9、10 已经连在一起），则不应该拆散它们，而是应该视为一个整体进行翻转。每次把最大的和次大的翻在一起，肯定要优于上界，可以把这个不怎么紧密的下界记为 LowerBound，它的值为顺序相邻两个烙饼大小不相邻顺序的对数（英文为 pairs，不是 log）。这样，有了粗略的上界和下界后，就可以依据这一界限进行剪枝了。为了更有效地剪枝，可以把当前翻转步数大于已记录解的翻转步数的所有解也给剪掉。

问题求解

套用回溯法的框架，可以很容易地写出求解该问题的代码，代码如下所示。

```python
class Sort:
    N = 6
    arr = [1, 3, 6, 3, 5, 2]          #烙饼数组
    arr_tmp = [0] * N                 #记录初始数组
    arr_swap = [0] * 2*N              #最终翻转方案
    tarr_swap = [0] * 2*N            #当前翻转方案
    search_times = 0                 #总搜索次数
    max_swap = 2 * (N - 1)           #最小交换次数

    def init(self):
        for i in range(self.N):
            self.arr_tmp[i] = self.arr[i]

    def Reverse(self, arr, start, end):
        i = start
        j = end
        while i<j:
            tmp = arr[i];
            arr[i] = arr[j];
            arr[j] = tmp;
            i = i+1
            j = j-1

    def LowerBound(self):
        ret = 0
        for i in range(1, self.N):
            if (self.arr[i - 1] > self.arr[i]):
                ret = ret+1
        return ret

    def IsSort(self):
        for i in range(1, self.N):
            if (self.arr[i - 1] > self.arr[i]):
                return False
```

```
                    return True

        def Search(self,step):
            self.search_times = self.search_times+1
            if (self.IsSort()):
                if (step < self.max_swap):
                    self.max_swap = step;
                    for i in range(self.max_swap):
                        self.arr_swap[i] = self.tarr_swap[i]
                return

            if ((step + self.LowerBound()) > self.max_swap):
                return;

            for i in range(1, self.N):
                self.Reverse(self.arr, 0, i)
                self.tarr_swap[step] = i
                self.Search(step + 1)
                self.Reverse(self.arr, 0, i)

        def Print(self):
            print('{0}：{1}'.format("搜索次数", self.search_times))
            print('{0}：{1}'.format("翻转次数", self.max_swap))

            for i in range(self.max_swap):
                print(self.arr_swap[i],end=' ')

            print("\n 具体的翻转情况：")
            for i in range(self.max_swap):
                self.Reverse(self.arr_tmp, 0, self.arr_swap[i])
                for j in range(self.N):
                    print(self.arr_tmp[j], end=' ')
                print()

        def sort(self):
            self.init()
            self.Search(0)
            self.Print()

if __name__ == '__main__':
    s = Sort()
    s.sort()
```

程序的运行结果为

```
搜索次数：12896
翻转次数：5
4 1 2 5 1
具体的翻转情况：
5 3 6 3 1 2
3 5 6 3 1 2
```

```
653312
213356
123356
```

通过以上的实例，可以发现回溯法框架确实能够解决许多形态各异的问题，这也得归功于这个框架足够抽象而不限于具体问题的求解，其通用性毋庸置疑。然而如果一个问题看到之后就有了思路，并能直接写出比回溯法更为精简的解决方法又如何呢？这种情况下当然就没必要再去套用回溯法框架了，因为这表明读者已经把这个框架的步骤内化到自己的思考中并能在这个问题上运用自如了，这一点是值得高兴的。这时回溯法框架只是用于检查代码正确性的一种额外验证方式。但是当思路比较混乱，不知如何下手时建议采用回溯法框架进行分析和套用。不过从烙饼排序问题中可以看到，有时思路的不清晰往往是对实际问题的抽象不够好，而不是编写回溯法本身的问题。编写回溯法时应该注意尽可能剪枝，同时维护好构造候选时所用的数据结构。

6.3　达人修炼真题

如何求解迷宫问题

题目描述：

给定一个大小为 $N×N$ 的迷宫，一只老鼠需要从迷宫的左上角（对应矩阵的[0][0]）走到迷宫的右下角（对应矩阵的[N-1][N-1]），老鼠只能向两方向移动：向右或向下。在迷宫中，0 表示没有路（是死胡同），1 表示有路。例如：给定下面的迷宫：

1	0	0	0
1	1	0	1
0	1	0	0
1	1	1	1

图中标粗的路径就是一条合理的路径。请给出算法来找到这么一条合理路径。

分析与解答：

最容易想到的方法就是尝试所有可能的路径，找出可达的一条路。显然这种方法效率非常低。这里重点介绍一种效率更高的回溯法。主要思路为：当碰到死胡同的时候，回溯到前一步，然后从前一步出发继续寻找可达的路径。算法的主要框架是：

```
申请一个结果矩阵来标记移动的路径
if 到达了目的地
打印解决方案矩阵
else
```

1）在结果矩阵中标记当前单元格为 1（1 表示移动的路径）。

2）向右前进一步，然后递归地检查，走完这一步后，判断是否存在到终点的可达的路线。

3）如果步骤 2）中的移动方法导致没有通往终点的路径，那么选择向下移动一步，然后检查使用这种移动方法后，是否存在可到达终点的路线。

4）如果上面的移动方法都没有可达的路径，那么标记当前单元格在结果矩阵中为 0，返回 false，并回溯到前一步中。

根据以上框架很容易进行代码实现。示例代码如下所示：

```python
class Maze:
    def __init__(self):
        self.N = 4
    #打印从起点到终点的路线
    def PrintSolution(self,sol):
        i = 0
        while i < self.N:
            j = 0
            while j < self.N:
                print(sol[i][j],end=' ')
                j += 1
            print()
            i += 1
    # 判断 x 和 y 是否是一个合理的单元
    def isSafe(self,maze,x,y):
        return x >= 0 and x < self.N and y >= 0 and y < self.N and maze[x][y] == 1
    #'''
    # 使用回溯的方法找到一条从左上角到右小角的路径
    # maze 表示迷宫，x、y 表示起点，sol 存储结果
    #'''
    def getPath(self,maze,x,y,sol):
        # 到达目的地
        if x == self.N-1 and y == self.N-1:
            sol[x][y] = 1
            return True
        # 判断 maze[x][y]是否是一个可走的单元
        if self.isSafe(maze,x,y):
            # 标记当前单元为 1
            sol[x][y] = 1
            # 向左走一步
            if self.getPath(maze,x+1,y,sol):
                return True
            # 向下走一步
            if self.getPath(maze,x,y+1,sol):
                return True
            # 标记当前单元为 0 用来表示这条路不可行，然后回溯
            sol[x][y] = 0
            return False
        return False


if __name__ == "__main__":
    rat = Maze()
    maze = [[1,0,0,0],
            [1,1,0,1],
            [0,1,0,0],
```

```
                [1,1,1,1]]
    sol = [[0,0,0,0],
           [0,0,0,0],
           [0,0,0,0],
           [0,0,0,0]]
    if not rat.getPath(maze,0,0,sol):
        print("不存在可达的路径")
    else:
        rat.PrintSolution(sol)
```

程序的运行结果为

```
1  0  0  0
1  1  0  0
0  1  0  0
0  1  1  1
```

第 7 章 分支界限法

分支界限法与回溯法类似，它也是一种通过搜索问题的解空间树来寻找问题的解的算法。与回溯法不同的是，分支界限法以广度优先或以最小代价优先的方式来搜索解空间树，在每一个活结点处，先计算预先定义的界限函数，依据函数的计算结果从当前活结点表中选择一个最有利的结点作为扩展结点，使得搜索向解空间上有最优解的分枝推进，以便尽快地找出一个最优解。除了搜索解空间的方式不同之外，在一般情况下分支界限法与回溯法的求解目标也不同。回溯法的求解目标往往是找出解空间树中满足约束条件的所有解，而分支界限法的求解目标则通常是找出满足约束条件的一个解，或是在满足约束条件的解中找出使某一目标函数值达到极大或极小值的解，即在某种意义下的最优解。下面将详细介绍分支界限法的基本概念与算法框架，同时通过几个典型的问题来给出利用分支界限法解具体问题的方法。

7.1 分支界限法概念与算法框架

7.1.1 分支界限法基本思想

在前文中已经介绍了分支界限法是对一个问题的状态空间树进行广度优先或最小代价优先策略的搜索，在搜索过程中，对待处理的结点根据界限函数估算目标函数的可能取值，从中选取使目标函数取得最优值的结点优先进行搜索，从而不断调整搜索方向，以求尽快找到问题的解。

在考虑用分支界限法求解某一问题时，可以采取如下的思路来设计算法：

1）首先明确定义问题的解空间，然后采用合适的结构来表达解空间，得到该问题的状态空间树；

2）确定一个合理的界限函数，并根据界限函数确定该问题的目标函数的界（上界、下界）；

3）按照广度优先策略从根结点开始搜索问题的解空间树，在分支结点上，一次性扩展该结点的所有子结点，分别估算这些子结点的目标函数的可能取值（又称为耗费函数值），将满足约束条件且耗费函数值不超过目标函数的界的子结点插入活动结点表（PT 表）中，若某个子结点的目标函数的可能取值超出了目标函数的界，则将其丢弃；

4）依次从待处理结点表中选取使目标函数取得极值的结点成为当前扩展结点，重复上述过程，直至找到最优解或 PT 表为空为止；

5）对于 PT 表中的叶子结点，如果其耗费函数值是极值（极大或极小），则该叶子结点对应的解就是问题的最优解，否则将问题目标函数的界调整为该叶子结点的耗费函数值，然后丢弃 PT 表中超出目标函数界的结点，再次选取结点继续扩展；

6）将最优值输出，并回溯最优解的路径求得最优解中的各个分量。

由以上分析可以看出，利用分支界限法求解问题时，需要解决四个关键问题：

1．确定问题的解空间，并用合适的方式构造状态空间树

解空间和状态空间树上一章已经详细介绍过，这里不再赘述。

2．确定合适的界限函数，给出计算一个结点的目标函数的可能取值的方法，从而减少搜索空间，但必须保证不会漏掉解

界限函数需要能够提供一个评定候选扩展结点的方法，以便确定哪个结点最有可能在通往目标的最佳路径上，一个结点 n 的目标函数的可能取值 $f(n)$ 通常由两个部分构成：

1）从根结点（开始结点）到结点 n 的已有损耗值 $g(n)$；

2）从结点 n 开始到达目标的期望损耗值 $h(n)$。

即：$f(n)=g(n)+h(n)$

通常 $g(n)$ 的构造较为容易，但是 $h(n)$ 的构造较难。

3．构造搜索路径，即给出选择待处理结点表的方法，通常可以采用队列、堆或者优先队列来存储待处理结点表

分支界限法有两种从待处理结点中选择扩展结点的方法，即队列式分支界限法和优先队列式分支界限法。二者的区别主要在于选取扩展结点的方法。队列式（FIFO）分支界限法按照从左到右的顺序依次在解空间中插入结点到队尾，按照队列先进先出的原则选取扩展结点，这种方法对结点的选择具有一定的"盲目性"，这种选择规则不利于快速检索到一个能够得到答案的结点。优先队列式分支界限法按照优先队列中规定的优先级选取优先级最高的结点成为当前扩展结点。在生成优先队列时，首先确定结点的优先级，然后简单地按结点优先级进行排序，但是由于排序算法的时间复杂度较高，且考虑到每次只选择一个结点成为扩展结点，而数据结构中堆排序方法适合这一特点，并且元素的比较和交换的次数最少，因此通常可以采用堆来存储待处理结点。

4．确定最优解的各个分量，即当搜索到最优解后，需要找出从根结点到最优解所在叶子结点的路径上的每个结点（这些结点的取值共同组成了问题的解）

在回溯法中，每次仅考察一条路径，因而只需要构造这一条路径即可，即：前进时记下相应结点，回溯时删去最末尾结点的记录，比较容易实现。然而在分支界限法中需要同时考察若干条路径，那么就需要给出相应的构造搜索路径的方式。对每一个扩展的结点，建立一个三元组<n, f(n), nil>来表示其信息，三个元素的含义分别是：1）该结点的名称，2）结点的耗费函数值，3）该结点的前驱结点。在搜索的过程中构建搜索经过的树结构，在求得最优解时，从叶子结点不断回溯到根结点，以确定最优解中的各个分量。

7.1.2 算法框架与分析

通过上一节的分析，读者应该对分支界限法的基本思路有了比较清晰的认识，下面给出分支界限法求解问题的算法框架，代码如下所示。在求解具体问题时，会在分析所求问题的具体特点与目标后，套用该框架设计求解算法。

```
Procedure()
{
    定义状态空间树;
    构造集合 open 保存待扩展的结点, 集合 closed 保存已搜索过的结点;
    计算初始结点 s 的 f(s);              //将一个结点 n 的目标函数的可能取值记为 f(n)
```

```
            put <s, f(s), nil> into open;
        while(open 不为空) do
            从 open 中取出<p, f(p), x>, 其中 f(p)为 open 中取值最小;
            将<p, f(p), x>放入 closed;
            if(p 是目标) then
                return;
            else
                产生 p 的后继 d 并计算 f(d);
                for(each d) do
                    if((<d, f(d), p> in closed) || (<d,f(d),p> in open)) then
                        if( f(d)<f'{d}) then
                            删除<d, f(d), p>;
                            put <d, f(d), p> into open; //更新结点 d 的耗费函数值
                        end if
                    else
                        put <d, f(d), p> into open;
                    end if
                end for
            end if
        end while
    }
```

下面来分析一下分支界限法的性能。一般情况下，在问题的解向量 $X = (x_1, x_2, \cdots, x_n)$ 中，分量 $x_i(1 \leqslant i \leqslant n)$ 的取值范围为某个有限集合 $S_i = \{a_{i1}, a_{i2}, \cdots, a_{in}\}$，因此，问题的解空间由笛卡尔积 $A = S_1 \times S_2 \times \cdots \times S_n$ 构成，并且第 1 层的根结点有 $|S_1|$ 棵子树，则第二层共有 $|S_1|$ 个结点，第二层的每个结点有 $|S_2|$ 棵子树，则第三层共有 $|S_1| \times |S_2|$ 个结点，以此类推，第 n+1 层共有 $|S_1| \times |S_2| \times \cdots \times |S_n|$ 个结点，它们都是叶子结点，代表问题所有的可能解。而从前文中也可以看出，其实分支界限法和回溯法在本质上来说都属于穷举法的范畴，只是在搜索过程会尝试通过某种约束来缩小搜索范围而提高效率，所以不能指望分支界限法有良好的最坏时间复杂度，遍历具有指数阶个结点的解空间树，在最坏情况下，时间复杂性必然是指数阶的。然而由于分支界限法的思想是首先扩展状态空间树的上层结点，并采用界限函数，这有利于实行大范围剪枝，同时根据界限函数不断调整搜索方向，选择最有可能取得最优解的子树优先进行搜索。所以如果定义了合理的结点扩展顺序并设计了一个好的界限函数，那么分支界限法可以快速得到问题的解。

在分支界限法中，要以较高效率寻找问题的解，必须精心设计相应的算法。首先，需要一个合适的界限函数，而一个好的界限函数通常需要花费大量的时间计算相应的目标函数值，而且对于不同的问题，通常需要大量实验才能确定一个好的界限函数；其次，分支界限法对于状态空间树中结点的处理是跳跃式的，因此在搜索到某个叶子结点是最优解后，为了从该叶子结点求出对应最优解中的各个分量，需要对每个扩展结点保存该结点到根结点的路径，或者在搜索过程中构建搜索经过的树结构，这也会使得算法较为复杂；此外，还需要维护一个待处理结点表，并且需要快速在该表中查找取得极值的结点。这些需求都将导致算法更为复杂，且需要较大的存储空间，在最坏情况下，分支界限法需要的空间复杂性是指数阶。

7.1.3　一个简单的例子（0-1 背包问题）

这一节将通过分析一个简单的例子（0-1 背包问题）来说明利用分支界限法求解问题的具体步骤。

问题描述

给定 n 种物品和一个背包，物品 i 的重量是 W_i，其价值为 V_i，背包的容量为 C。应如何选择装入背包的物品，使得装入背包中物品的总价值最大？

问题分析

在前面章节中，已经知道 0-1 背包问题的形式化描述为：

给定 $C>0$，$w_i>0$，$v_i>0$（$0 \leqslant i < n$），要求一个 n 元组（$x_0, x_1, \cdots, x_{n-1}$），$x_i \in \{0,1\}$，$0 \leqslant i < n$，使得 $\sum_{i=0}^{n} w_i x_i \leqslant C$ 且 $\sum_{0 \leqslant i < n} v x_i$ 最大。其中，$x_i = 0$ 表示物品 i 不放入背包中，$x_i = 1$ 表示物品 i 放入背包中。同时，已经通过前文的例子知道这个问题的解空间是 $\{0,1\}$，其中用 1 代表该物品被装入，0 代表该物品不被装入。

下面以一个具体的例子来展示分支界限算法的具体执行。假设有 4 个物品，其重量分别为（4，7，5，3），价值分别为（40，42，25，12），背包容量 $C=10$。

首先，将给定物品按单位重量价值从大到小排序，结果如下：

物品	重量（w）	价值（v）	价值/重量（v/w）
1	4	40	10
2	7	42	6
3	5	25	5
4	3	12	4

若采用分支界限法求解该问题，那么首先需要确定给定问题的目标函数的上、下界。应用贪心策略可以求得目标函数的下界，求该问题的上界时，需要考虑在最好情况下，在背包中已经装入物品的重量是 w，获得的价值是 v，那么可以将背包中剩余容量全部装入第 $i+1$ 个物品，并可以将背包装满，于是得到界限函数：

$$ub = v + (C - w) \times (v_{i+1} / w_{i+1})$$

根据以上分析，可以知道初始情况下该问题的近似解为（1，0，0，0），获得的价值为 40，这可以作为该问题的目标函数的下界，考虑最好的情况下背包中装入的全部是第一个物品而且可以将背包装满，那么可以得到上界为：$ub = 0 + 10 \times 10 = 100$。于是就得到了目标函数的界[40,100]。

根据上一小节中介绍的思路来解 0-1 背包问题，搜索过程中形成的搜索树如图 7-1 所示，具体搜索过程为：

1）在根结点 1，没有将任何物品装入背包，因此，背包的重量和获得的价值均为 0，根据界限函数计算结点 1 的目标函数值为 10×10=100；

2）在结点 2，将物品 1 装入背包，因此，背包的重量为 4，获得的价值为 40，目标函数值为 40＋(10-4) ×6=76，将结点 2 加入待处理结点表 PT 中；在结点 3，没有将物品 1 装入背包，因此，背包的重量和获得的价值仍为 0，目标函数值为 10×6=60，将结点 3 加入表 PT 中；表 PT 中的每个元素的数据结构为（物品 i 的选择结果，物品 $i+1$ 的选择结果…）目标函数；

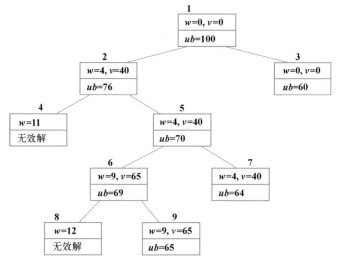

图 7-1　分支界限法求解 0-1 背包问题搜索树

3）在表 PT 中选取目标函数值取得极大的结点 2 优先进行搜索；

4）在结点 4，将物品 2 装入背包，因此，背包的重量为 11，不满足约束条件，将结点 4 丢弃；在结点 5，没有将物品 2 装入背包，因此，背包的重量和获得的价值与结点 2 相同，目标函数值为 40 + (10-4)×5=70，将结点 5 加入表 PT 中；

5）在表 PT 中选取目标函数值取得极大的结点 5 优先进行搜索；

6）在结点 6，将物品 3 装入背包，因此，背包的重量为 9，获得的价值为 65，目标函数值为 65 + (10-9)×4=69，将结点 6 加入表 PT 中；在结点 7，没有将物品 3 装入背包，因此，背包的重量和获得的价值与结点 5 相同，目标函数为 40 + (10-4)×4=64，将结点 6 加入表 PT 中；

7）在表 PT 中选取目标函数值取得极大的结点 6 优先进行搜索；

8）在结点 8，将物品 4 装入背包，因此，背包的重量为 12，不满足约束条件，将结点 8 丢弃；在结点 9，没有将物品 4 装入背包，因此，背包的重量和获得的价值与结点 6 相同，目标函数值为 65；

9）由于结点 9 是叶子结点，同时结点 9 的目标函数值是表 PT 中的极大值，所以，结点 9 对应的解即是问题的最优解，搜索结束。

为了对每个扩展结点保存该结点到根结点的路径，将部分解$(x_1, …, x_i)$和该部分解的目标函数值都存储在待处理结点表 PT 中，在搜索过程中表 PT 的状态见表 7-1。

表 7-1　0/1 背包问题搜索过程中表 PT 的状态

扩展根结点后表 PT 状态	(1)76	(0)60	
扩展结点 2 后表 PT 状态	(0)60	(1,0)70	
扩展结点 5 后表 PT 状态	(0)60	(1,0) 69	(1,0,0)64
扩展结点 6 后表 PT 状态，最优解为(1,0,1,0)65	(0)60	(1,0,0)64	(1,0,1,0)65

为了在搜索过程中构建搜索经过的树结构，可以建立一个表 ST，在表 PT 中取出最小值结点进行扩充时，将最小值结点存储到表 ST 中，表 PT 和表 ST 的数据结构为（物品 $i-1$ 的

选择结果，<物品 i, 物品 i 的选择结果>ub），在搜索过程中表 PT 和表 ST 的状态见表 7-2。这样一来，当找到了最优解对应的结点后，便可以从表 ST 中回溯找到最优解的各个分量。

表 7-2　0/1 背包问题搜索过程中构建搜索经过的树结构

扩展根结点后状态	PT	(0,<1,1>76)		(0,<1,0>60)
	ST			
扩展结点 2 后状态	PT	(0,<1,0>60)	(1,<2,0>70)	
	ST	(0,<1,1>76)		
扩展结点 5 后状态	PT	(0,<1,0>60)	(0,<3,1>69)	(0,<3,0>64)
	ST	(0,<1,1>76)	(1,<2,0>70)	
扩展结点 6 后状态，最优解为(1,0,1,0)65	PT	(0,<1,0>60)	(0,<3,0>64)	(1,<4,0>65)
	ST	(0,<1,1>76)	(1,<2,0>70)	(0,<3,1>69)

到目前，已经分析了解 0-1 背包问题的三种算法思想，请读者重新回顾一下这三种算法思想，通过该问题来体会不同的算法思想。

7.2　分支界限法的应用

这一节，将通过几个具体的问题来展示如何在实际问题中运用分支界限法来求解。

7.2.1　TSP 问题

问题描述：

TSP 问题是指旅行家要旅行 n 个城市，要求各个城市经历且仅经历一次然后回到出发城市，并要求所走的路程最短。各城市间的距离可用无向图或矩阵表示，如图 7-2 所示，若用无向图表示，则图中顶点表示各个城市，无向边表示连接的两个城市间的距离，若两个顶点间没有直接相连，那么表示两个城市间无法直接到达，在矩阵表示形式中，用无穷大来表示两个城市间无法直接到达，矩阵元素 C_{ij} 表示城市 i 与 j 之间的距离。

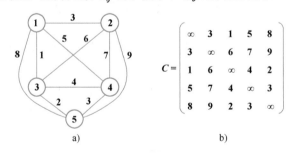

图 7-2　无向图及其代价矩阵

a) 无向图　b) 无向图的代价矩阵

下面采用图 7-2 中给出的具体数值来分析如何利用分支界限法求解该问题。首先需要求出 TSP 问题的界：

1）采用贪心法求得近似解为 1→3→5→4→2→1，其路径长度为 1+2+3+7+3=16，这可以作为 TSP 问题的上界；

2）把矩阵中每一行最小的元素相加，可以得到一个简单的下界，其路径长度为
1+3+1+3+2=10，但是还有一个信息量更大的下界：考虑一个 TSP 问题的完整解，在每条路径
上，每个城市都有两条邻接边，一条是进入这个城市的，另一条是离开这个城市的，那么，
如果把矩阵中每一行最小的两个元素相加再除以 2，如果图 7-2 中所有的代价都是整数，再对
这个结果向上取整，就得到了一个合理的下界：

$$lb = ((1+3)+(3+6)+(1+2)+(3+4)+(2+3))/2 = 14$$

于是，得到了目标函数的界[14, 16]。

接下来设计目标函数值的计算方法：

$$lb = \left(2\sum_{i=1}^{k-1} c[r_i][r_{i+1}] + \sum_{r_i \in U} r_i 行不在路径上的最小元素 \sum_{r_j \notin U} r_j 行最小的两个元素 \right)/2$$

例如图 7-2 所示无向图中，如果部分解包含边(1, 4)（表示第 1 行第 4 列），则该部分解的
下界是：

$$lb = ((1+5)+(3+6)+(1+2)+(3+5)+(2+3))/2 = 16$$

应用分支界限法求解图 7-3 所示无向图的 TSP 问题，其搜索空间如图 7-3 所示，具体的
搜索过程如下：

1） 在根结点 1，根据界限函数计算目标函数的值为：

$$lb = ((1+3)+(3+6)+(1+2)+(3+4)+(2+3))/2 = 14$$

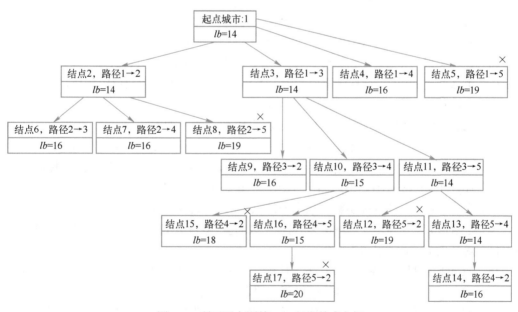

图 7-3   所示无向图的 TSP 问题搜索空间

2） 在结点 2，从城市 1 到城市 2，路径长度为 3，目标函数的值为((1+3)+(3+6)+(1+2)+
(3+4)+(2+3))/2=14，将结点 2 加入待处理结点表 PT 中；

在结点 3，从城市 1 到城市 3，路径长度为 1，目标函数的值为((1+3)+(3+6)+(1+2)+
(3+4)+(2+3))/2=14，将结点 3 加入表 PT 中；

在结点 4，从城市 1 到城市 4，路径长度为 5，目标函数的值为((1+5)+(3+6)+(1+2)+(3+5)+(2+3))/2=16，将结点 4 加入表 PT 中；

在结点 5，从城市 1 到城市 5，路径长度为 8，目标函数的值为((1+8)+(3+6)+(1+2)+(3+5)+(2+8))/2=19，超出目标函数的界，将结点 5 丢弃；

3）在表 PT 中选取目标函数值极小的结点 2 优先进行搜索；

4）在结点 6，从城市 2 到城市 3，目标函数值为((1+3)+(3+6)+(1+6)+(3+4)+(2+3))/2=16，将结点 6 加入表 PT 中；

在结点 7，从城市 2 到城市 4，目标函数值为((1+3)+(3+7)+(1+2)+(3+7)+(2+3))/2=16，将结点 7 加入表 PT 中；

在结点 8，从城市 2 到城市 5，目标函数值为((1+3)+(3+9)+(1+2)+(3+4)+(2+9))/2=19，超出目标函数的界，将结点 8 丢弃；

5）在表 PT 中选取目标函数值极小的结点 3 优先进行搜索；

6）在结点 9，从城市 3 到城市 2，目标函数值为((1+3)+(3+6)+(1+6)+(3+4)+(2+3))/2=16，将结点 9 加入表 PT 中；在结点 10，从城市 3 到城市 4，目标函数值为((1+3)+(3+6)+(1+4)+(3+4)+(2+3))/2=15，将结点 10 加入表 PT 中；在结点 11，从城市 3 到城市 5，目标函数值为((1+3)+(3+6)+(1+2)+(3+4)+(2+3))/2=14，将结点 11 加入表 PT 中；

7）在表 PT 中选取目标函数值极小的结点 11 优先进行搜索；

8）在结点 12，从城市 5 到城市 2，目标函数值为((1+3)+(3+9)+(1+2)+(3+4)+(2+9))/2=19，超出目标函数的界，将结点 12 丢弃；在结点 13，从城市 5 到城市 4，目标函数值为((1+3)+(3+6)+(1+2)+(3+4)+(2+3))/2=14，将结点 13 加入表 PT 中；

9）在表 PT 中选取目标函数值极小的结点 13 优先进行搜索；

10）在结点 14，从城市 4 到城市 2，目标函数值为((1+3)+(3+7)+(1+2)+(3+7)+(2+3))/2=16，最后从城市 2 回到城市 1，目标函数值为((1+3)+(3+7)+(1+2)+(3+7)+(2+3))/2=16，由于结点 14 为叶子结点，得到一个可行解，其路径长度为 16；

11）在表 PT 中选取目标函数值极小的结点 10 优先进行搜索；

12）在结点 15，从城市 4 到城市 2，目标函数的值为((1+3)+(3+7)+(1+4)+(7+4)+(2+3))/2=18，超出目标函数的界，将结点 15 丢弃；在结点 16，从城市 4 到城市 5，目标函数值为((1+3)+(3+6)+(1+4)+(3+4)+(2+3))/2=15，将结点 16 加入表 PT 中；

13）在表 PT 中选取目标函数值极小的结点 16 优先进行搜索；

14）在结点 17，从城市 5 到城市 2，目标函数的值为((1+3)+(3+9)+(1+4)+(3+4)+(9+3))/2=20，超出目标函数的界，将结点 17 丢弃；

15）表 PT 中目标函数值均为 16，且有一个是叶子结点 14，所以，结点 14 对应的解 1→3→5→4→2→1 即是 TSP 问题的最优解，搜索过程结束。

由个别推及一般，可以很容易得出用分支界限法求解 TSP 问题的方法，下述代码给出了分支界限法求解 TSP 问题的算法框架。

```
/*根据界限函数计算目标函数的下界 down；采用贪心法得到上界 up；
待处理结点表 PT 初始化为空；*/
for (i=1 to n) do    //n 为城市数量
    x[i]=0;
```

```
end for
k=1; x[1]=1;  //从顶点 1 出发求解 TSP 问题
while (k>=1) do
    i=k+1;
    x[i]=1;
    while (x[i]<=n) do
        if(路径上顶点不重复) then
            计算目标函数值 lb;
            if (lb<=up) then
                将路径上的顶点和 lb 值存储在表 PT 中;
            end if
        end if
        x[i]=x[i]+1;
    end while
    if(i==n) then
        if(叶子结点的目标函数值在表 PT 中最小) then
            将该叶子结点对应的最优解输出;
        else
            在表 PT 中取叶子结点的目标函数值最小的结点 lb;
            up=lb;
            将表 PT 中目标函数值 lb 超出 up 的结点删除;
        end if
    end if
    k=表 PT 中 lb 最小的路径上顶点个数;
end while
```

7.2.2　多段图的最短路径问题

问题描述：

设图 $G = (V, E)$ 是一个带权有向连通图，如果把顶点集合 V 划分成 k 个互不相交的子集 $V_i =$ $(2 \leqslant k \leqslant n, 1 \leqslant i \leqslant k)$，使得 E 中的任何一条边 (u,v)，必有 $u \in V_i, v \in V_i + m$ $(1 \leqslant i \leqslant k, 1 < i + m \leqslant k)$，则称图 G 为多段图，称 $s \in V_1$ 为源点，$t \in V_k$ 为终点。多段图的最短路径问题是求从原点到终点的最小代价路径。

问题分析：

下面从一个具体的例子开始分析解该问题的方法。假设现在有连通图如图 7-4 所示。

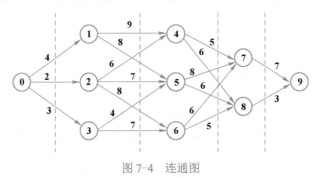

图 7-4　连通图

对图 7-4 所示多段图应用贪心法求得近似解为 $0 \rightarrow 2 \rightarrow 5 \rightarrow 8 \rightarrow 9$，其路径代价为

2+7+6+3=18，这可以作为多段图最短路径问题的上界。把每一段最小的代价相加，可以得到一个非常简单的下界，其路径长度为 2+4+5+3=14。于是，得到了目标函数的界[14, 18]。

由于多段图将顶点划分为 k 个互不相交的子集，所以，多段图划分为 k 段，一旦某条路径的一些段被确定后，就可以并入这些信息并计算部分解的目标函数值的下界。一般情况下，对于一个正在生成的路径，假设已经确定了 i 段（$1 \leqslant i \leqslant k$），其路径为 $(r_1, r_2, \cdots, r_i, r_{i+1})$，此时，该部分解的目标函数值的计算方法即界限函数如下：

$$lb = \sum_{j=1}^{i} c[r_j[r_{j+1}]] + \min_{<r_{i+1}, v_p> \in E}\{c[r_{i+1}][v_p]\} + \sum_{j=i+2}^{k} 第 j 段的最短边$$

应用分支界限法求解图 7-4 所示多段图的最短路径问题，其搜索空间如图 7-5 所示（×表示该结点被丢弃，结点上方的数组表示搜索顺序），具体的搜索过程如下（加粗数字表示该路径上已经确定的边）：

1）在根结点 1，根据界限函数计算目标函数的值为 18；

2）在结点 2，第 1 段选择边<0, 1>，目标函数值为 lb=**4**+**8**+5+3=20，超出目标函数的界，将结点 2 丢弃；在结点 3，第 1 段选择边<0, 2>，目标函数值为 lb=**2**+6+5+3=16，将结点 3 加入待处理结点表 PT 中；在结点 4，第 1 段选择边<0, 3>，目标函数值为 lb=**3**+4+5+3=15，将结点 4 加入表 PT 中；

3）在表 PT 中选取目标函数值极小的结点 4 优先进行搜索；

4）在结点 5，第 2 段选择边<3, 5>，目标函数值为 lb=**3**+**4**+6+3=16，将结点 5 加入表 PT 中；在结点 6，第 2 段选择边<3, 6>，目标函数值为 lb=**3**+**7**+5+3=18，将结点 6 加入表 PT 中；

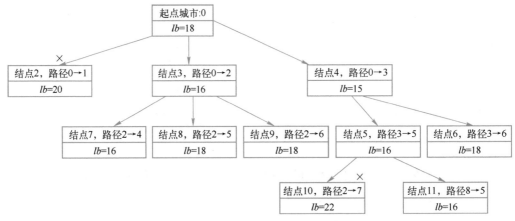

图 7-5　分支界限法求解图 7-4 连通图最短路径问题的搜索空间

5）在表 PT 中选取目标函数值极小的结点 3 优先进行搜索；

6）在结点 7，第 2 段选择边<2, 4>，目标函数值为 lb=**2**+**6**+5+3=16，将结点 7 加入表 PT 中；在结点 8，第 2 段选择边<2, 5>，目标函数值为 lb=**2**+**7**+6+3=18，将结点 8 加入表 PT 中；在结点 9，第 2 段选择边<2, 6>，目标函数值为 lb=**2**+**8**+5+3=18，将结点 9 加入表 PT 中；

7）在表 PT 中选取目标函数值极小的结点 5 优先进行搜索；

8）在结点 10，第 3 段选择边<2, 7>，可直接确定第 4 段的边<7, 9>，目标函数值为

lb=**3+4+8+7**=22，为一个可行解但超出目标函数的界，将其丢弃；在结点 11，第 3 段选择边 <5, 8>，可直接确定第 4 段的边<8, 9>，目标函数值为 *lb*=**3+4+6+3**=16，为一个较好的可行解。由于结点 11 是叶子结点，并且其目标函数值是表 PT 中最小的，所以，结点 11 代表的解即是问题的最优解，搜索过程结束。

由个别推及一般，可以很容易得出用分支界限法求解多段图最短路径的方法，下述代码给出了算法框架。

```
/*根据界限函数计算目标函数的下界 down；采用贪心法得到上界 up；
将待处理结点表 PT 初始化为空；*/
for (i=1 to k) do
     x[i]=0;
end for
i=1; u=0;              //求解第 i 段
while (i>=1) do
     for(顶点 u 的所有邻接点 v) do
          计算目标函数值 lb;
          if(lb<=up) then
               将 i,<u,v>,lb 存储在表 PT 中;
          end if
     end for
     if(i==k-1 && 叶子结点的 lb 值在表 PT 中最小) then
          输出该叶子结点对应的最优解;
     else if(i==k-1 && 表 PT 中的叶子结点的 lb 值不是最小) then
          up=表 PT 中的叶子结点最小的 lb 值;
          将表 PT 中目标函数值超出 up 的结点删除;
     end if
     u=表 PT 中 lb 最小的结点的 v 值;
     i=表 PT 中 lb 最小的结点的 i 值;
     i++;
end while
```

7.2.3 任务分配问题

问题描述：

任务分配问题要求把 *n* 项任务分配给 *n* 个人，每个人完成每项任务的成本不同，要求分配总成本最小的最优分配方案。

问题分析：

为了分析该问题的解法，下面依然从一个具体的例子入手，如图 7-6 所示是一个任务分配问题的成本矩阵。

首先依然先求最优分配成本的上界和下界。考虑任意一个可行解，例如矩阵中的对角线是一个合法的选择，表示将任务 1 分配给人员 a、任务 2 分配给人员 b、任务 3 分配给人员 c、任务 4 分配给人员 d，其成本是 9+4+1+4=18；或者应用贪心法求得一个近似解：将任务 2 分配给人员 a、任务 3 分配给人员 b、任务 1

$$C = \begin{array}{cccc} \text{任务1} & \text{任务2} & \text{任务3} & \text{任务4} \end{array}$$

$$C = \begin{pmatrix} 9 & 2 & 7 & 8 \\ 6 & 4 & 3 & 7 \\ 5 & 8 & 1 & 8 \\ 7 & 6 & 9 & 4 \end{pmatrix} \begin{array}{l} \text{人员a} \\ \text{人员b} \\ \text{人员c} \\ \text{人员d} \end{array}$$

图 7-6 任务分配问题的成本矩阵

分配给人员 c、任务 4 分配给人员 d，其成本是 2+3+5+4=14。显然，14 是一个更好的上界。为了获得下界，考虑人员 a 执行所有任务的最小代价是 2，人员 b 执行所有任务的最小代价是 3，人员 c 执行所有任务的最小代价是 1，人员 d 执行所有任务的最小代价是 4。因此，将每一行的最小元素加起来就得到解的下界，其成本是 2+3+1+4=10。需要强调的是，这个解并不是一个合法的选择（3 和 1 来自于矩阵的同一列），它仅仅给出了一个参考下界，这样，最优值一定是[10, 14]之间的某个值。

设当前已对人员 1~i 分配了任务，并且获得了成本 v，则界限函数可以定义为：

$$lb = v + \sum_{k=i+1}^{n} 第k行的最小值$$

应用分支界限法求解图 7-6 所示任务分配问题，对解空间树的搜索如图 7-7 所示（×表示该结点被丢弃，结点上方的数组表示搜索顺序），具体的搜索过程如下：

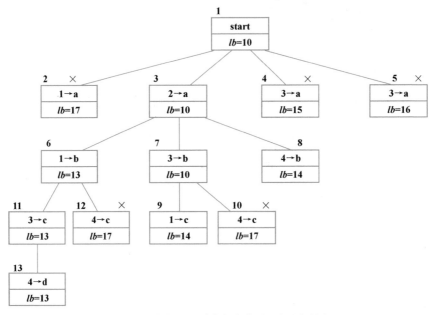

图 7-7　分支界限法求解任务分配问题示例

1）在根结点 1，没有分配任务，根据界限函数估算目标函数值为 2+3+1+4=10；

2）在结点 2，将任务 1 分配给人员 a，获得的成本为 9，目标函数值为 9 + (3+1+4)=17，超出目标函数的界[10, 14]，将结点 2 丢弃；在结点 3，将任务 2 分配给人员 a，获得的成本为 2，目标函数值为 2 + (3+1+4)=10，将结点 3 加入待处理结点表 PT 中；在结点 4，将任务 3 分配给人员 a，获得的成本为 7，目标函数值为 7 + (3+1+4)=15，超出目标函数的界[10, 14]，将结点 4 丢弃；在结点 5，将任务 4 分配给人员 a，获得的成本为 8，目标函数值为 8 + (3+1+4)=16，超出目标函数的界[10, 14]，将结点 5 丢弃；

3）在表 PT 中选取目标函数值极小的结点 3 优先进行搜索；

4）在结点 6，将任务 1 分配给人员 b，获得的成本为 2+6=8，目标函数值为 8+(1+4)＝13，将结点 6 加入表 PT 中；在结点 7，将任务 3 分配给人员 b，获得的成本为 2+3=5，目标函数值为 5+(1+4)＝10，将结点 7 加入表 PT 中；在结点 8。将任务 4 分配给人员 b，获得的成本为 2+7=9，目标函数值为 9+(1+4)=14，将结点 8 加入表 PT 中；

5）在表 PT 中选取目标函数值极小的结点 7 优先进行搜索；

6）在结点 9，将任务 1 分配给人员 c，获得的成本为 5+5=10，目标函数值为 10+4=14，将结点 9 加入表 PT 中；在结点 10，将任务 4 分配给人员 c，获得的成本为 5+8=13，目标函数值为 13+4=17，超出目标函数的界[10, 14]，将结点 10 丢弃；

7）在表 PT 中选取目标函数值极小的结点 6 优先进行搜索；

8）在结点 11，将任务 3 分配给人员 c，获得的成本为 8+1=9，目标函数值为 9+4=13，将结点 11 加入表 PT 中；在结点 12，将任务 4 分配给人员 c，获得的成本为 8+8=16，目标函数值为 16+4=20，超出目标函数的界[10, 14]，将结点 12 丢弃；

9）在表 PT 中选取目标函数值极小的结点 11 优先进行搜索；

10）在结点 13，将任务 4 分配给人员 d，获得的成本为 9+4=13，目标函数值为 13，由于结点 13 是叶子结点，同时结点 13 的目标函数值是表 PT 中的极小值，所以，结点 13 对应的解即是问题的最优解，搜索结束。

与前文的例子一样，由个别推及一般，可以很容易得出用分支界限法求解任务分配问题的方法，下述代码给出了算法框架。

```
根据界限函数计算目标函数的下界 down；采用贪心法得到上界 up；
将待处理结点表 PT 初始化为空；
for (i=1 to n) do
    x[i]=0;
end for
k=1; i=0;        //为第 k 个人分配任务，i 为第 k-1 个人分配的任务
while (k>=1) do
    x[k]=1;
    while (x[k]<=n) do
        if(人员 k 分配任务 x[k]不发生冲突) then
            计算目标函数值 lb;
            if(lb<=up) then
                将 i,<x[k], k>lb 存储在表 PT 中;
            end if
        end if
        x[k]=x[k]+1;
    end while
    if(k==n && 叶子结点的 lb 值在表 PT 中最小) then
        输出该叶子结点对应的最优解;
    else if(k==n && 表 PT 中的叶子结点的 lb 值不是最小) then
        up=表 PT 中的叶子结点最小的 lb 值;
        将表 PT 中超出目标函数界的结点删除;
    end if
    i=表 PT 中 lb 最小的结点的 x[k]值;
    k=表 PT 中 lb 最小的结点的 k 值;
    k++;
end while
```

1. TSP 问题

这个题目的具体描述与讲解请参见 7.2.1 节 TSP 问题，需要注意的是在 7.2.1 节中已经给出伪代码，伪代码只表示算法的核心思路，具体实现细节不同的人可能会有不同的实现方法，下面给出一个完整示例代码：

```python
import math
import sys
from queue import Queue

class Node:
    def __init__(self):
        self.visited = [False] * n    #标记走过的城市
        self.s = 0                    #起点
        self.e = 0                    #终点
        self.k = 1                    #走过的城市的个数
        self.sumv = 0                 #经过路径的距离
        self.lb = 0                   #目标函数值
        self.listc = []              #走过的路径

INF = sys.maxsize    #最大值
n = 5    #城市的个数
#城市之间的距离
dist = [
    [INF, 3, 1, 5, 8], \
    [3, INF, 6, 7, 9], \
    [1, 6, INF, 4, 2], \
    [5, 7, 4, INF, 3], \
    [8, 9, 2, 3, INF]]

queue = Queue()    #优先队列
low = 0          #下界
up = 0           #上界
dfs_visited = [False] * n
dfs_visited[0] = True

def dfs(u, k, l):
    """使用贪心算法确定上界"""
    if k == n - 1:
        return (l + dist[u][0])
    minlen = INF
    p = 0
    for i in range(n):
        if dfs_visited[i] == False and minlen > dist[u][i]:
            minlen = dist[u][i]
            p = i
    dfs_visited[p] = True
```

```
        return dfs(p, k + 1, 1 + minlen)


def get_up():
    """获取上界"""
    global up
    up = dfs(0, 0, 0)
    print("上界：", end="")
    print(up)


def get_low():
    """获取下届"""
    global low
    for i in range(n):
        temp = dist[i].copy()
        temp.sort()
        low = low + temp[0] + temp[1]
    low = low // 2
    print("下界：", end="")
    print(low)


def get_lb(p):
    ret = p.sumv * 2
    min1 = INF
    min2 = INF
    # 从起点到最近未遍历城市的距离
    for i in range(n):
        if not p.visited[i] and min1 > dist[i][p.s]:
            min1 = dist[i][p.s]
    ret = ret + min1

    # 从终点到最近未遍历城市的距离
    for j in range(n):
        if not p.visited[j]    and min2 > dist[p.e][j]:
            min2 = dist[p.e][j]

    # 获取进入并离开每个未遍历城市的最小成本
    for i in range(n):
        if not p.visited[i]:
            min1 = min2 = INF
            for j in range(n):
                min1 = dist[i][j] if min1 > dist[i][j] else min1
            for m in range(n):
                min2 = dist[i][m] if min2 > dist[m][i] else min2
            ret = ret + min1 + min2
    return (ret + 1) / 2
```

```python
def solve():
    global up
    get_up()
    get_low()    # 获得下界
    node = Node()
    node.s = 0    # 起始结点为 0（城市下标从 0 开始）
    node.e = 0    # 结束点到 1 结束(当前路径的结束点)
    node.k = 1    # 遍历过的点数，初始为 1 个
    node.listc.append(0)
    node.visited[0] = True    #标记第一个城市为已遍历
    node.lb = low    # 初始目标值等于下界
    ret = INF    # 最小路径和
    queue.put(node) #把第一个城市加入队列作为起点开始遍历
    while queue.qsize() > 0:
        tmp = queue.get()
        if tmp.k == n - 1:
            last = 0    #最后一个没有走的点
            for i in range(n):
                #找到最后一个未遍历的结点
                if not tmp.visited[i]:
                    last = i
                    tmp.listc.append(last)
                    break
            ans = tmp.sumv + dist[tmp.s][last] + dist[last][tmp.e]    # 总的路径消耗
            # 如果当前的路径和比所有的目标函数值都小则跳出
            if ans < tmp.lb:
                ret = min(ans, ret)
                break
            # 否则继续求其他可能的路径和，并更新上界
            else:
                up = min(ans, up)    # 上界更新为更接近目标的 ans 值
                ret = min(ret, ans)
                continue

        # 当前点可以向下扩展的点入优先级队列
        for i in range(n):
            if not tmp.visited[i]:
                next = Node()
                next.s = tmp.s    # 沿着 tmp 走到 next，起点不变
                next.sumv = tmp.sumv + dist[tmp.e][i]
                next.e = i    # 更新最后一个点
                next.k = tmp.k + 1
                next.listc = tmp.listc.copy()
                next.listc.append(i)

                # tmp 经过的点也是 next 经过的点
                next.visited = tmp.visited.copy()
                next.visited[i] = True
                next.lb = get_lb(next)    # 求目标函数
                if next.lb >= up:
```

```
                        continue
                    queue.put(next)
        return ret, tmp


if __name__ == "__main__":
    for i in range(n):
        dist[i][i] = INF
    ret, node = solve()
    print("最小值：",end="")
    print(ret)
    list1 = node.listc.copy()
    print("走的路径为：", end="")
    for i in list1:
        print(i, end=' ')
```

程序运行结果为

```
上界：16
下界：14
最小值：16
走的路径为：0 3 4 2 1
```

2．如何实现最佳任务调度

题目描述：

给定 n 个任务和 k 个机器，完成第 i 个任务需要的时间为 t^i，这些任务可以在这 k 个机器上并行执行，请设计算法找出最佳的任务调度方案，使得完成所有任务花费的时间最少。

分析与解答：

对于每个任务都有 k 个选择，因此，解空间树是一棵深度为 k 的满 k 叉树。每次搜索到叶子结点就更新一次完成任务所需的最短时间，每次遍历到叶子结点后，计算当前分配方法完成任务所需的时间的方法为：找出三个机器中花费时间最长的机器的所用时间。

在算法运行的过程中，一开始会完整的走完一条路径，从而获取到可行的分配方案，并计算出完成任务的时间，后面再进行遍历的时候只需要与现有的数据进行比较，一旦发现当前累积的时间已经超过当前的最优解时便停止遍历，进行剪枝操作。实现代码如下：

```
import sys
class Schedule:
    def __init__(self, taskNum, machineNum, timeOfTask):
        self.taskNum = taskNum                    #任务个数
        self.machineNum = machineNum              #机器个数
        self.shortestTime = sys.maxsize           #记录完成任务所需的最短时间
        self.timeOfTask = timeOfTask              #每个任务的执行时间
        self.machineExecTime = [0]*machineNum     #每台机器所需时间序列
        self.curPath = [0]*taskNum                #当前路径
        #最优调度：其中 bestSchedule[i] = m 表示把第 i 项任务分配给第 m 台机器
        self.bestSchedule = [0]*taskNum

    def printSolution(self):
        print("完成所有任务所需的最短时间:", end="")
```

```python
                print(self.shortestTime)
                print("具体的规划如下（i 表示任务分配到机器 i 上执行）:")
                for i in range(self.taskNum):
                    print(self.bestSchedule[i], end=' ')

    def compute(self):
        """计算当前调度方案完成所有任务所需的时间"""
        maxTime = 0
        #机器的最常执行时间就是这个调度方案执行完所有任务所需的时间
        for i in range(self.machineNum):
            if self.machineExecTime[i] > maxTime:
                maxTime = self.machineExecTime[i]
        return maxTime

    def backtrack(self, dep):
        """使用回溯法找出最佳的任务调度"""
        #达到了叶子结点
        if dep == self.taskNum:
            executionTime = self.compute()               #当前调度方案所需的时间
            #当前调度方案更优，修改最佳方案
            if executionTime < self.shortestTime:
                self.shortestTime = executionTime        #更新时间
                for i in range(self.taskNum):
                    self.bestSchedule[i] = self.curPath[i]    #更新路径
            return
        else:
            for i in range(self.machineNum):
                #把遍历到的任务加到第 i 个机器里面去
                self.machineExecTime[i] += self.timeOfTask[dep]
                self.curPath[dep] = i+1                   #记录下当前的临时路径
                #如果已经大于了当前的最优时间，进行剪枝
                if self.machineExecTime[i] < self.shortestTime:
                    self.backtrack(dep + 1)
                #回溯到上一步
                self.machineExecTime[i] -= self.timeOfTask[dep]


if __name__ == "__main__":
    taskNum = 5          #任务个数
    machineNum = 2   #机器个数
    timeOfTask = [2, 12, 4, 8, 6]   #每个任务的时间
    schedule = Schedule(taskNum, machineNum, timeOfTask)
    schedule.backtrack(0)
    schedule.printSolution()
```

程序运行结果为：

```
完成所有任务所需的最短时间:16
具体的规划如下（i 表示任务分配到机器 i 上执行）:
1  2  2  1  1
```

行业内经常能听到这样一种说法，"数据结构+算法=程序"，这说明程序设计的实质就是对确定的问题设计良好的算法，并选择合适的数据结构。由此可见，数据结构在程序设计中有着十分重要的地位。

数据结构是相互之间存在一种或多种特定关系的数据元素的集合，这里的"关系"指的是数据元素之间的逻辑关系，相对于逻辑结构这个比较抽象的概念，我们将数据结构在计算机中的表示称为数据的存储结构。利用计算机解决现实问题的一般思路是先建立问题的数学模型，继而设计问题的算法，直至编程实现并测试通过。而要建立问题的数学模型，必须首先找出问题中各对象之间的关系，也就是确定所使用的逻辑结构，同时设计算法和程序实现的过程，必须确定如何实现对各个对象的操作，而操作的方法则通常取决于所采用的数据存储结构，因此数据逻辑结构和存储结构的好坏，将直接影响到程序的执行效率。

在本书中，默认为读者已经掌握了最基础的数据结构，例如数组。在这一部分中，将重点介绍几种基本但重要的数据结构（即栈与队列、哈希表、并查集与位图），它们在实际编程中的应用十分广泛，因此在面试过程中也经常会被考查。

第8章 栈 与 队 列

栈与队列都属于动态集合,这两种数据结构的不同之处在于取出数据的次序不同。栈和队列可以用不同的方式在计算机上实现,例如数组、链表等。以下以数组实现这两种结构为前提进行讨论。在 Java 语言和 C++语言里面都有封装好的栈与队列库文件。

栈是一种特殊的线性表,仅能在线性表的一端操作,栈顶允许操作,栈底不允许操作。栈支持对数据按后进先出(LIFO)次序取出,先进入的数据被压入栈底,最后插入的数据在栈顶,需要读数据的时候从栈顶开始弹出数据,对栈的放入和取出操作通常称为入栈(Push)和出栈(Pop),它们的含义如下所示:

Push(x, S):在栈 S 的顶端插入 x;

Pop(S):返回 S 的顶端项,并将其删除。

例:有一个数列(23,45,3,7,3,945)

先对其进行进栈操作,则进栈顺序为:23,45,3,7,3,945;

再对其进行出栈操作,则出栈顺序为:945,3,7,3,45,23。

可以用一个数组 $S[1 \cdots n]$ 来实现一个至多有 n 个元素的栈,可以赋予数组 S 一个指针 top[S],它指向最近插入的元素。由 S 实现的栈包含元素 $S[1 \cdots top[S]]$,其中 $S[1]$ 是栈底元素,$S[top[S]]$ 是栈顶元素。如果对一个空栈进行出栈操作,则称为下溢,如果 top[S]超过了 n,则称为上溢,这都属于错误操作。代码(1)与代码(2)分别显示了对栈进行插入与删除操作的伪代码。

```
ElemType Pop(S)              //代码(1)
{
    if(top[S]==-1) then
        print ("stack is EMPTY")
    else
        top[S]=top[S]-1
    end if
        return S[top[S]+1]
}
```

```
void Push(S, x)              //代码(2)
{
    top[S]=top[S]+1;
    S[top[S]]=x;
    return;
}
```

栈在解决实际问题时有广泛的应用,例如:利用栈可以实现 undo(撤销)操作,实现程序调用的系统栈以及判断一个表达式中的括号是否匹配。下面将通过几个具体的例子来展示栈的应用。

1. 数制转换

十进制数 N 和其他 d 进制数的转换是计算机实现计算的基本问题，解决方法很多，其中一个简单算法基于下列原理：

$$N = (N \operatorname{div} d) \times d + N \operatorname{mod} d \quad （其中：div 为整除运算，mod 为求余运算）$$

例如：$(1348)10 = (2504)8$，其运算过程见表 8-1。

表 8-1　十进制数 1348 转换为八进制数计算过程

N	N div 8	N mod 8
1348	168	4
168	21	0
21	2	5
2	0	2

问题描述：

给出一个十进制数 N，请输出其对应的八进制数。

问题分析：

由表 8-1 所示的计算过程是从低位到高位顺序产生八进制数的各个数位，而打印输出，一般来说应从高位到低位进行，恰好和计算过程相反。因此，若计算过程中得到八进制数的各位顺序进栈，则按出栈序列打印输出的即为与输入对应的八进制数。按照这一思路，可以写出对应的算法，代码如下所示。

```
conversion ( )
{
    //对于输入的任意一个非负十进制整数,
    //打印输出与其等值的八进制数。
    InitStack (S);        //构造空栈
    Input N
    while (N > 0) do
        Push (S, N%8)
        N = N / 8
    end while
    while (!StackEmpty(s)) do
        Pop (S, e)
        Print(e)
    end while
} //conversion
```

2. 括号匹配检验

假设表达式中允许包含两种括号：圆括号和方括号，其嵌套的顺序随意，即([ ] ( ))或[([ ] [ ])]等均为正确的格式，[( ])或[( ))或(( )])均为不正确的格式。

问题描述：

给出一个表达式，请检查其中的括号是否匹配。

问题分析：

首先来看一个具体的例子，给出括号组合 "[([ ])]"，当计算机接受了第一个左括号 "["

后，它期待着与其匹配的第六个括号"]"的出现，然而等来的却是第二个括号"("，此时第一个括号"["只能暂时靠边，而迫切等待与第二个括号相匹配的、第五个括号")"的出现，然而它等来的是第三个括号"["，其期待匹配的程度较第二个括号更急迫，所以第二个括号也只能暂时靠边，让位于第三个括号的匹配需求。当读取了第四个括号"]"之后，第三个括号的匹配需求得到了满足，接下来第二个括号的匹配需求就成为当前最急迫的任务了，……，依次类推，直到所有括号的匹配需求都得到了满足之后，便可以确定该表达式的括号是匹配的。可以看出，这个处理括号匹配过程恰与栈的特点相吻合。因此，可以通过一个栈来帮助我们实现这一目标，定义一个栈，每读入一个括号，若是右括号，则括号或者使置于栈顶的左括号的匹配需求得到满足，或者无法匹配栈顶左括号；若是左括号，则作为一个新的更急迫的匹配需求将其压入栈中，使原有的栈中的所有未得到匹配的左括号的匹配急迫性都降了一级。另外，在算法的开始和结束时，栈都应该是空的。

那么解决这一问题的算法思想为：

1）凡出现**左括弧**，则**进栈**；

2）凡出现**右括弧**，首先检查栈是否空，
　若**栈空**，则表明该**"右括弧"多余**，
　否则和**栈顶元素**比较，
　若相匹配，则**"左括弧出栈"**，
　否则表明不匹配；

3）表达式检验结束时，
　若栈空，则表明表达式中匹配正确，
　否则表明**"左括弧"有余**。

按照这一思路，可以写出解决括号匹配检验的算法，代码如下所示。

```
Status matching(string exp)
    int state = 1, i = 0;
    while (i<=Length(exp) && state) do
        switch of exp[i]
            case "(":{Push(S,exp[i]); i++; break;}
            case")":

                    if(! StackEmpty(S) && top[S]="(" ) then
                        Pop(S,e);
                        i++;
                    else
                        state = 0;
                    break;

    if (StackEmpty(S)&&state)
        return OK;
```

 8.2　队列

队列是一种只允许在一端进行插入操作，而在另一端进行删除操作的线性表，它支持对

数据按先进先出（FIFO）的次序取出，允许插入的一端为队尾，允许删除的一端为队头。假设队列 $Q = (q1,q2,q3,...,qn)$，那么一般定义 $q1$ 为队头，而 qn 为队尾。这样在进行删除操作时，就从 $q1$ 开始，而插入操作则从 qn 开始。这也比较符合生活中的习惯，在排队的时候，就是先到的人先出列，而晚到的人就在队尾排队。将队列的放入和取出操作通常称为入队（enqueue）和出队（dequeue），它们的含义如下所示：

Enqueuer（x，Q）：在队列 Q 的尾部插入 x；

Dequeuer（Q）：返回队列 Q 位于头部的项，并将其删除。

同样可以用一个数组 $Q[1\cdots n]$ 来实现一个至多含 $n-1$ 个元素的队列，此时需要为队列设置两个指针进行管理，一个是 head[Q]，它指向队头元素，另一个是 tail[Q]，它指向队尾，即新元素将会被插入的地方。每次在队尾插入一个元素时，tail 增 1；每次在队头删除一个元素时，head 增 1。随着插入和删除操作的进行，队列元素的个数不断变化，队列所占的存储空间也在为队列结构所分配的连续空间中移动。当 head[Q]=tail[Q]时，队列为空。一个队列初始化之后，有 head[Q]=tail[Q]=1，当队列为空时，对队列进行出队操作会导致队列下溢；当 head[Q]=tail[Q]+1 时，队列是满的，这时对队列进行入队操作会导致队列上溢。

队列作为一种特殊的线性表，存在这两种存储结构，分别为顺序存储结构与循环存储结构。队列若是采用常规的顺序存储结构，当 tail 增加到指向分配的连续空间之外时，队列无法再插入新元素，但这时往往还有大量可用空间未被占用，这些空间是已经出队的队列元素曾经占用过的存储单元，但是按照顺序存储结构的判断，此时已经不能插入数据，再插入数据的话，整个数组就会溢出。而这种队列中还有空位，进行插入操作却会导致队尾溢出的现象，称为假溢出。

在实际使用队列时，为了使队列空间能重复使用，解决假溢出问题，往往对队列的存储结构稍加改进：无论插入或删除，一旦 tail 指针增 1 或 head 指针增 1 时超出了所分配的队列空间，就让它指向这片连续空间的起始位置。这实际上是把队列空间想象成一个环形空间，环形空间中的存储单元循环使用，用这种方法管理的队列也就称为循环队列。如此一来，如果数组的最后一个元素已经存放了数据，又有新的数据需要插入队列时，就从数组第一个元素开始，寻找空出来的空间，把数据存储进去。除了一些简单应用之外，真正实用的队列是循环队列。

代码（1）与代码（2）分别显示了对循环队列进行插入与删除操作的伪代码，其中的 MAXSIZE 代表该队列分配的存储空间大小，即最多可以存储数据的数量。

```
ElemType SeQueue:: Dequeuer（Q）                //代码（1）
{
    if(head==tail) then
        print (" QUEUE IS EMPTY! ");
        return -1;
    else
        temp= Q[head]
        head=(head+1) % MAXSIZE;
    end if;
    return(temp);
}
```

```
SeQueue:: Enqueuer（x，Q）                    //代码（2）
{
    if((tail+1) % MAXSIZE==head) then
        print " QUEUE IS FULL! "
    else
        tail=(tail+1) % MAXSIZE;
        Q[tail]=x;
    end if
    return;
}
```

队列和栈一样，有着非常广泛的应用。下面将通过几个具体的例子来展示队列的应用。

1. 舞伴问题

问题描述：

假设在周末舞会上，男士们和女士们进入舞厅时，各自排成一队。跳舞开始时，依次从男队和女队的队头上各出一人配成舞伴。若两队初始人数不相同，则较长的那一队中未配对者将等待下一轮舞曲。现要求写一算法模拟上述舞伴配对问题。

问题分析：

先入队的男士或女士亦先出队配成舞伴。因此该问题具有典型的先进先出特性，可用队列作为算法的数据结构。假设男士和女士信息存放在一个数组中作为输入，然后依次扫描该数组的各元素，并根据性别来决定是进入男队还是女队。当这两个队列构造完成之后，依次将两队当前的队头元素出队来配成舞伴，直至某队列变空为止。此时，若某队仍有等待配对者，算法输出此队列中等待者的人数及排在队头的等待者的名字，他（或她）将是下一轮舞曲开始时第一个可获得舞伴的人，具体实现代码如下：

```
dancers(dancer_name[], dancer_sex[], F_dancer[])
{
    //dancer_name: string;     姓名
    //dancer_sex: char;     性别，'F'表示女性，'M'表示男性
    //F_dancer: int;女士队列
    //F_front,F_rear:integer;          //女士队列列头、列尾
    //M_dancer:int;女士队列
    //M_front,M_rear:integer;          //男士队列列头、列尾
    //num 跳舞人数
    int ,i,count;
    F_front=0; F_rear=0;
    M_front=0; M_rear=0;
    for (i=1 to num) do          //依次将跳舞者依其性别入队,只记录跳舞者数组的下标
        if(dancer_sex[i]='F')    then
            inc(F_rear);
            F_dancer[F_rear]=i;          //排入女队
        else
            inc(M_rear);
            M_dancer[M_rear]=i;          //排入男队
        end if
    end for
    while(F_front != F_rear && M_front != M_rear)    do
```

```
                //依次输出男女舞伴名
                Dequeuer(F_dancer);              //女士出队
                print(dancer_name[F_dancer[F_front]]);          //打印出队女士名
                Dequeuer(M_dancer);              //男士出队
                print(dancer_name[M_dancer[M_front]]);          //打印出队男士名
        end while
        if (F_front != F_rear) then
                //输出女士剩余人数及队头女士的名字
                 count=F_rear-F_front;
                 print('还有',count,'位女士等待下一舞曲。');
                 print( dancer_name[F_dancer[F_front+1]],'将第一个获得舞伴。');
        //取女队队头
        else if (M_front != M_rear) then
                //输出男队剩余人数及队头者名字
                count=M_rear-M_front;
                print('还有',count,' 位男士等待下一舞曲。');
                print(dancer_name[M_dancer[M_front+1]],'将第一个获得舞伴。');
        //取男队队头
        end if
    }
```

2. 恺撒加密（Caesar cipher）

问题描述：

恺撒加密（Caesar cipher）是一种简单的消息编码方式：它根据字母表将消息中的每个字母移动常量位 k。举个例子，如果 k 等于 3，则在编码后的消息中，每个字母都会向后移动 3 位：a 会被替换为 d；b 会被替换成 e；依此类推。字母表末尾将回卷到字母表开头。于是，w 会被替换为 z，x 会被替换为 a。

在解码消息的时候，每个字母会反方向移动同样的位数。因此，如果 k 等于 3，这条编码后的消息：vlpsolflwb iroorzv frpsohalwb，会被解码成：simplicity follows complexity。

朱丽叶斯·恺撒在他的一些机密政府通信中真正用到了这种加密。遗憾的是，恺撒加密相当容易被破解。字母的移动只有 26 种可能；要破解密码，只需尝试各种密钥值，直到有一种可行即可。

使用重复密钥（repeating key）可以对这种编码技术做出改进，这时不再将每个字母移动常位数，而是利用一列密钥值将各个字母移动不同的位数。如果消息长度大于这列密钥值，可以从头再次使用这列密钥。

例如，假设密钥值为：3、1、7、4、2、5，则第 1 个字母会移动 3 位，第 2 个字母会移动 1 位，依此类推，将第 6 个字母移动 5 位之后，接着会从头再次使用这列密钥。于是第 7 个字母会移动 3 位，第 8 个字母会移动 1 位。反之解码的过程类似。

注意：加密与解密都是针对字母（大小写均可）进行。

样例：明文：this is a test!
　　　密钥：2112
　　　密文：viju kt b vgtu

算法分析：

若要使用重复密钥进行编码，则可以利用队列来存放密钥并实现密钥重复利用，队列的特点是 FIFO（先进先出），将密钥存储在队列中，使用了一个密钥后，将这个密钥添加到队尾，这样较长的信息可以重复使用该密钥。感兴趣的读者可以自行尝试实现。

8.3 达人修炼真题

1．如何实现栈

题目描述：

实现一个栈的数据结构，使其具有以下方法：压栈、弹栈、取栈顶元素、判断栈是否为空以及获取栈中元素个数。

分析与解答：

栈的实现有两种方法，分别为采用数组来实现和采用链表来实现。下面分别详细介绍这两种方法。

方法一：数组实现

在采用数组来实现栈的时候，栈空间是一段连续的空间。实现思路如图 8-1 所示。

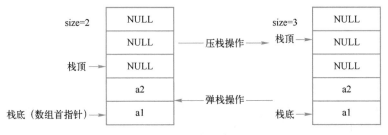

图 8-1　采用数组实现栈

从上图可以看出，可以把数组的首地址当作栈底，同时记录栈中元素的个数 size，当然，根据栈底指针和 size 就可以计算出栈顶的地址了。假设数组首地址为 arr，从上图可以看出，压栈的操作其实是把待压栈的元素放到数组 arr[size]中，然后执行 size++操作；同理，弹栈操作其实是取数组 arr[size-1]元素，然后执行 size--操作。根据这个原理非常容易实现栈，示例代码如下：

```python
class MyStack:
    def __init__(self):
        self.items = []
    # 判断栈是否为空

    def isEmpty(self):
        return len(self.items) == 0
    # 返回栈的大小

    def size(self):
        return len(self.items)
    # 返回栈顶元素

    def top(self):
        if not self.isEmpty():
```

```
                    return self.items[len(self.items) - 1]
              else:
                    return None
        #  弹栈

        def pop(self):
              if len(self.items) > 0:
                    return self.items.pop()
              else:
                    print("栈已经为空")
                    return None
        #  压栈

        def push(self, item):
              self.items.append(item)


if __name__ == "__main__":
        s = MyStack()
        s.push(4)
        print("栈顶元素为: " + str(s.pop()))
        print("栈大小为: " + str(s.size()))
        s.pop()
        print("弹栈成功")
        s.pop()
```

程序的运行结果为

```
栈顶元素为: 4
栈大小为: 0
栈已经为空
弹栈成功
栈已经为空
```

方法二：链表实现

在创建链表时经常采用一种从头结点插入新结点的方法，可以采用这种方法来实现栈，最好使用带头结点的链表，这样可以保证对每个结点的操作都是相同的。实现思路如图 8-2 所示。

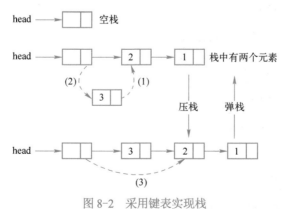

图 8-2　采用键表实现栈

在图 8-2 中，在进行压栈操作的时候，首先需要创建新的结点，把待压栈的元素放到新结点的数据域中，然后只需要（1）和（2）两步就实现了压栈操作（把新结点加到了链表首部）。同理，在弹栈的时候，只需要进行（3）的操作就可以删除链表的第一个元素，从而实现弹栈操作（被删除的结点所占的存储空间需要被释放）。实现代码如下所示。

```python
class LNode:
    def __new__(cls, x):
        cls.data = x
        cls.next = None


class MyStack:
    def __init__(self):
        self.data = None
        self.next = None

    # 判断 stack 是否为空，如果为空返回 true，否则返回 false
    def empty(self):
        if self.next is None:
            return True
        else:
            return False

    # 获取栈中元素的个数
    def size(self):
        size = 0
        p = self.next
        while p is not None:
            p = p.next
            size += 1
        return size

    # 入栈，把 e 放到栈顶
    def push(self, e):
        p = LNode
        p.data = e
        p.next = self.next
        self.next = p

    # 出栈，同时返回栈顶元素
    def pop(self):
        tmp = self.next
        if tmp is not None:
            self.next = tmp.next
            return tmp.data
        print("栈已经为空")
        return None

    # 取得栈顶元素
    def top(self):
        if self.next is not None:
            return self.next.data
```

        print("栈已经为空")
        return None

if __name__ == "__main__":
    stack = MyStack()
    stack.push(1)
    print("栈顶元素为: " + str(stack.top()))
    print("栈的大小为: " + str(stack.size()))
    stack.pop()
    print("弹栈成功")
    stack.pop()
```

程序的运行结果为

```
栈顶元素为：1
栈的大小为：1
弹栈成功
栈已经为空
```

两种方法的对比：

采用数组实现栈的优点是：一个元素值占用一个存储空间；它的缺点是：如果初始化申请的存储空间太大，那么会造成空间的浪费，如果申请的存储空间太小，那么后期会经常需要扩充存储空间，扩充存储空间是个费时的操作，会造成性能的下降。

采用链表实现栈的优点是：使用灵活方便，只有在需要的时候才会申请空间。它的缺点是：除了要存储元素外，还需要额外的存储空间存储指针信息。

2．如何实现队列

题目描述：

实现一个队列的数据结构，使其具有入队列、出队列、查看队列首尾元素以及查看队列大小等功能。

分析与解答：

与实现栈的方法类似，队列的实现也有两种方法，分别为采用数组来实现和采用链表来实现。下面分别详细介绍这两种方法。

方法一：数组实现

图 8-3 给出了一种最简单的实现方式，用 front 来记录队列首元素的位置，用 rear 来记录队列尾元素往后一个位置。入队列的时候只需要将待入队列的元素放到数组下标为 rear 的位置，同时执行 rear++，出队列的时候只需要执行 front++ 即可。

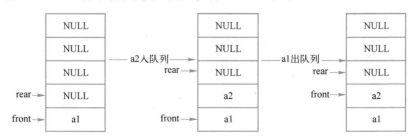

图 8-3　采用数组实现队列

131
```

```python
class   MyQueue:
    def   __init__(self):
        self.arr=[]
        self.front=0   # 队列头
        self.rear=0      # 队列尾

    # 判断队列是否为空
    def   isEmpty(self):
        return   self.front == self.rear

    #返回队列的大小
    def   size(self):
        return   self.rear-self.front

    # 返回队列首元素
    def   getFront(self):
        if   self.isEmpty():
            return   None
        return   self.arr[self.front]

    # 返回队列尾元素
    def   getBack(self):
        if   self.isEmpty():
            return   None
        return   self.arr[self.rear-1]

    # 删除队列头元素
    def   deQueue(self):
        if   self.rear>self.front:
            self.front +=1
        else:
            print("队列已经为空")

    # 把新元素加入队列尾
    def   enQueue(self,item):
        self.arr.append(item)
        self.rear +=1

if   __name__=="__main__":
    queue= MyQueue()
    queue.enQueue(1)
    queue.enQueue(2)
    print("队列头元素为：",queue.getFront())
    print("队列尾元素为：",queue.getBack())
    print("队列大小为：",queue.size())
```

程序的运行结果为

```
队列头元素为：1
队列尾元素为：2
队列大小为：2
```

　　以上这种实现方法最大的缺点为：出队列后数组前半部分的空间不能够充分地利用，解决这个问题的方法为把数组看成一个环状的空间（循环队列）。当数组最后一个位置被占用后，可以从数组首位置开始循环利用，具体实现方法可以参考数据结构相关教程。

　　方法二：链表实现

　　采用链表实现队列的方法与实现栈的方法类似，分别用两个指针指向队列的首元素与尾元素，如图 8-4 所示。用 pHead 来指向队列的首元素，用 pEnd 来指向队列的尾元素。

　　在上图中，刚开始队列中只有元素 1、2 和 3，当新元素 4 要进队列的时候，只需要图 8-4 中（1）和（2）两步，就可以把新结点连接到链表的尾部，同时修改 pEnd 指针指向新增加的结点。出队列的时候只需要（3）一步，改变 pHead 指针使其指向 pHead->next，此外也需要考虑结点所占空间释放的问题。在入队列与出队列的操作中也需要考虑队列为空的时候的特殊操作，实现代码如下所示。

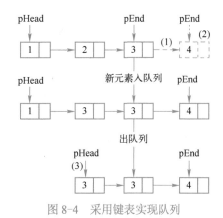

图 8-4　采用链表实现队列

```python
class    LNode:
    def    __init__(self):
        self.data=None
        self.next=None


class    MyQueue:
    # 分配头结点
    def    __init__(self):
        self.pHead=None
        self.pEnd=None

    # 判断队列是否为空，如果为空返回 true，否则返回 false
    def    empty(self):
        if    self.pHead is None:
            return    True
        else:
            return    False

    # 获取栈中元素的个数
    def    size(self):
        size=0
        p=self.pHead
        while    p is not None:
            p = p.next
            size +=1
        return    size

    # 入队列，把元素 e 加到队列尾
    def    enQueue(self,e):
        p =LNode()
        p.data = e
        p.next=None
```

```
                    if  self.pHead is None:
                        self.pHead=self.pEnd=p
                    else:
                        self.pEnd.next=p
                        self.pEnd=p

            # 出队列，删除队列首元素
            def   deQueue(self):
                if  self.pHead is None:
                    print("出队列失败，队列已经为空")
                self.pHead=self.pHead.next
                if  self.pHead is None:
                    self.pEnd=None

            # 取得队列首元素
            def   getFront(self):
                if  self.pHead is None:
                    print ("获取队列首元素失败，队列已经为空")
                    return   None
                return   self.pHead.data

            # 取得队列尾元素
            def   getBack(self):
                if  self.pEnd is None:
                    print("获取队列尾元素失败，队列已经为空")
                    return   None
                return   self.pEnd.data

    if  __name__=="__main__":
        queue=MyQueue()
        queue.enQueue(1)

        queue.enQueue(2)
        print("队列头元素为：",queue.getFront())
        print("队列尾元素为：",queue.getBack())
        print("队列大小为：",queue.size())
```

程序的运行结果为

```
队列头元素为：1
队列尾元素为：2
队列大小为：2
```

显然用链表来实现队列更灵活，与数组的实现方法相比，它多了用来存储结点关系的指针空间。此外，也可以用循环链表来实现队列，这样只需要一个指向链表最后一个元素的指针即可，因为通过指向链表尾元素非常容易找到链表的首结点。

算法性能分析：

这两种方法压栈与弹栈的时间复杂度都为 O(1)。

3. 如何翻转栈的所有元素

题目描述：

翻转（也叫颠倒）栈的所有元素，例如输入栈{1, 2, 3, 4, 5}，其中，1 处在栈顶，翻转之后的栈为{5, 4, 3, 2, 1}，其中，5 处在栈顶。

分析与解答：

最容易想到的办法是申请一个额外的队列，先把栈中的元素依次出栈放到队列里，然后把队列里的元素按照出队列顺序入栈，这样就可以实现栈的翻转，这种方法的缺点是需要申请额外的空间存储队列，因此，空间复杂度较高。下面介绍一种空间复杂度较低的递归的方法。

递归程序有两个关键因素需要注意：递归定义和递归终止条件。经过分析后，很容易得到该问题的递归定义和递归终止条件。递归定义：将当前栈的栈底元素移到栈顶，其他元素顺次下移一位，然后对不包含栈顶元素的子栈进行同样的操作。终止条件：递归下去，直到栈为空。递归的调用过程如图 8-5 所示：

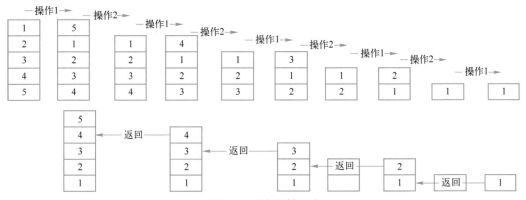

图 8-5　递归翻转元素

在上图中，对于栈{1, 2, 3, 4, 5}，进行翻转的操作是：首先把栈底元素移动到栈顶得到栈{5, 1, 2, 3, 4}，然后对不包含栈顶元素的子栈进行递归调用（对子栈元素进行翻转），子栈{1,2,3,4}翻转的结果为{4,3,2,1}，因此最终得到翻转后的栈为{5,4,3,2,1}。

此外，由于栈的后进先出的特点，使得只能取栈顶的元素，因此要把栈底的元素移动到栈顶也需要递归调用才能完成，主要思路是：把不包含该栈顶元素的子栈的栈底的元素移动到子栈的栈顶，然后把栈顶的元素与子栈栈顶的元素（其实就是与栈顶相邻的元素）进行交换，如图 8-6 所示。

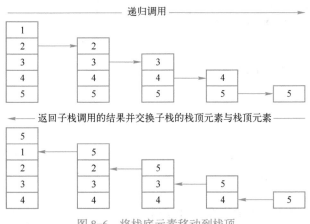

图 8-6　将栈底元素移动到栈顶

为了更容易理解递归调用，可以认为在进行递归调用的时候，子栈已经把栈底元素移动到了栈顶，在上图中，为了把栈{1, 2, 3, 4, 5}的栈底元素 5 移动到栈顶，首先对子栈{ 2, 3, 4, 5}，进行递归调用，调用的结果为{ 5, 2, 3, 4}，然后对子栈顶元素 5，与栈顶元素 1 进行交换得到栈{5, 1, 2, 3, 4}，实现了把栈底元素移动到了栈顶。

示例代码如下：

```python
class Stack:
    # 模拟栈
    def __init__(self):
        self.items = []
        # 判断栈是否为空

    def empty(self):
        return len(self.items) == 0
        # 返回栈的大小

    def size(self):
        return len(self.items)
        # 返回栈顶元素

    def peek(self):
        if not self.empty():
            return self.items[len(self.items) - 1]
        else:
            return None

    # 弹栈
    def pop(self):
        if len(self.items) > 0:
            return self.items.pop()
        else:
            print("栈已经为空")
            return None

    # 压栈
    def push(self, item):
        self.items.append(item)

"""
方法功能：把栈底元素移动到栈顶
参数：s 栈的引用
"""
def moveBottomToTop(s):
    if s.empty():
        return
    top1 = s.peek()
    s.pop()  # 弹出栈顶元素
    if not s.empty():
        # 递归处理不包含栈顶元素的子栈
```

```
            moveBottomToTop(s)
            top2 = s.peek()
            s.pop()
            # 交换栈顶元素与子栈栈顶元素
            s.push(top1)
            s.push(top2)
        else:
            s.push(top1)

    def reverse_stack(s):
        if s.empty():
            return
            # 把栈底元素移动到栈顶
        moveBottomToTop(s)
        top = s.peek()
        s.pop()
        # 递归处理子栈
        reverse_stack(s)
        s.push(top)

    if __name__ == "__main__":
        s = Stack()
        s.push(5)
        s.push(4)
        s.push(3)
        s.push(2)
        s.push(1)
        reverse_stack(s)
        print("翻转后出栈顺序为:", end="")

        while not s.empty():
            print(s.peek(), ", end="")
            s.pop()
```

程序的运行结果为

翻转后出栈顺序为:5 4 3 2 1

算法性能分析:

把栈底元素移动到栈顶操作的时间复杂度为 $O(n)$，在翻转操作中对每个子栈都进行了把栈底元素移动到栈顶的操作，因此，翻转算法的时间复杂度为 $O(n^2)$。

引申: 如何给栈排序

分析与解答:

很容易通过对上述方法进行修改得到栈的排序算法。主要思路是: 首先对不包含栈顶元素的子栈进行排序，如果栈顶元素大于子栈的栈顶元素，则交换这两个元素。因此，在上述方法中，只需要在交换栈顶元素与子栈顶元素的时候增加一个条件判断即可实现栈的排序，实现代码如下:

```
    class Stack:
        # 模拟栈
```

```python
    def __init__(self):
        self.items = []
        # 判断栈是否为空

    def empty(self):
        return len(self.items) == 0
        # 返回栈的大小

    def size(self):
        return len(self.items)
        # 返回栈顶元素

    def peek(self):
        if not self.empty():
            return self.items[len(self.items) - 1]
        else:
            return None

    # 弹栈
    def pop(self):
        if len(self.items) > 0:
            return self.items.pop()
        else:
            print("栈已经为空")
            return None

    # 压栈
    def push(self, item):
        self.items.append(item)


"""
方法功能：把栈底元素移动到栈顶
参数：s 栈的引用
"""
def moveBottomToTop(s):
    if s.empty():
        return
    top1 = s.peek()
    s.pop()
    if not s.empty():
        moveBottomToTop(s)
        top2 = s.peek()
        if top1 > top2:
            s.pop()
            s.push(top1)
            s.push(top2)
            return
    s.push(top1)
```

```
def sortStack(s):
    if s.empty():
        return
    # 把栈底元素移动到栈顶
    moveBottomToTop(s)
    top = s.peek()
    s.pop()
    # 递归处理子栈
    sortStack(s)
    s.push(top)


if __name__ == "__main__":
    s = Stack()
    s.push(1)
    s.push(3)
    s.push(2)
    sortStack(s)
    print("排序后出栈顺序为:", end="")
    while not s.empty():
        print(s.peek(), ", ", end="")
        s.pop()
```

程序的运行结果为

排序后出栈顺序为:1 2 3

算法性能分析：

算法的时间复杂度为 $O(n^2)$。

4. 如何设计一个排队系统

题目描述：

请设计一个排队系统，能够让每个进入队伍的用户都能看到自己在队列中所处的位置和变化，队伍可能随时有人加入或退出；当有人退出影响到用户的位置排名时，需要及时反馈到用户。

分析与解答：

本题不仅要实现队列常见的入队列与出队列的功能，而且还需要实现队列中任意一个元素都可以随时出队列，且出队列后需要更新队列用户位置的变化。

```
from collections import deque

class User:
    def __init__(self, id, name):
        self.id = id          # 唯一标识一个用户
        self.name = name
        self.seq = 0

    def getName(self):
        return self.name

    def getSeq(self):
```

```python
            return self.seq

        def setSeq(self, seq):
            self.seq = seq

        def getId(self):
            return self.id
    # def equals(self,arg0):
    #     o = arg0
    #     return self.id = o.getId()

        def toString(self):
            return "id:" + str(self.id) + " name:" + self.name + " seq:" + str(self.seq)

class MyQueue:
    def __init__(self):
        self.deque = deque()

    def enQueue(self, user):                                    # 进入队列尾部
        user.setSeq(len(self.deque) + 1)
        self.deque.append(user)
    # 队头出队列

    def deQueue(self):
        self.deque.popleft()
        self.updateSeq()
    # 队列中的人随机离开

    def deQueueMove(self, user):
        self.deque.remove(user)
        self.updateSeq()
    # 出队列后更新队列中每个人的序列

    def updateSeq(self):
        i = 1
        for user in self.deque:
            user.setSeq(i)
            i += 1
    # 打印队列的信息

    def printList(self):
        for user in self.deque:
            print(user.toString())


if __name__ == "__main__":
    user1 = User(1, "user1")
    user2 = User(2, "user2")
    user3 = User(3, "user3")
    user4 = User(4, "user4")
```

```
        queue = MyQueue()
        queue.enQueue(user1)
        queue.enQueue(user2)
        queue.enQueue(user3)
        queue.enQueue(user4)
        queue.deQueue()                              # 队列元素 user1 出队列
        queue.deQueueMove(user3)                     # 队列中间的元素 user3 出队列
        queue.printList()
```

程序的运行结果为

```
        id:2    name:user2    seq:1
        id:4    name:user4    seq:2
```

第9章 链 表

本章将会介绍另外一种线性数据结构——链表。在链表中，各对象按线性顺序排序，链表与数组不同的是，数组的线性顺序是由数组下标决定的，而链表中的顺序是由各对象中的指针所决定的。链表可以被用来简单而灵活地表示动态集合，且支持对集合的插入、查找、删除等操作。

9.1 链表概述

链表是连成一行的数据项的集合，每一个数据项（元素）称为结点，可以在链表中的任意位置进行结点插入或删除操作，使链表数据项的个数随之增加或减少。图 9-1 为一个单向链表的结构。其中：

- 各结点是相同的结构体类型，该类型有三个成员。
- head 是指针变量，存放链表的头结点指针 1048。
- 各结点应包含一个指针成员用于存放下一结点的地址。
- 各结点存储有可能不连续，但各结点逻辑上必须连续。

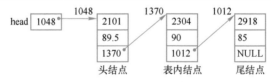

图 9-1 单向链表的结构

图 9-1 所示的链表中每个结点具有如下结构体类型。下述代码中,其中成员 num、score 用于存放一个结点的具体数据；成员 next 是指针类型，用于存放下一结点指针，最后一个结点的 next 成员存放空指针 None；成员 next 是指向与自身同一类型的结构，这种结构被称为自引用结构。

```
class Student:
    num = -1
    score = -1
    next = None

    def __init__(self, num, score):
        self.num = num
        self.score = score
```

从链表的结构可以发现，与定长数据结构数组相比，链表能更好地利用内存，按需分配和释放存储空间。在链表中插入或删除一个结点，只需改变某结点"链节"成员的指向，而不需要移动其他结点，相对数组元素的插入和删除效率更高。因此链表特别适合于对线性表频繁插入和删除元素或成员数目不确定的数据结构。

根据每个结点中指针的指向情况的不同，可以将链表分为三种类型：

- 单链表：每个结点只有一个指向后继结点的指针。
- 双向链表：每个结点有两个用于指向其他结点的指针；一个指向前趋结点，一个指向后继结点。
- 循环链表：使最后一个结点的指针指向第一个结点。

9.2　链表的操作

上一节中介绍了链表的结构以及链表的分类。在这一节中将介绍可以在链表上进行的操作。假设本节中所处理的链表都是单链表。

（1）建立链表

建立链表需要做的准备工作包括：

- 定义链表的结点类型。
- 定义与结点同类型的链表头指针变量 head 并赋值 null，表示链表在建立之前是空的。
- 定义与结点同类型的工作指针变量 p1、p2。

在做完以上的准备工作后，便可以通过以下的步骤来建立链表了。

1）开辟第一个结点的存储区域，使 head、p1、p2 指向第一个结点，并输入第一个结点数据，对应的代码如下：

```
num = 1
score = 60
p1 = Student(num, score)
head = p2 = p1
```

2）开辟下一结点的存储区域，使 p1 指向新结点、输入新结点数据，并将上一个结点的 next 成员指向新结点，对应的代码如下：

```
num = 2
score = 60
p1 = Student(num, score)
p2.next = p1;
p2 = p1;
```

3）重复第 2）步，建立并链接多个结点直至所需长度，将末尾结点的 next 成员赋值 0，对应的代码如下：

```
num = 2
score = 60
p1 = Student(num, score)
p2.next = p1;
p2 = p1;
```

下述代码给出了建立一个拥有 n 个结点，每个结点的类型为 Student 的链表的代码。

```
def create(n):
    for i in range(n):
```

```
            print i
            num = raw_input("Enter num:")
            score = raw_input("Enter score:")
            p1 = Student(num, score)

            if i == 0:
                head = p1
                p2 = p1
            else:
                p2.next=p1
                p2 = p1

        return head
```

（2）链表的搜索操作

下述代码给出了利用简单的线性查找方法，找出了链表 L 中的第一个具有关键字 k 的元素，并返回指向该元素。如果表中没有包含关键字 k 的对象，则返回 null。

```
def search(head, k):
    p = head
    while p is not None:
        if p.k == k:
            return p
        p = p.next
```

（3）链表结点的插入

插入可分为随意插入和按顺序插入，随意插入包括插入到头部、尾部或中间指定位置；按顺序插入是指按某关键字的顺序插入，而在插入前链表必须已按该关键字进行了排序。

按顺序插入的步骤主要有以下四步：

- 开辟待插入结点的存储区域并输入数据；
- 查找插入位置：从链表首结点开始按关键字成员与待插入结点相同成员进行比较，直到确定了插入位置为止；
- 将插入位置前一结点的"链节"成员赋给待插入结点的"链节"成员；若插入点在链头，则将头指针赋给待插入结点的"链节"成员；
- 将待插入结点的指针赋给前一结点"链节"成员；若插入点在链头，先将头指针赋给插入结点的指针域，再将待插入结点的指针赋给头指针变量。

下述代码给出了在存储学生信息的链表中按学号顺序插入一个结点的代码。

```
def insert(head):
    num = raw_input("Enter num:")
    score = raw_input("Enter score:")
    p0 = Student(num, score)
    p1 = head
    p2 = None
    n = p0.num

    if n < p1.num:
        p0.next = head
```

```
            head = p0
        else:   # 查找插入位置
            p2 = p1;
            p1 = p1.next;
            while p1 is not None and n > p1.num:
                p2 = p1
                p1 = p1.next

            p0.next = p2.next   # 插入在其余位置
            p2.next = p0
        return head
```

（4）链表结点的删除

要从链表中删除掉给定关键字的结点，主要步骤为：

- 从头结点开始按查找关键字查找要删除的结点；
- 找到后则将要删除结点的"链节"成员赋给前一结点的"链节"成员，使删除的结点脱离链表。如果要删除结点为首结点，则将首结点"链节"成员赋给链头指针变量。
- 释放已被删除结点占用的空间。

具体实现代码如下：

```
def remove(head, num):
    p1 = head
    p2 = None

    if long(p1.num) == long(num):
        head = p1.next
    else:
        p2 = p1
        p1 = p1.next

        while p1 is not None and long(p1.num) != long(num):
            p2 = p1
            p1 = p1.next

        if p1 is not None and long(p1.num) == long(num):
            p2.next = p1.next
        else:
            print('Not be found')
    return head
```

9.3　达人修炼真题

1. 如何检测一个较大的单链表是否有环

题目描述：

单链表有环指的是单链表中某个结点的 next 指针域指向的是单键链表中在它之前的某一

个结点，这样在链表的尾部就形成一个环形结构。下面来介绍如何判断单链表是否有环存在。

分析与解答：

方法一：蛮力法

定义一个 HashSet 用来存放结点指针，并将其初始化为空，从链表的头指针开始向后遍历，每次遇到一个指针就判断它在 HashSet 中是否存在，如果不存在，说明这个结点是第一次访问，还没有形成环，那么就将这个结点指针添加到 HashSet 中去。如果在 HashSet 中找到了同样的指针，那么就说明这个结点已经被访问过了，于是就形成了环。这个方法的时间复杂度为 O(n)，空间复杂度也为 O(n)。

方法二：快慢指针遍历法

定义两个指针 fast（快）与 slow（慢），两者的初始值都指向链表头，指针 slow 每次前进一步，指针 fast 每次前进两步，两个指针同时向前移动，快指针每移动一次都要跟慢指针比较。如果快指针的步伐等于慢指针，就证明这个链表是带环的单向链表。否则，就证明这个链表是不带环的单向链表。实现代码见下面引申部分。

引申：如果链表存在环，那么如何找出环的入口点？

分析与解答：

当链表有环的时候，如果知道环的入口点，那么会大大简化遍历链表或释放链表所占的空间的方法。下面主要介绍查找链表环入口点的思路。

如果单链表有环，那么按照上述方法二的思路，当指针 fast 与指针 slow 相遇时，指针 slow 肯定没有遍历完链表，而指针 fast 已经在环内循环了 n 圈（1<=n）。如果指针 slow 走了 s 步，那么指针 fast 就走了 2s 步（fast 步数还等于 s 加上在环上多转的 n 圈）。假设环长为 r，则满足如下关系表达式：

$$2s = s + nr$$

由此可以得到：$s= nr$

设整个链表长为 L，入口环与相遇点距离为 x，起点到环入口点的距离为 a。则满足如下关系表达式：

$$a + x = nr$$
$$a + x = (n - 1)r + r = (n-1)r + L - a$$
$$a = (n-1)r + (L - a - x)$$

($L-a-x$)为相遇点到环入口点的距离，从链表头到环入口点的距离=(n-1)×环长+相遇点到环入口点的长度，于是从链表头与相遇点分别设一个指针，每次各走一步，两个指针必定相遇，且相遇第一点即为环入口点。实现代码如下：

```python
class LNode:
    def __init__(self):
        self.data = None
        self.next = None

# 构造链表
def ConstructList():
    i = 1
    head = LNode()
```

```
        head.next = None
        tmp = None
        cur = head
        while i < 8:
            tmp = LNode()
            tmp.data = i
            tmp.next = None
            cur.next = tmp
            cur = tmp
            i += 1
        cur.next = head.next.next.next
        return head

'''
*** 方法功能：判断链表是否有环
*** 输入参数：head：链表头结点
*** 返回值：  None：无环，否则返回 slow 与 fast 相遇点的结点
'''
def isLoop(head):
    if head is None or head.next is None:
        return None
    # 初始化 slow 和 fast，都指向链表的第一个结点
    slow = head.next
    fast = head.next
    while fast is not None and fast.next is not None:
        slow = slow.next
        fast = fast.next.next
        if slow == fast:
            return slow

'''
*** 方法功能：找出环的入口点
*** 输入参数：head：fast 与 slow 相遇点
*** 返回值：  None：无环，否则返回 slow 与 fast 指针相遇点的结点
'''
def FindLoopNode(head, meetNode):
    first = head.next
    second = meetNode
    while first != second:
        first = first.next
        second = second.next
    return first

if __name__ == "__main__":
    head = ConstructList()
    meetNode = isLoop(head)
    loopNode = None
    if meetNode is not None:
        print("有环")
        loopNode = FindLoopNode(head, meetNode)
```

147

```
                print("环的入口点为：", loopNode.data)
        else:
                print("无环")
```

程序的运行结果为

```
有环
环的入口点为：3
```

运行结果分析：

示例代码中给出的链表为 1->2->3->4->5->6->7->3（3 实际代表链表第三个结点）。因为 IsLoop 函数返回的结果为两个指针相遇的结点，所以链表有环，通过函数 FindLoopNode 可以获取到环的入口点为 3。

算法性能分析：

这种方法只需要对链表进行一次遍历，因此时间复杂度为 O(n)。另外由于只需要几个指针变量来保存结点的地址信息，因此空间复杂度为 O(1)。

2．如何找出单链表中的倒数第 k 个元素

题目描述：

找出单链表中的倒数第 k 个元素，例如给定单链表：1->2->3->4->5->6->7，则单链表的倒数第 k=3 个元素为 5。

分析与解答：

方法一：顺序遍历两遍法

主要思路：首先遍历一遍单链表，求出整个单链表的长度 n，然后把求倒数第 k 个元素转换为求顺数第 $n-k$ 个元素，再遍历一次单链表就可以得到结果。但是该方法需要对单链表进行两次遍历。

方法二：快慢指针法

由于单链表只能从头到尾依次访问链表的各个结点，因此如果要找链表的倒数第 k 个元素，也只能从头到尾进行遍历查找，在查找过程中，设置两个指针，让其中一个指针比另一个指针先前移 k 步，然后两个指针同时往前移动。循环直到先行的指针值为 null 时，另一个指针所指的位置就是所要找的位置。程序代码如下：

```
class LNode:
    def __init__(self):
        self.data = None
        self.next = None


# 构建一个单链表
def ConstructList():
    i = 1
    head = LNode()
    head.next = None
    tmp = None
    cur = head
    # 构造第一个链表
    while i < 8:
        tmp = LNode()
```

```
                tmp.data = i
                tmp.next = None
                cur.next = tmp
                cur = tmp
                i += 1
        return head

# 顺序打印单链表结点的数据
def PrintList(head):
    cur = head.next
    while cur is not None:
        print(cur.data, end=' ')
        cur = cur.next

'''
*** 方法功能：找出链表倒数第 k 个结点
*** 输入参数：head：链表头结点
*** 返回值：  倒数第 k 个结点
'''
def FindlastK(head, k):
    if head is None or head.next is None:
        return
    slow = LNode()
    fast = LNode()
    slow = head.next
    fast = head.next
    i = 0
    while i < k and fast is not None:
        fast = fast.next
        i += 1
    if i < k:
        return None
    while fast is not None:
        slow = slow.next
        fast = fast.next
    return slow

if __name__ == "__main__":
    head = ConstructList()     # 链表头结点
    result = None
    print("链表：", end="")
    PrintList(head)
    result = FindlastK(head, 3)
    if result is not None:
        print("\n 链表倒数第 3 个元素为： " + str(result.data))
```

程序的运行结果为

```
链表： 1 2 3 4 5 6 7
链表倒数第 3 个元素为：5
```

算法性能分析：

这种方法只需要对链表进行一次遍历，因此时间复杂度为 O(n)。另外，由于只需要常量个指针变量来保存结点的地址信息，因此空间复杂度为 O(1)。

引申：如何将单链表向右旋转 k 个位置

题目描述：给定单链表 1->2->3->4->5->6->7，k=3，那么旋转后的单链表变为 5->6->7->1->2->3->4。

分析与解答：

主要思路：1）首先找到链表倒数第 $k+1$ 个结点 slow 和尾结点 fast（如图 9-2 所示）；2）把链表断开为两个子链表，其中，后半部分子链表结点的个数为 k；3）使原链表的尾结点指向链表的第一个结点；4）使链表的头结点指向原链表倒数第 k 个结点。

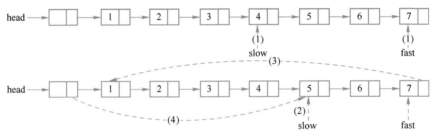

图 9-2　找到结点 slow 和尾结点 fast

实现代码如下：

```python
class LNode:
    def __init__(self):
        self.data = None
        self.next = None


# 方法功能：把链表右旋 k 个位置
def RotateK(head, k):
    if head == None or head.next == None:
        return
    # fast 指针先走 k 步，然后与 slow 指针同时向后走
    slow, fast, tmp = LNode(), LNode(), LNode()
    slow, fast = head.next, head.next
    i = 0
    while i < k and fast != None:          # 前移 k 步
        fast = fast.next
        i += 1
    # 判断 k 是否已超出链表长度
    if i < k:
        return
    # 循环结束后 slow 指向链表倒数第 k+1 个元素，fast 指向链表最后一个元素
    while fast.next != None:
        slow = slow.next
        fast = fast.next
    tmp = slow
    slow = slow.next
    tmp.next = None
```

```python
            fast.next = head.next
            head.next = slow

    def ConstructList():
        i = 1
        head = LNode()
        head.next = None
        tmp = None
        cur = head
        # 构造第一个链表
        while i < 8:
            tmp = LNode()
            tmp.data = i
            tmp.next = None
            cur.next = tmp
            cur = tmp
            i += 1
        return head


    # 顺序打印单链表结点的数据
    def PrintList(head):
        cur = head.next
        while cur is not None:
            print(cur.data, end=' ')
            cur = cur.next


    if __name__ == "__main__":
        head = ConstructList()
        print("旋转前：", end='')
        PrintList(head)
        RotateK(head, 3)
        print("\n 旋转后：", end='')
        PrintList(head)
```

程序的运行结果为

```
旋转前:  1  2  3  4  5  6  7
旋转后:  5  6  7  1  2  3  4
```

算法性能分析：

这种方法只需要对链表进行一次遍历，因此时间复杂度为 O(n)。另外，由于只需要几个指针变量来保存结点的地址信息，因此空间复杂度为 O(1)。

第 10 章　树与二叉树

树是一类重要的非线性数据结构，是以分支关系定义的层次结构。这一章将详细介绍树的结构和术语。此外，这一章还将重点介绍常用的树结构——二叉树以及森林。

10.1　树的概念与定义

10.1.1　基本概念

定义：树(tree)是 $n(n \geqslant 0)$ 个结点的有限集 T，其中非空树：

- 有且仅有一个特定的结点，称为树的根（root）；
- 当 $n>1$ 时，其余结点可分为 $m(m>0)$ 个互不相交的有限集 $T1,T2,\cdots,Tm$，其中每一个集合本身又是一棵树，称为根的子树（subtree）。

一棵非空树具有以下两个特点：

- 树中至少有一个结点——根；
- 树中各子树是互不相交的集合。

图 10-1 展示了一棵空树，图 10-2 展示了一棵只有根结点的树，图 10-3 展示了一棵拥有子树的树。

Φ

图 10-1　一棵空树

Ⓐ

图 10-2　一棵只有根结点的树

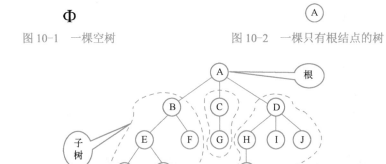

图 10-3　一棵拥有子树的树

表 10-1 给出了树中常用的基本术语，读者应该将这些基本术语所表达的含义熟记于心。

表 10-1　树相关的基本术语

术语名称	含义
结点（node）	表示树中的元素，包括数据项及若干指向其子树的分支
结点的度（degree）	结点拥有的子树数

（续）

术语名称	含义
叶子（leaf）	度为 0 的结点
孩子（child）	结点子树的根称为该结点的孩子
父结点（parents）	孩子结点的上层结点称为该结点的父结点
兄弟（sibling）	拥有同一父结点的孩子
树的度	一棵树中各结点度的最大值
结点的层次（level）	从根结点算起，根为第一层，它的孩子为第二层……
深度（depth）	树中结点的最大层次数
森林（forest）	m(m≥0)棵互不相交的树的集合

在图 10-3 中给出的树，通过表 10-1 中介绍的术语的概念，可以得出以下信息：

叶子结点有：K，L，F，G，M，I，J

结点 A 的度：3 　　　　　　　　　结点 I 的父结点：D
结点 B 的度：2 　　　　　　　　　结点 L 的父结点：E
结点 M 的度：0

结点 A 的孩子：B，C，D 　　　　　结点 B，C，D 为兄弟
结点 B 的孩子：E，F 　　　　　　　结点 K，L 为兄弟

树的深度：4 　　　　　　　　　　结点 A 的层次：1
　　　　　　　　　　　　　　　　　结点 M 的层次：4

10.1.2　树的表示

通常，可以用四种方式来表示一棵树。

1. 树形表示

用树形来表示树是最为直观的一种方法，在上一小节中都是以这种形式来表示一棵树的，用直线来连接父结点与孩子结点，父结点的层次总是比孩子结点的层次少 1，如图 10-4 所示。

2. 凹入表表示

这种表示方法中，每个结点占据一行空间，其中的父子关系用结点的凹入距离来表达，子结点向右凹入的距离大于其父结点，从子结点开始向上找，碰到的第一个凹入距离小于该结点凹入距离的结点便为其父结点。图 10-4 中的树可以用这种表示方法表示为如图 10-5 的形式：

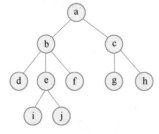

图 10-4　树形表示

图 10-5　凹入形表示

3．嵌套集合表示

这种形式的表示方法用一个椭圆来圈住一棵树中的所有结点。图 10-4 中的树可以用这种表示方法表示为如图 10-6 的形式：

图 10-6　嵌套集合表示

4．广义表表示

这种方式与嵌套集合表示方法类似，不同之处为将椭圆换为括号。图 10-4 中的树可以用这种表示方法表示为如下形式：

$$(a(b(d,e(i,j),f),c(g,h)))$$

10.2 二叉树

10.2.1 基本概念

定义：二叉树是 $n(n \geqslant 0)$ 个结点的有限集，它或为空树($n=0$)，或由一个根结点和两棵分别称为左子树和右子树的互不相交的二叉树构成。

从定义看出二叉树有两个基本的特点：

- 每个结点最多有二棵子树（即不存在度大于 2 的结点）；
- 二叉树的子树有左、右之分，且其次序不能任意颠倒。

二叉树的基本形态可以分为 5 种，如图 10-7 所示。

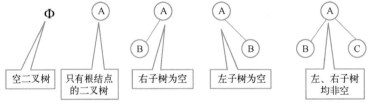

图 10-7　二叉树的基本形态

根据二叉树的定义，可以知道二叉树具有以下几个性质。读者务必将这些性质熟记于心。

性质 1：在二叉树的第 i 层上至多有 2^{i-1} 个结点（ $i \geqslant 1$ ）。

证明：用归纳法证明之

1） $i=1$ 时，只有一个根结点， $2^{i-1}=2^0=1$ 是对的；

2）假设对所有 $j(1 \leqslant j < i)$ 命题成立，即第 j 层上至多有 2^{j-1} 个结点；那么，第 $i-1$ 层至多有 2^{i-2} 个结点。

又因为二叉树每个结点的度至多为 2。

∴ 第 i 层上最大结点数是第 $i-1$ 层最大结点数的 2 倍，即 $2 \times 2^{i-2}=2^{i-1}$ 。

故命题得证。

性质 2：深度为 k 的二叉树至多有 2^k-1 个结点($k \geqslant 1$)。

性质 3：对任何一棵二叉树 T，如果其终端结点数为 n_0，度为 2 的结点数为 n_2，则 $n_0 = n_2 +1$ 。

性质 2 与性质 3 的证明留给读者自行完成。

在以上定义的基础上，下面给出两个特殊形式的二叉树，分别是满二叉树与完全二叉树。

满二叉树：一棵深度为 k 且有 2^k-1 个结点的二叉树称为满二叉树。

满二叉树的特点在于每一层上的结点数都是最大结点数。对一棵满二叉树中的结点进行编号的规则为从根开始，自上而下，自左至右。

完全二叉树：深度为 k，有 n 个结点的二叉树当且仅当其每一个结点都与深度为 k 的满二叉树中编号从 $1 \sim n$ 的结点一一对应时，称为完全二叉树。

完全二叉树的特点在于叶子结点只可能在层次最大的两层上出现，且对任一结点，若其右分支下子孙的最大层次为 L，则其左分支下子孙的最大层次必为 L 或 $L+1$。

性质 4：具有 n 个结点的完全二叉树的深度为 $\lfloor \log_2 n \rfloor + 1$。

性质 5：如果对一棵有 n 个结点的完全二叉树的结点按层序编号，则对任一结点 $i(1 \leqslant i \leqslant n)$，有：

1）如果 $i=1$，则结点 i 是二叉树的根，无双亲；如果 $i>1$，则其双亲是 $\lfloor i/2 \rfloor$；

2）如果 $2i > n$，则结点 i 无左孩子；如果 $2i \leqslant n$，则其左孩子是 $2i$；

3）如果 $2i+1 > n$，则结点 i 无右孩子；如果 $2i+1 \leqslant n$，则其右孩子是 $2i+1$。

10.2.2　二叉树的存储结构

二叉树作为一种表达分支的数据结构，有顺序存储与链式存储两种存储结构。

顺序存储的具体实现方法为按完全二叉树的结点层次编号，依次存放二叉树中的数据元素。图 10-8 中左边的二叉树用顺序存储的方式可以表示为右边的形式。

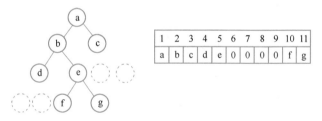

图 10-8　顺序存储二叉树

从图 10-8 中可以看出这种存储方式的特点是：

- 结点间关系蕴含在其存储位置中；
- 浪费空间，适于存满二叉树和完全二叉树。

链式存储的具体实现方法为每一个结点定义一个数据结构，其中包含该结点自身的值，以及两个指针类型的变量，分别指向结点的左孩子和右孩子。

```python
class Node:
    def __init__(self):
        self.data = None
        self.lchild = None
        self.rchild = None
```

图 10-9 中，左边的二叉树用链式存储可以表示为右边的形式。

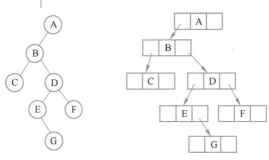

图 10-9　链式存储二叉树

可以发现，在 n 个结点的二叉链表中，有 $n+1$ 个空指针域。

10.2.3　遍历二叉树和线索二叉树

二叉树的遍历可以分为以下几种形式：

- 先序遍历：先访问根结点，然后分别先序遍历左子树、右子树。
- 中序遍历：先中序遍历左子树，然后访问根结点，最后中序遍历右子树。
- 后序遍历：先后序遍历左、右子树，然后访问根结点。
- 按层次遍历：从上到下、从左到右访问各结点。

对于图 10-10 给出的二叉树，对其进行不同方式的遍历的结果为：

- 先序遍历序列：A　B　D　C
- 中序遍历序列：B　D　A　C
- 后序遍历序列：D　B　C　A

对于图 10-11 给出的二叉树，对其进行不同方式的遍历的结果为：

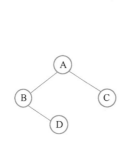

图 10-10　二叉树遍历示例 1

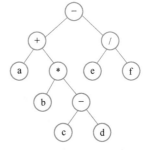

图 10-11　二叉树遍历示例 2

- 先序遍历序列：-＋a＊b-c d／e f
- 中序遍历序列：a＋b＊c-d-e／f
- 后序遍历序列：a b c d-＊＋e f／-
- 层次遍历序列：-＋／a＊e f b-c d

根据前文的介绍，可以很容易地写出二叉树先序遍历算法，代码如下所示。仿照先序遍历算法，可以很容易写出中序与后续遍历算法，这里不再赘述。可以看出下述代码给出的算法为递归算法，读者可以尝试将该递归算法改写为非递归形式。

```
def preorder(T):
    if T is not None:
        print(T.data)
        preorder(T.lchild)
        preorder(T.rchild)
```

接下来，介绍线索二叉树，首先给出其中的相关定义。

- 前驱与后继：二叉树的先序、中序或后序遍历序列中两个相邻的结点互称为前驱与后继。
- 线索：指向前驱或后继结点的指针称为线索。
- 线索二叉树：加上线索的二叉链表表示的二叉树称为线索二叉树。
- 线索化：对二叉树按某种遍历次序使其变为线索二叉树的过程称为线索化。

线索二叉树是在链式存储的二叉树的基础上实现的，具体实现方式为在链式存储的二叉树的结点数据结构中加入两个新的变量作为标志域，新的结点数据结构定义如下所示：

```
class Node:
    def __init__(self):
        self.data = None
        self.lt = 0
        self.rt = 0
        self.lc = None
        self.rc = None
```

其中增加的两个标志 lt 与 rt 的含义为：

- lt：若 lt=0，lc 域指向结点的左孩子；若 lt=1, lc 域指向其前驱。
- rt：若 rt =0，rc 域指向结点的右孩子；若 rt=1, rc 域指向其后继。

那么，在线索二叉树中，一个结点的存储结构可表示如下。

| lc | lt | data | rt | rc |

图 10-12 中给出了一棵二叉树，按照上文的定义，可以很容易地给出这棵二叉树的先序线索二叉树、中序线索二叉树与后序线索二叉树，如图 10-13 所示。

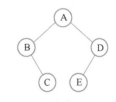

图 10-12 线索二叉树示例

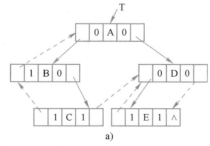

a)

图 10-13 图 10-12 所示二叉树的线索二叉树
a) 先序线索二叉树（先序遍历序列：ABCDE）

Python 算法从菜鸟到达人

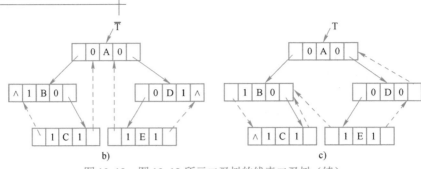

图 10-13　图 10-12 所示二叉树的线索二叉树（续）
b) 中序线索二叉树（中序遍历序列：BCAED）
c) 后序线索二叉树（后序遍历序列：CBEDA）

还可以在图 10-13 所示线索二叉树的基础上为根结点加入一个头结点，该头结点的数值域没有实际意义，左孩子指针指向原二叉树的根结点，右孩子为空，因此右孩子指针指向其后继结点。那么图 10-13b 中的中序线索二叉树加入头结点后即可变为图 10-14 所示的线索二叉树。

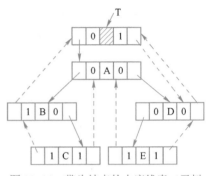

图 10-14　带头结点的中序线索二叉树

那么，如果现在给出一棵链式存储的二叉树，如何将其线索化呢？下面就来分析建立中序线索二叉树的方法，先序与后序线索二叉树的线索化方法与之类似，不再赘述。通过前面的介绍可知，建立线索二叉树最重要的步骤是确定每个结点的两个标志域（lt 与 rt）的取值，若它们的取值为 1，那么需要确定该结点的前驱与后继结点，并将指针变量 lc 与 rc 指向正确的结点。

现在来看如何在中序线索二叉树中找一个结点的后续与前驱结点。

在中序线索二叉树中找结点后继的方法如下：

- 若 rt=1, 则 rc 域直接指向其后继；
- 若 rt=0, 则结点的后继应是其右子树的左链尾(lt=1)的结点。

在中序线索二叉树中找结点前驱的方法如下：

- 若 lt=1, 则 lc 域直接指向其前驱；
- 若 lt=0, 则结点的前驱应是其左子树的右链尾(rt=1)的结点。

现在，按照上面分析的思路，可以写出中序线索二叉树的线索化算法了，伪代码如下所示。

```
def zxxsh(bt)   //JD 为线索二叉树结点数据结构
{
    //pr 所指向结点始终为 p 所指向结点的前驱
    p = None
    pr = None
    t = None
    Node[] s = [None]*M;   //M 表示结点的个数
    int i=0;
```

```
        t= Node();   //t 为头结点
        t.lt=0;
        t.rt=1;
        t.rc=t;

        if(bt is None) then       //线索化结束的边界条件
            t.lc=t;
        else                      //线索化未结束
            t.lc=bt;
            pr=t;
            p=bt;
            do
            {
                while(p is not None) do   //寻找未线索化部分的最左叶子结点
                    s[i++]=p;
                    p=p.lc;
                end while
                if(i>0) then
                    p=s[--i];
                    print p.data;   //输出中序序列中当前结点的值

                    if(p.lc is None) then    //结点无左孩子，左指针指向前驱
                        p.lt=1;
                        p.lc=pr;
                    end if

                    if(pr.rc is None)then   //结点无右孩子，右指针指向后继
                        pr.rt=1;
                        pr.rc=p;
                    end if

                    pr=p;          //更新指针 p 和 pr 的指向，准备下一轮循环
                    p=p.rc;
                end if
            }while(i>0 or p is not None);

            pr.rc=t;
            pr.rt=1;
            t.rc=pr;
        end if
    return t;
    }
```

10.3　树、二叉树和森林之间的关系

从本章前面的内容已经知道了二叉树是树的一种特殊形式，而森林是 $m(m \geq 0)$ 棵互不相交的树的集合。这一节将要从存储结构的角度讨论树、二叉树和森林之间的关系以及三者之间的互相转换。

二叉树可以在计算机中以链表的形式存储。下面给出树在计算机中的存储结构。

（1）双亲表示法

这种方法的具体实现方式为：定义结构数组存放树的结点，每个结点含两个域：

- 数据域：存放结点本身信息；
- 双亲域：指示本结点的双亲结点在数组中的位置。

```
class Node:
    def __init__(self):
        self.data = None
        self.parent = 0

t = [None]*M      //M 表示结点的个数
```

那么，便可以用数组 t 来存储所有树结点。但是这种方式的缺点是孩子结点找父结点容易，父结点找孩子结点困难。图 10-15 中左边的树对应的双亲表示法存储形式如右边数组所示。

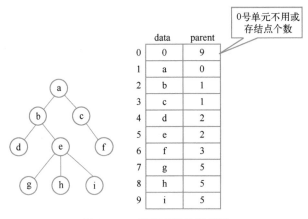

图 10-15　双亲表示法存储树

（2）孩子表示法

这种表示法需要利用多重链表来实现。在多重链表中，每个结点有多个指针域，分别指向其子树的根。这种表示法中，每个结点可以同构或者不同构，如果结点同构，那么每个结点的指针个数相等，为树的度（D），如果结点不同构，那么每个结点的指针个数不相等，为该结点的度（d）。从图 10-16 可以直观地看出这两种形式的不同之处。

data	child1	child2	······	childD

a)

data	degree	child1	child2	······	childd

b)

图 10-16　孩子表示法存储树

a) 结点同构　b) 结点不同构

除了上述多重链表之外，还需要利用单链表来存储每个结点的孩子结点，再用含 n 个元素的结构数组指向每个孩子链表。下面给出这种存储方式中孩子结点和表头结点的数据结构。

孩子结点：

```
class Node:
    def __init__(self):
        self.child = -1    #该结点在表头数组中下标
```

```
            self.next = None #指向下一孩子结点
```

表头结点：

```
class Tnode:
    def __init__(self):
        self.data = None #数据域
        self.fc = None    #指向下一孩子结点

    T = [None]*M     #t[0]不用
```

采用以上的数据结构以及存储方式，图 10-17 中左边的树可以用右边的结构来存储。可以看出这种存储方式下，孩子结点寻找父结点仍然较为困难，那么为何不将每个结点的父结点信息也作为孩子结点数据结构中的一项，直接存储与每个孩子结点中。利用这种方式，便可以将图 10-17 中的表示法改进为图 10-18 中的存储方式。

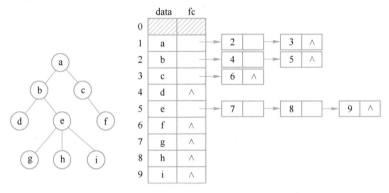

图 10-17　树的孩子表示法

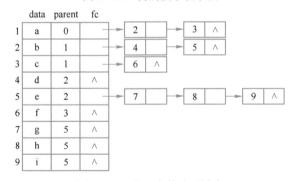

图 10-18　带双亲的孩子链表

（3）孩子兄弟表示法（二叉链表表示法）

在这种存储方式中，采用二叉链表作为树的存储结构，在链表中每个结点的两个指针域分别指向其第一个孩子结点和下一个兄弟结点，这种存储方式的特点在于容易进行查找等操作，但是破坏了树的层次。下面给出这种表示方法下结点的数据结构：

```
class Node:
    def __init__(self):
        self.data = None
        self.fchild = None
        self.nsibling = None
```

图 10-19 左边的树可以用孩子兄弟表示法表示为右边的存储形式。

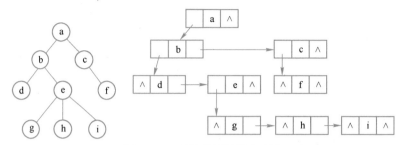

图 10-19　树的孩子兄弟表示法

如果仔细观察图 10-19 右边的存储结构便会发现，这种存储结构与二叉树的链式存储结构是相同的，即右边的存储结构也对应着一棵二叉树。如此一来，树与二叉树间就可以通过这种存储结构进行转换。通过图 10-20 便可以直观地看出其中的道理。

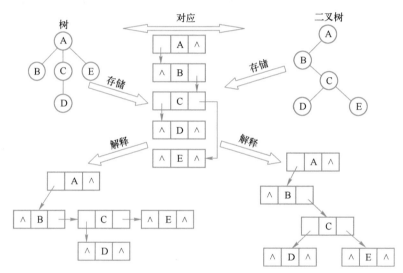

图 10-20　树与二叉树的转换

那么，从树形表示的角度来看，将树转换成二叉树的方法为（如图 10-21 所示）：

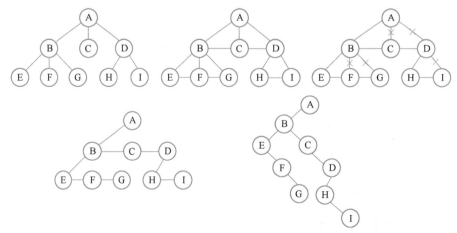

图 10-21　将树转换成二叉树的步骤示例

- 加线：在兄弟之间加一连线；
- 抹线：对每个结点，除了其最左孩子外，去除其与其余孩子之间的关系；
- 旋转：以树的根结点为轴心，将整树顺时针转 45°。

同样的道理，可以用上述方法的逆过程将一棵二叉树转换成树，具体的方法为：

- 加线：若 p 结点是双亲结点的左孩子，则将 p 的右孩子，右孩子的右孩子……沿分支找到的所有右孩子，都与 p 的双亲用线连起来；
- 抹线：抹掉原二叉树中双亲与右孩子之间的连线；
- 调整：将结点按层次排列，形成树结构。

现在知道了树与二叉树之间的转换方法。那么下面来讨论森林与这二者之间的关系。将森林转换为二叉树的方法为：

- 将各棵树分别转换成二叉树；
- 将每棵树的根结点用线相连；
- 以第一棵树根结点为二叉树的根，再以根结点为轴心，顺时针旋转，构成二叉树型结构。

图 10-22 给出了将森林转换为二叉树的具体步骤。

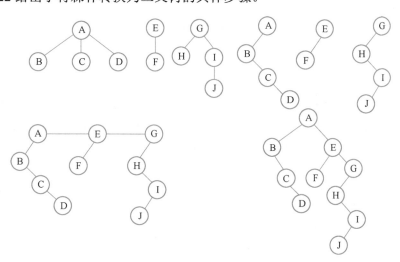

图 10-22　森林转换为二叉树的步骤示例

那么将一棵二叉树转换为森林的方法为：

- 抹线：将二叉树中根结点与其右孩子连线及沿右分支搜索到的所有右孩子间连线全部抹掉，使之变成孤立的二叉树；
- 还原：将孤立的二叉树还原成树。

图 10-23 给出了将二叉树转换为森林的具体步骤。

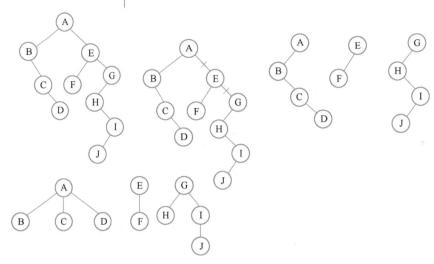

图 10-23　二叉树转换为森林的步骤示例

10.4　达人修炼真题

1．如何判断两棵二叉树是否相等

题目描述：

两棵二叉树相等是指这两棵二叉树有着相同的结构，并且在相同位置上的结点有相同的值。如何判断两棵二叉树是否相等？

分析与解答：

如果两棵二叉树 root1 与 root2 相等，那么 root1 与 root2 结点的值相同，同时它们的左右孩子也有着相同的结构，并且对应位置上结点的值相等，即 root1.data==root2.data，并且 root1 的左子树与 root2 的左子树相等，root1 的右子树与 root2 的右子树相等。根据这个条件，可以写出判断两棵二叉树是否相等的递归算法。实现代码如下：

```python
class BiTNode:
    def __init__(self):
        self.data = None
        self.lchild = None
        self.rchild = None


"""
方法功能：判断两棵二叉树是否相等
参数：root1 与 root2 分别为两棵二叉树的根结点
返回值：true:如果两棵树相等则返回 true，否则返回 false
"""
def isEqual(root1, root2):
    if root1 is None and root2 is None:
        return True
    if root1 is None and root2 is not None:
        return False
    if root1 is not None and root2 is None:
        return False
```

```
        if root1.data == root2.data:
            return isEqual(root1.lchild, root2.lchild) and isEqual(root1.rchild, root2.rchild)
        else:
            return False

    def constructTree():
        root = BiTNode()
        node1 = BiTNode()
        node2 = BiTNode()
        node3 = BiTNode()
        node4 = BiTNode()
        root.data = 6
        node1.data = 3
        node2.data = -7
        node3.data = -1
        node4.data = 9
        root.lchild = node1
        root.rchild = node2
        node1.lchild = node3
        node1.rchild = node4
        node2.lchild = node2.rchild = node3.lchild = node3.rchild = \
            node4.lchild = node4.rchild = None
        return root


    if __name__ == "__main__":
        root1 = constructTree()
        root2 = constructTree()
        equal = isEqual(root1, root2)
        if equal:
            print("这两棵树相等")
        else:
            print("这两棵树不相等")
```

程序的运行结果为

```
这两棵树相等
```

算法性能分析：

这个算法对两棵树只进行了一次遍历，因此，时间复杂度为 O(n)。此外，这个算法没有申请额外的存储空间。

2．如何把二叉树转换为双向链表

题目描述：

输入一棵二元查找树，将该二元查找树转换成一个排序的双向链表。要求不能创建任何新的结点，只能调整指针的指向。例如：

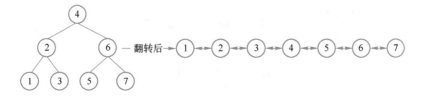

分析与解答：

由于转换后的双向链表中结点的顺序与二叉树的中序遍历的顺序相同，因此，可以对二叉树的中序遍历算法进行修改，通过在中序遍历的过程中修改结点指针的指向来转换成一个排序的双向链表。实现思路如图 10-24 所示：假设当前遍历的结点为 root，root 的左子树已经被转换为双向链表（如图 10-24（1）所示），并且用两个指针 pHead 与 pEnd 分别指向链表的头结点与尾结点。那么在遍历 root 结点的时候，只需要将 root 结点的 lchild（左）指针域指向 pEnd，把 pEnd 的 rchild（右）指针域指向 root；此时 root 结点就被加入到双向链表里了，因此，root 变成了双向链表的尾结点。对于所有的结点都可以通过同样的方法来修改指针的指向。因此，可以采用递归的方法来求解，在求解的时候需要特别注意递归的结束条件以及边界情况（例如双向链表为空的时候）。

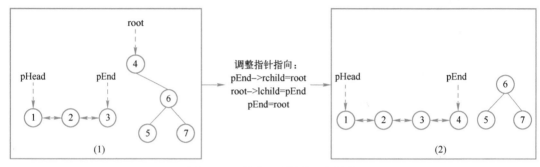

图 10-24　转换二叉树为双向链表

实现代码如下：

```
class BiTNode:
    def __init__(self):
        self.data = None
        self.lchild = None
        self.rchild = None


class Test:
    def __init__(self):
        self.pHead = None     # 双向链表头结点
        self.pEnd = None      # 双向链表尾结点

    # 方法功能：把有序数组转换为二叉树
    def arraytotree(self, arr, start, end):
        root = None
        if end >= start:
            root = BiTNode()
            mid = (start+end+1)//2
            # 树的根结点为数组中间的元素
            root.data = arr[mid]
            # 递归地用左半部分数组构造 root 的左子树
            root.lchild = self.arraytotree(arr, start, mid-1)
            # 递归地用右半部分数组构造 root 的右子树
            root.rchild = self.arraytotree(arr, mid+1, end)
        else:
```

```
                root = None
            return root


        """
        方法功能：把二叉树转换为双向列表
        输入参数：root:二叉树根结点
        """
        def inOrderBSTree(self, root):
            if root is None:
                return
            # 转换 root 的左子树
            self.inOrderBSTree(root.lchild)
            root.lchild = self.pEnd   # 使当前结点的左孩子指向双向链表中最后一个结点
            if self.pEnd is None:   # 双向列表为空，当前遍历的结点为双向链表的头结点
                self.pHead = root
            else:       # 使双向链表中最后一个结点的右孩子指向当前结点
                self.pEnd.rchild = root
            self.pEnd = root   # 将当前结点设为双向链表中最后一个结点
            # 转换 root 的右子树
            self.inOrderBSTree(root.rchild)

if __name__ == "__main__":
    arr = [1, 2, 3, 4, 5, 6, 7]
    test = Test()
    root = test.arraytotree(arr, 0, len(arr)-1)
    test.inOrderBSTree(root)
    print("转换后双向链表正向遍历：",end="")
    # cur=BiTNode()
    cur = test.pHead
    while cur != None:
        print(cur.data,end=' ')
        cur = cur.rchild
    print('\n',end="")
    print("转换后双向链表逆向遍历：",end="")
    cur = test.pEnd
    while cur != None:
        print(cur.data,end=' ')
        cur = cur.lchild
```

程序的运行结果为

```
转换后双向链表正向遍历：1  2  3  4  5  6  7
转换后双向链表逆向遍历：7  6  5  4  3  2  1
```

算法性能分析：

这个算法与二叉树的中序遍历有着相同的时间复杂度 $O(n)$。此外，这个算法只用了两个额外的变量 pHead 与 pEnd 来记录双向链表的首尾结点。因此，空间复杂度为 $O(1)$。

3. 如何判断一个数组是否为二元查找树后序遍历的序列

题目描述：

输入一个整数数组，判断该数组是否为某二元查找树的后序遍历的结果。如果是，那么

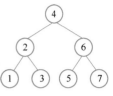

返回 true，否则返回 false。例如数组{1,3,2,5,7,6,4}就是图 10-25 中二
叉树的后序遍历序列。

分析与解答：

二元查找树的特点是：对于任意一个结点，它的左子树上所有结
点的值都小于这个结点的值，它的右子树上所有结点的值都大于这个
结点的值。根据它的这个特点以及二元查找树后序遍历的特点，可以

图 10-25　示例数组

看出，这个序列的最后一个元素一定是树的根结点（图 10-25 中的结点 4），然后在数组中找
到第一个大于根结点 4 的值 5，那么结点 5 之前的序列（1,3,2）对应的结点一定位于结点 4
的左子树上，结点 5（包含这个结点）后面的序列一定位于结点 4 的右子树上（也就是说结
点 5 后面的所有值都应该大于或等于 4）。对于结点 4 的左子树遍历的序列{1,3,2}以及右子
树的遍历序列{5,7,6}可以采用同样的方法来分析，因此，可以通过递归方法来实现，实现代
码如下：

```python
"""
方法功能：判断一个数组是否是二元查找树的后续遍历序列
输入参数：arr:数组；
返回值：true:是，否则返回 false
"""
def IsAfterOrder(arr, start, end):
    if arr == None:
        return False
    # 数组的最后一个结点必定是根结点
    root = arr[end]
    # 找到第一个大于 root 的值，那么前面所有的结点都位于 root 的左子树上
    i = start
    while i < end:
        if(arr[i] > root):
            break
        i += 1
    # 如果序列是后续遍历的序列，那么从 i 开始的所有值都应该大于根结点 root 的值
    j = i
    while j < end:
        if arr[j] < root:
            return False
        j += 1
    left_IsAfterOrder = True
    right_IsAfterOrder = True
    # 判断小于 root 值的序列是否是某一二元查找树的后续遍历
    if i > start:
        left_IsAfterOrder = IsAfterOrder(arr, start, i-1)
    # 判断大于 root 值的序列是否是某一二元查找树的后续遍历
    if j < end:
        right_IsAfterOrder = IsAfterOrder(arr, i, end)
    return left_IsAfterOrder and right_IsAfterOrder


if __name__ == "__main__":
```

```
arr = [1, 3, 2, 5, 7, 6, 4]
result = IsAfterOrder(arr, 0, len(arr)-1)
i = 0
while i < len(arr):
    print(arr[i],end=' ')
    i += 1
if result:
    print("是某一二元查找树的后续遍历序列")
else:
    print("不是某一二元查找树的后续遍历序列")
```

程序的运行结果为

　　1 3 2 5 7 6 4 是某一二元查找树的后序遍历序列

算法性能分析：

这个方法对数组只进行了一次遍历，因此，时间复杂度是 $O(n)$。

第11章 哈 希 表

查找在计算机算法中是一种频繁使用的操作，查找操作完成的任务是给定一个待查值 k，确定 k 在存储结构中的位置。常见的顺序查找、折半查找等方法都是通过一系列的给定值与关键码的比较来完成的，查找效率依赖于查找过程中进行的给定值与关键码的比较次数。在查找的过程中，时间主要用于关键字值间的比较。那么，是否可以不经过关键字值间的比较就找到用户需要的记录呢？这就需要在待查记录的关键字值和它的存储位置之间建立一个确定的对应关系，查找时不必再进行关键字值间的比较。这一章将要介绍的哈希表便是可以实现这一目标的一种数据结构，它主要基于哈希函数使得记录的存储地址和它的关键码之间能够建立一个确定的对应关系。

11.1 哈希表概述

Hash 中文翻译为哈希或散列。哈希的基本思想是在数据存储地址和它的关键码之间建立一个确定的对应关系，这样不必经过比较，一次读取就能得到所查元素。采用哈希技术将记录数据存储在一块连续的存储空间中，这块连续的存储空间称为哈希（Hash）表。在 Hash 表中，数据元素并非紧密排列，而可能是分散排列的，即数据之间存在间隙，原因在于其通过了一定的哈希函数实现数据与关键字间的映射，哈希函数的功能是实现数据的映射，即将关键码映射在哈希表中适当存储位置，从而不经过比较即可通过一次存取得到所查记录。关键码经过哈希函数进行映射所得到的数据存储位置被称为哈希地址。从以上定义可知，实现 Hash 最关键的一点就是映射，通过映射，使得哈希值的空间小于输入的空间。以上所述的概念及其中的关系可以通过图 11-1 明确展示出来。

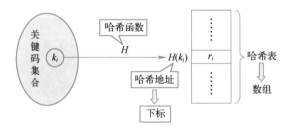

图 11-1 哈希表基本概念

哈希函数能使对数据的访问/查找更加迅速，通过哈希函数，数据元素将被更快地定位。为了使得关键字值和存储地址一一对应，必须精心设计哈希函数。在构造一个哈希函数时，必须满足以下要求。

设关键字集 K 中有 n 个关键字，哈希表长为 m，即哈希表地址集为 $[0,m-1]$，则哈希函数 H 应满足：

1）对任意 $k_i \in K$，$i=1,2,\cdots,n$，有 $0 \leq H(k_i) \leq m-1$；

2）对任意 $k_i \in K$，$H(k_i)$ 取 $[0,m-1]$ 中任一值的概率相等。

一个优秀的哈希函数算法，它应该具有如下 4 个特性：

- 正向快速——原始数据需要在有限时间和有限资源内计算出 Hash 值。
- 逆向困难——给定一个 Hash 值，在有限时间内很难（基本不可能）逆推出原始数据。
- 输入敏感——即使原始数据修改一点信息，产生的 Hash 值都应该不相同。
- 避免冲突——所谓冲突，指的是两段不同的原始数据，它们通过转换得到的 Hash 值一样，这两个原始数据被称为"同义词"。避免冲突，则是任意的两个数据，其 Hash 值相同的可能性极小。

当然，在不同的使用场景，无法让每个特性都完美满足，在不同的领域，可能会对某一些特性有所侧重。基于以上需求，目前常用的构造哈希函数的方法有以下几种。

（1）直接定址法

取关键字 key 的一个线性函数为哈希函数，即：

$H(\text{key})=\text{key}$ 或 $H(\text{key}) = a \cdot \text{key} + b$，其中 a 和 b 为常数，且 $a \neq 0$。

（2）数字分析法

若关键字是 r 进制数，且可预知全部可能出现的关键字值，则可取关键字中若干位构成哈希地址。

例如，当以出生年月日作为分析对象时，会发现出生年月日的前几位数字经常大体相同，若使用前几位作为一个出生年月日的哈希值的话，出现冲突的概率就会很大，但是年月日的后几位表示月份和具体日期的数字差别很大，如果用后面的数字来构成哈希地址，则冲突的概率会明显降低。因此数字分析法就是找出数字的规律，尽可能利用这些数据来构造冲突概率较低的哈希地址。

（3）平方取中法

若关键字较短，则可先对关键字值求平方，然后取运算结果的中间几位数组作为哈希地址。例如，设某计算机语言中标识符定义为一个字母或一个字母加一个数字，又知字母、数字的机内码（以八进制数表示）如下：

A：01	B：02	C：03	…	Z：32
0：60	1：61	2：62	…	9：71

现以标识符的机内码为关键字，构造哈希表，试用平方取中法设计哈希函数。

令 $H(\text{key})= (\text{key}*\text{key})/1000\%1000$，则计算方法如图 11-2 所示。

标识符	机内码	机内码的平方值
A	0 1 0 0	0 0 1 0 0 0 0
I	1 1 0 0	1 2 1 0 0 0 0
J	1 2 0 0	1 4 4 0 0 0 0
I 0	1 1 6 0	1 3 7 0 4 0 0
P 1	2 0 6 1	4 3 1 0 5 4 1
P 2	2 0 6 2	4 3 1 4 7 0 4
Q 1	2 1 6 1	4 7 3 4 7 4 1
Q 2	2 1 6 2	4 7 4 1 3 0 4
Q 3	2 1 6 3	4 7 4 5 6 5 1

图 11-2   以标识符的机内码为关键字构造哈希表

（4）折叠法

将关键字分割成位数相同的几部分，然后取这几部分的叠加和（去除进位）作为哈希地址。具体叠加的方法又可分为移位叠加与间界叠加。移位叠加的方法为将各部分按最低位对齐，然后相加，间界叠加的方法为将关键字值从一端向另一端沿分界线来回折叠，然后对齐相加。

例如，设某图书馆的馆藏图书不足 10000 种，现欲以国际标准图书编号为关键字构造哈希表，试用折叠法设计哈希函数。

移位叠加方法如下：

设有编号：0-442-20586-4，即：0442205864，由低位向高位，每四位一折，可得三段，再将各部分按最低位对齐后相加，并舍去进位，即得对应的哈希地址。具体方法如图 11-3 所示。

间界叠加方法如下：

设有编号：0-442-20586-4，即：0442205864，由低位向高位，每四位为一段，各段沿分割界来回折叠后对齐相加，舍去进位即得哈希地址。具体方法如图 11-4 所示。

```
      5864                    5864
      4220                    0224
   +    04                 +    04
   ────────                ────────
     10088                   6092
```

图 11-3　移位叠加法举例　　　　　　图 11-4　间界叠加法举例

（5）随机数法

选择一随机函数，取关键字的随机值作为哈希地址，通常用于关键字长度不同的场合。

（6）除留余数法

取关键字被某个不大于哈希表表长 m 的数 p 除后所得的余数为哈希地址。即 $H(key) = key \; MOD \; p, p<=m$。$p$ 的选择很重要，一般取素数或 m，若 p 选择不好，容易产生冲突。这一方法不仅可以对关键字直接取模，也可在折叠、平方取中等运算之后取模。

哈希映射本质上是一种压缩映射，通过映射，不同的输入可能会变成相同的输出，这会导致无法从哈希值来唯一的确定输入值。前文已经介绍了这种现象被称为冲突。所以，在使用 Hash 方法的时候，遇到冲突后必须想办法解决冲突。处理冲突是指对于一个待插入哈希表的数据元素，若按给定的哈希函数求得的哈希地址已被占用，则按一定规则求下一哈希地址，如此重复，直至找到一个可用的地址以保存该元素。通常，解决冲突的办法有如下几种。

（1）线性探查法

发生冲突后线性向前试探，找到最近的一个空位置。缺点是会出现堆积现象。存取时，可能不是同义词的词也位于探查序列中，从而影响效率。

（2）开放定址法

令 $Hi=(H(k)+di) \bmod m$，其中 $H(k)$ 为哈希函数，m 为哈希表长，di 为增量序列。

- 当 $di=1$，2，3，…，$m-1$ 时，该方法被称为线性探测再哈希法。
- 当 $di=1^2, -1^2, 2^2, -2^2, 3^2, -3^2, …, k^2, -k^2$ 时，该方法被称为二次探测再哈希法。
- 当 $di=random(m)$ 时，该方法被称为伪随机探测序列。

例如，长度为 11 的哈希表关键字分别为 17，60，29，哈希函数为 $H(k)=k \bmod 11$，第 4 个记录的关键字为 38，分别按上述方法填入哈希表的地址为 8，4，3（随机数=9）。

（3）再哈希法

$Hi=RHi(key)$，$i=1$，2，…，k，其中 RHi 均为不同的哈希函数。

（4）链地址法

这种方法比较像基数排序，将所有按给定的哈希函数求得的哈希地址相同的关键字存储在同一线性链表中，且使链表按关键字排序。

（5）公共溢出区法

另设一个溢出表，若关键字所对应的哈希地址已被占用，则保存到公共溢出表。

（6）双哈希函数法

在位置 d 冲突后，再次使用另一个哈希函数产生一个与哈希表桶容量 m 互质的数 c，依次试探 $(d+n*c)\%m$，使探查序列跳跃式分布。

11.2 哈希表的应用

上一节介绍了哈希表的基本思想，下面将通过一个字符串哈希的例子加深理解。在实际工作中，经常会碰到关键字为字符串进行哈希的情况，例如姓名、职位等。这个时候就需要设计一个好的哈希函数处理关键字为字符串的元素。通常存在以下几种处理方法。

方法一：ASCII 码法

将字符串的所有的字符的 ASCII 码值进行相加，将所得和作为元素的关键字。设计的哈希函数代码如下所示。

```python
def myHash(key, tablesize):
    hashval = 0
    for i in range(len(key)):
        hashval = hashval+ord(key[i])
    return hashval % tablesize
```

此方法的缺点是不能有效分布元素，例如假设关键字是由 8 个字母构成的字符串，哈希表的长度为 10007。字母最大的 ASCII 码为 127，按照方法 1 可得到关键字对应的最大数值为 $127×8=1016$，也就是说通过哈希函数映射时只能映射到哈希表的槽 0～1016 之间，这样导致大部分槽没有用到，分布不均匀，从而效率低下。

方法二：取首字母法

假设关键字至少有三个字母构成，哈希函数只是取前三个字母进行处理。设计的哈希函数代码如下所示。

```python
def myHash(key, tablesize):
    return (ord(key[0])+27*ord(key[1])+729*ord(key[2]))%tablesize
```

该方法只是取字符串的前三个字符的 ASCII 码进行处理，最大的得到的数值是 2851，如果哈希的长度为 10007，那么只有 28%的空间被用到，大部分空间没有用到。因此如果哈希表太大，就不太适用。

方法三：质数多项式法

借助 Horner's 规则，构造一个质数（通常是 37）的多项式。设计的哈希函数如代码如下所示：

```python
def myHash(key, tablesize):
```

```
hashval = 0
for i in range(len(key)):
        hashval = 37*hashval+ord(key[i])
hashval = hashval % tablesize

if hashval < 0: #计算的 hashVal 溢出
        hashVal = hashVal + tableSize
return hashval
```

该方法存在的问题是如果字符串关键字比较长，哈希函数的计算过程就变长，有可能导致计算的 hashVal 溢出。针对这种情况可以采取字符串的部分字符进行计算，例如计算偶数或者奇数位的字符。

信息安全是哈希函数的一个重要应用领域。信息完整性和抗否认性是信息安全保证的两个基本要素，数字签名技术通过对消息摘要技术和公开密钥技术的有机结合，实现了对在不可靠网络中传输的信息的完整性和抗否认性的有效保证。数字签名

图 11-5　数字签名过程

的大致过程如图 11-5 所示。消息发送方首先利用 Hash 函数对待发消息进行摘要处理，生成一个固定长度的消息摘要 $H(M)$，然后用自己的私钥对该哈希值进行加密，形成发送方的一个数字签名，这个数字签名作为消息的附件随消息一起被发送到消息的接受方。接受方利用数字签名中的消息摘要能对消息的完整性进行判断，用发送方的公钥对签名解密则能对发送方进行身份认证和保证不可否认性。

消息摘要是数字签名体系中实现信息完整性保障的技术，其工作原理是将消息作为哈希函数的输入数据进行处理，生成定长的输出数据（即消息摘要/哈希值），并将其作为消息的附加信息。利用哈希函数的两个基本特性——输入数据的任何细微变化将导致输出数据的巨大改变且难以逆运算，消息接收方能验证收到的消息在传输过程中是否发生了改变，从而保证了消息的完整性和有效性。消息摘要有时也称为消息的数字指纹。

在信息安全领域中，一个好的 Hash 函数应具有下列特性：

- 已知哈希函数的输出，要求它的输入是困难的，即已知 c=hash(m)，求 m 是困难的。这表现出了函数的单向性。
- 已知 m，计算 hash(m)是容易的。这表现了函数的快速性。
- 已知 hash($m1$)=$c1$，构造 $m2$ 使 hash($m2$)=$c1$ 是困难的。这是函数的抗碰撞性。
- c=hash(m)，c 的每一比特都与 m 的每一比特有关，并有高度敏感性。即每改变 m 的一个比特，都将对 c 产生明显影响。这就是函数的雪崩性。
- 接受的输入数据没有长度限制；对输入任何长度的数据能够生成该输入消息固定长度的输出。一个最简单的 Hash 函数的例子是将输入数据分成若干等长的分组，然后对每个分组按位进行异或（XOR）运算，得到的结果便为其消息摘要。如图 11-6 所示。

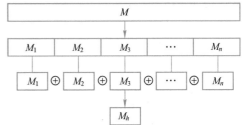

图 11-6　简单哈希函数示例
（图中 M_h 即为消息 M 的消息摘要值）

Hash 函数的安全性取决于其抗击各种攻击的能力，攻击者的目标通常是找到两个不同消息映射为同一值。一般假定对手知道 Hash 算法。对函数有两种基本攻击方法，分别是为穷举攻击法（Exhaustive Attack）和生日攻击（Birthday Attack）法，这两种方法都是采用选择明文攻击法。这里就不展开讨论了，感兴趣的读者可以自行查阅相关资料进行学习。

11.3 达人修炼真题

1. 如何实现 LRU 缓存方案

题目描述

LRU 是 Least Recently Used 的缩写，它的意思是"最近最少使用"，LRU 缓存就是使用这种原理实现的，简单地说就是缓存一定量的数据，当超过设定的阈值时就把一些过期的数据删掉。常用于页面置换算法，是虚拟页式存储管理中常用的算法。如何实现 LRU 缓存方案？

分析与解答：

可以使用两个数据结构实现一个 LRU 缓存。

1）使用双向链表实现的队列，队列的最大的容量为缓存的大小。在使用过程中，把最近使用的页面移动到队列头，最近没有使用的页面将被放在队列尾的位置。

2）使用一个哈希表，把页号作为键，把缓存在队列中的结点的地址作为值。

当引用一个页面时，所需的页面在内存中，需要把这个页对应的结点移动到队列的前面。如果所需的页面不在内存中，则将它存储在内存中。简单地说，就是将一个新结点添加到队列的前面，并在哈希表中更新相应的结点地址。如果队列是满的，那么就从队列尾部移除一个结点，并将新结点添加到队列的前面。实现代码如下：

```python
from collections import deque

class LRU:
    def __init__(self, casheSize):
        self.casheSize = casheSize
        self.queue = deque()
        self.hashSet = set()

    # 判断缓存队列是否已满
    def isQueueFull(self):
        return len(self.queue) == self.casheSize
    # 把页号为 pageNum 的页缓存到队列中，同时添加到 Hash 表中

    def enQueue(self, pageNum):
        # 如果队列已满，需要删除队尾的缓存的页
        if self.isQueueFull():
            self.hashSet.remove(self.queue[-1])
            self.queue.pop()
        self.queue.appendleft(pageNum)
        # 把新缓存的结点同时添加到 Hash 表中
        self.hashSet.add(pageNum)

    # '''
```

```
# 当访问某一个 page 的时候，会调用这个函数，对于访问的 page 有两种情况：
#   (1) 如果 page 在缓存队列中，直接把这个结点移动到队首
#   (2) 如果 page 不在缓存队列中，把这个 page 缓存到队首
#"'
def accessPage(self, pageNum):
    # page 不在缓存队列中，把它缓存到队首
    if pageNum not in self.hashSet:
        self.enQueue(pageNum)
    # page 已经在缓存队列中，移动到队首
    elif pageNum != self.queue[0]:
        self.queue.remove(pageNum)
        self.queue.appendleft(pageNum)


def printQueue(self):
    while len(self.queue) > 0:
        print(self.queue.popleft(), end='   ')



if __name__ == "__main__":
    # 假设缓存大小为 3
    lru = LRU(3)
    lru.accessPage(1)
    lru.accessPage(2)
    lru.accessPage(5)
    lru.accessPage(1)
    lru.accessPage(16)
    lru.accessPage(17)
    # 通过上面的访问序列后，缓存的信息为
    lru.printQueue()
```

程序运行结果为

　　7 6 1

2．如何从给定的车票中找出旅程

题目描述：

给定一趟旅途旅程中所有的车票信息，根据这个车票信息找出这趟旅程的路线。例如：给定下面的车票：（"西安"到"成都"）、（"北京"到"上海"）、（"大连"到"西安"）、（"上海"到"大连"）。那么可以得到旅程路线为：北京->上海、上海->大连、大连->西安、西安->成都。假定给定的路线不会有环，也就是终点和起点不会是同一个城市。

分析与解答：

对于这种题目，一般而言可以使用拓扑排序进行解答。根据车票信息构建一个图，然后找出这张图的拓扑排序序列，这个序列就是旅程的路线。但这种方法的效率不高，它的时间复杂度为 O(N)。这里重点介绍另外一种更加简单的方法：Hash 法。主要的思路为根据车票信息构建一个 HashMap，然后从这个 HashMap 中找到整个旅程的起点，接着就可以从起点出发依次找到下一站，进而知道终点。具体的实现思路如下：

（1）根据车票的出发地与目的地构建 HashMap

Tickets= {("西安"到"成都"), ("北京"到"上海"), ("大连"到"西安"), ("上海"到"大连")}

（2）构建 Tickets 的逆向 HashMap（将旅程的起始点反向）

ReverseTickets= {（"成都"到"西安"），（"上海"到"北京"），（"西安"到"大连"），（"大连"到
"上海"）}

（3）遍历 Tickets

对于遍历到的 key 值，判断这个值是否在 ReverseTickets 中的 key 中存在，如果不存在，
那么说明遍历到的 Tickets 中的 key 值就是旅途的起点。例如："北京"在 ReverseTickets 的 key
中不存在，因此"北京"就是旅途的起点。实现代码如下：

```
def printResult(inputs):
    # 用来存储把 input 的键与值调换后的信息
    reverseInput = dict()
    for k, v in inputs.items():
        reverseInput[v] = k
    start = None
    # 找到起点
    for k, v in inputs.items():
        if k not in reverseInput:
            start = k
            break
    if start == None:
        print("输入不合理")
        return
    # 从起点出发按照顺序遍历路径
    to = inputs[start]
    print(start + "->" + to)
    start = to
    to = inputs[to]
    while to != None:
        print(start + "->" + to)
        start = to
        to = inputs.get(to, None)


if __name__ == "__main__":
    inputs = dict()
    inputs["西安"] = "成都"
    inputs["北京"] = "上海"
    inputs["大连"] = "西安"
    inputs["上海"] = "大连"
    printResult(inputs)
```

程序的运行结果为

```
北京->上海  上海->大连  大连->西安  西安->成都
```

算法性能分析：

这个算法的时间复杂度为 O(n)，空间复杂度也为 O(n)。

3. 如何从数组中找出满足 a+b=c+d 的两个数对

题目描述：

给定一个数组，找出数组中是否有两个数对（a, b）和（c, d），使得 a+b=c+d，其中，a、b、c 和 d 是不同的元素。如果有多个答案，打印任意一个即可。例如给定数组：{3, 4, 7, 10, 20, 9, 8}，可以找到两个数对（3, 8）和（4, 7），使得 3+8 = 4+7。

分析与解答：

最简单的方法就是使用四重遍历，对所有可能的数对，判断是否满足题目要求，如果满足则打印出来，但是这种方法的时间复杂度为 $O(n^4)$，很显然不满足要求。下面介绍另外一种方法——Hash 法，算法的主要思路是：以数对为单位进行遍历，在遍历过程中，把数对和数对的和存储在哈希表中（键为数对的和，值为数对），当遍历到一个键值对时，如果它的和在哈希表中已经存在，那么就找到了满足条件的键值对。实现代码如下：

```python
class pair:
    def __init__(self, first, second):
        self.first = None
        self.second = None
        self.first = first
        self.second = second


def findPairs(arr):
    # 键为数对的和，值为数对
    sumPair = dict()
    n = len(arr)
    # 遍历数组中所有可能的数对
    i = 0
    while i < n:
        j = i + 1
        while j < n:
            # 如果这个数对的和在 map 中没有，则放入 map 中
            sums = arr[i] + arr[j]
            if sums not in sumPair:
                sumPair[sums] = pair(i, j)
            # map 中已经存在与 sum 相同的数对了，找出来并打印
            else:
                # 遍历已经遍历过并存储在 map 中和为 sum 的数对
                p = sumPair[sums]
                print("("+str(arr[p.first])+","+str(arr[p.second]
                                        )+"),("+str(arr[i])+","+str(arr[j])+")")
                return True
            j += 1
        i += 1
    return False


if __name__ == "__main__":
    arr = [3, 4, 7, 10, 20, 9, 8]
    findPairs(arr)
```

程序的运行结果为

(3, 8),(4, 7)

算法性能分析：

这个算法的时间复杂度为 $O(n^2)$。因为算法使用了双重循环，而 Hashmap 的插入与查找操作实际的时间复杂度为 $O(1)$。

4．如何实现反向 DNS 查找缓存

题目描述：

反向 DNS 查找指的是使用 IP 地址查找域名。例如，如果在浏览器中输入 74.125.200.106，它会自动重定向到 google.com。

如何实现反向 DNS 查找缓存？

分析与解答：

要想实现反向 DNS 查找缓存，需要完成如下功能：

1）将 IP 地址添加到缓存中的 URL 映射。

2）根据给定 IP 地址查找对应的 URL。

对于本题的这种问题，常见的一种解决方案是使用哈希法（使用 Hashmap 来存储 IP 地址与 URL 之间的映射关系），由于这种方法相对比较简单，此处不再赘述。下面重点介绍另外一种方法：Trie 树。这种方法的主要优点如下：

1）使用 Trie 树，在最坏的情况下的时间复杂度为 $O(1)$，而哈希法在平均情况下的时间复杂度为 $O(1)$。

2）Trie 树可以实现前缀搜索（对于有相同前缀的 IP 地址，可以查找所有的 URL）。

当然，由于树这种数据结构本身的特性，使用树结构的一个最大的缺点就是需要耗费更多的内存，但是对于本题而言，这却不是一个问题，因为 IP 地址只包含 11 个字符（0~9 和.）。所以，本题实现的主要思路为：在 Trie 树中存储 IP 地址，而在最后一个结点中存储对应的域名。实现代码如下：

```python
# Trie 树的结点
class  TrieNode:
    def  __init__(self):
        CHAR_COUNT=11
        self.isLeaf=False
        self.url=None
        self.child=[None]*CHAR_COUNT    # TrieNode[CHAR_COUNT] # CHAR_COUNT
        i=0
        while  i<CHAR_COUNT:
            self.child[i]=None
            i +=1

    def  getIndexFromChar(c):
        return   10 if c == '.' else (ord(c) - ord('0'))

    def  getCharFromIndex(i):
        return  '.'  if  i==10  else   ('0' + str(i))
```

```python
class    DNSCache:
    def    __init__(self):
        self.CHAR_COUNT=11        # IP 地址最多有 11 个不同的字符
        self.root =TrieNode() # IP 地址最大的长度
    def    insert(self,ip,url):
        # IP 地址的长度
        lens = len(ip)
        pCrawl = self.root
        level=0
        while    level<lens:
            # 根据当前遍历到的 IP 中的字符，找出子结点的索引
            index = getIndexFromChar(ip[level])
            # 如果子结点不存在，则创建一个
            if    pCrawl.child[index] ==None:
                pCrawl.child[index] = TrieNode()
            # 移动到子结点
            pCrawl = pCrawl.child[index]
            # 在叶子结点中存储 IP 对应的 URL
            pCrawl.isLeaf = True
            pCrawl.url = url
            level +=1
    # 通过 IP 地址找到对应的 URL
    def    searchDNSCache(self,ip):
        pCrawl = self.root
        lens = len(ip)
        # 遍历 IP 地址中所有的字符
        level=0
        while    level<lens:
            index = getIndexFromChar(ip[level])
            if    pCrawl.child[index] ==None:
                return    None
            pCrawl = pCrawl.child[index]
            level +=1
        # 返回找到的 URL
        if    pCrawl!=None and pCrawl.isLeaf:
            return    pCrawl.url
        return    None


if    __name__ =="__main__":
    ipAdds=["10.57.11.127", "121.57.61.129","66.125.100.103"]
    url =["www.samsung.com", "www.samsung.net","www.google.in"]
    n = len(ipAdds)
    cache=DNSCache()
    for   i   in   range(n):
        cache.insert(ipAdds[i],url[i])
        i +=1
    ip = "121.57.61.129"
    res_url = cache.searchDNSCache(ip)
    if    res_url != None:
        print("找到了 IP 对应的 URL:\n"+ ip+"--->"+ res_url)
```

```
        else:
            print("没有找到对应的 URL\n")
```

程序的运行结果为

```
找到了 IP 对应的 URL:
121.57.61.129 --> www.samsung.net
```

显然，由于上述算法中涉及的 IP 地址只包含特定的 11 个字符（数字和.），所以，该算法也有一些异常情况未处理，例如不能处理用户输入的 IP 地址不合理的情况。有兴趣的读者可以朝着这个思路继续完善后面的算法。细心的读者可能会发现上面的代码中在构建 Trie 树的过程中申请了很多结点，而这些结点在程序结束后却没有释放。本书把释放空间的代码留给读者来完成，这样可以帮助读者更好地理解上面的代码。

5．如何对有大量重复数字的数组排序

题目描述：

给定一个数组，已知这个数组中有大量重复数字，如何对这个数组进行高效排序？

分析与解答：

如果使用常规的排序方法，最好的排序算法的时间复杂度为 $O(n\log_2 n)$，但是使用常规排序算法显然没有用到数组中有大量重复数字这个特性。如何使用这个特性呢？下面介绍两种更加高效的算法。

方法一：AVL 树

这种方法的主要思路是：根据数组中的数构建一个 AVL 树，这里需要对 AVL 树做适当的扩展，在结点中增加一个额外的数据域来记录这个数字出现的次数，在 AVL 树构建完成后，可以对 AVL 树进行中序遍历，根据每个结点对应数字出现的次数，把遍历结果放回到数组中就完成了排序。实现代码如下：

```python
# AVL 树的结点
class AVLNode:
    def __init__(self,data):
        self.data = data
        self.left = self.right = None
        self.height = self.count = 1


class Sort:
    # 中序遍历 AVL 树，把遍历结果放入到数组中
    def inorder(self,array,root,index):
        if root != None:
            # 中序遍历左子树
            index = self.inorder(array,root.left,index)
            # 把 root 结点对应的数字根据出现的次数放入到数组中
            i = 0
            while i < root.count:
                array[index] = root.data
                index += 1
                i += 1
            # 中序遍历右子树
            index = self.inorder(array,root.right,index)
```

```python
        return index
# 得到树的高度
def getHeight(self,node):
    if node == None:
        return 0
    else:
        return node.height
# 把以 y 为根的子树向右旋转
def rightRotate(self,y):
    x = y.left
    T2 = x.right
    # 旋转
    x.right = y
    y.left = T2
    y.height = max(self.getHeight(y.left),self.getHeight(y.right)) + 1
    x.height = max(self.getHeight(x.left),self.getHeight(x.right)) + 1
    # 返回新的根结点
    return x
    # 把以 x 为根的子树向右旋转
def leftRotate(self,x):
    y = x.right
    T2 = y.left
    y.left = x
    x.right = T2
    x.height = max(self.getHeight(x.left),self.getHeight(x.right)) + 1
    y.height = max(self.getHeight(y.left),self.getHeight(y.right)) + 1
    return y
# 获取树的平衡因子
def getBalance(self,N):
    if N == None:
        return 0
    return self.getHeight(N.left) - self.getHeight(N.right)
#'''
# 如果 data 在 AVL 树中不存在，则把 data 插入到 AVL 树中，
# 否则把这个结点对应的 count 加 1
#'''
def insert(self,root,data):
    if root == None:
        return AVLNode(data)
    # data 在树中存在，把对应的结点的 count 加 1
    if data == root.data:
        root.count += 1
        return root
    # 在左子树中继续查找 data 是否存在
    if data < root.data:
        root.left = self.insert(root.left,data)
    # 在右子树中继续查找 data 是否存在
    else:
        root.right = self.insert(root.right,data)
    # 插入新的结点后更新 root 结点的高度
```

```
            root.height = max(self.getHeight(root.left),self.getHeight(root.right)) + 1
            # 获取树的平衡因子
            balance = self.getBalance(root)
            # 如果树不平衡，根据数据结构中学过的四种情况进行调整
            # LL 型
            if balance > 1 and data < root.left.data:
                return self.rightRotate(root)
            # RR 型
            elif balance < -1 and data > root.right.data:
                return self.leftRotate(root)
            # LR 型
            elif balance > 1 and data > root.left.data:
                root.left = self.leftRotate(root.left)
                return self.rightRotate(root)
            # RL 型
            elif balance < -1 and data < root.right.data:
                root.right = self.rightRotate(root.right)
                return self.leftRotate(root)
            # 返回树的根结点
            return root

        # 使用 AVL 树实现排序
        def sort(self,array):
            root = None
            i = 0
            while i < len(array):
                root = self.insert(root,array[i])
                i += 1
            index = 0
            self.inorder(array,root,index)

    if __name__ == "__main__":
        array = [15,12,15,2,2,12,2,3,12,100,3,3]
        s = Sort()
        s.sort(array)
        i = 0
        while i < len(array):
            print(array[i],end=' ')
            i += 1
```

代码运行结果为：

2 2 2 3 3 3 12 12 12 15 15 100

算法性能分析：

这个算法的时间复杂度为 $O(n\log_2 m)$，其中，n 为数组的大小，m 为数组中不同数字的个数，空间复杂度为 $O(n)$。

方法二：哈希法

这种方法的主要思路为创建一个哈希表，然后遍历数组，把数组中的数字放入哈希表中，在遍历的过程中，如果这个数在哈希表中存在，则直接把哈希表中这个 key 对应的 value 加 1；

如果这个数在哈希表中不存在，则直接把这个数添加到哈希表中，并且初始化这个 key 对应的 value 为 1。实现代码如下：

```python
def sort(array):
    data_count = dict()
    # 把数组中的数放入 map 中
    i = 0
    while i < len(array):
        if str(array[i]) in data_count:
            data_count[str(array[i])] = data_count.get(str(array[i])) + 1
        else:
            data_count[str(array[i])] = 1
        i += 1
    index = 0
    for key,value in data_count.items():
        i = value
        while i > 0:
            array[index] = key
            index += 1
            i -= 1


if __name__ == "__main__":
    array = [15,12,15,2,2,12,2,3,12,100,3,3]
    sort(array)
    i = 0
    while i < len(array):
        print(array[i],end=' ')
        i += 1
```

算法性能分析：

这个算法的时间复杂度为 $O(n + \log_2 m)$，空间复杂度为 $O(m)$。

第 12 章　并　查　集

并查集（Union-Find Set）是一种用于分离集合操作的抽象数据类型。它所处理的是"集合"之间的关系，即动态地维护和处理集合元素之间复杂的关系，当给出包含两个元素的一个无序对(a,b)时，需要快速"合并"a 和 b 分别所在的集合，这其中需要反复"查找"某元素所在的集合。"并""查"和"集"三字由此而来。它是一种常被考察的抽象数据结构。这一章中将重点介绍并查集的基本概念、具体实现方法以及实际应用。

12.1　并查集基本思想

在介绍并查集之前，首先通过两个简单的例子说明并查集在生活中的应用。

引例：【犯罪团伙】

问题描述：

警察抓到了 n 个罪犯，警察根据经验知道他们属于不同的犯罪团伙，却不能判断有多少个团伙，但通过警察的审讯，知道其中的一些罪犯之间相互认识，已知同一犯罪团伙的成员之间直接或间接认识。有可能一个犯罪团伙只有一个人。

请根据已知罪犯之间的关系，确定犯罪团伙的数量（已知罪犯的编号从 $1\sim n$）。要求当罪犯数量小于 10000，关系小于 100000 条的情况下，程序运行时间不超过 1s。以下为具体的输入与输出要求。

输入：

第一行：n（$n<=10000$，罪犯数量）；

第二行：m（$m<=100000$，关系数量）；

以下若干行：每行两个数：i 和 j，中间一个空格隔开，表示罪犯 i 和罪犯 j 相互认识。

输出： 一个整数，犯罪团伙的数量。

图 12-1 展示了一个具体的输入与输出过程。

问题分析：

要解决这一问题，最容易想到的思路便是通过无向图来建立模型，如果两个罪犯认识，那么就在这两个罪犯对应的结点间建立一条无向边，当代表所有罪犯关系的无向图建立完成之后，可以用 DFS/BFS（深度/广度优先搜索）算法求无向图的连通分量，结果便是犯罪团伙的数量。

输入：	输出：
11	3
8	
1 2	
4 5	
3 4	
1 3	
5 6	
7 10	
5 10	
8 9	

图 12-1　犯罪团伙问题中一个
具体的输入与输出过程

但是该题目中有一个关于时间的要求，便是在罪犯数量小于 10000，关系小于 100000 条的情况下，程序运行时间不超过 1s。那么无论采用邻接矩阵还是邻接表来存储无向图，上面想到的算法都无法满足 1s 的时间限制。而且采用邻接矩阵会导致所耗空间过大，造成空间浪费。

那么可以试着用另一种思路来求解这个问题。开始把 n 个人看成 n 个独立集合，每读入两个有联系的人 i 和 j，查找 i 和 j 所在的集合 p 和 q，如果 p 和 q 是同一个集合，不作处理；如果 p 和 q 属于不同的集合，则合并 p 和 q 为一个集合。最后统计集合的个数即可得到问题的解。

由此可以看出这个问题背后的实质是：需要将 n 个不同的元素划分成一组不相交的集合。开始时，每个元素自己成一个单元素集合，然后按照一定的顺序或问题给定的条件和要求将属于同一组元素（有特定关系）所在的集合合并，最后统计集合的个数往往就是问题的解。在这个过程中要反复用到两种运算：1）查询某个元素属于哪个集合。2）合并两个不同集合。适合描述这类问题的抽象数据结构类型被称为并查集（合并与查找）。

12.1.1 并查集概念

并查集可以支持查找一个元素所属的集合以及合并两个元素各自所属的集合。并查集本身不具有结构，必须借助一定的数据结构才能得到支持和实现。数据结构的选择是一个重要的环节，选择不同的数据结构可能会在查找和合并的操作效率上有很大的差别，但操作实现都比较简单高效。并查集的数据结构实现方法很多，一般使用比较多的是，数组实现、链表实现和树实现。在本章都以树来实现并查集。

并查集的数据结构记录了一组不相交动态集合 $S=\{S1,S2,\cdots,Sk\}$。每个集合 Si 都通过一个"代表" root[Si] 加以识别，被称为集合的代表元，这个代表是该集合中的某个元素，具体哪个元素被选做代表并不重要，重要的是如果求某一动态集合的代表两次，且在两次请求间不修改集合，则两次得到的答案应该是相同的。

并查集的实现需要支持以下三种操作（分别是集合初始化、查找、合并）：

> - **Make-set**（**X**）：集合初始化。把元素 xi 加到集合 Si 中。每个集合 Si 只有一个独立的元素 xi，并且元素 xi 就是集合 Si 的代表元素。
> - **Find**（x）：查找。返回 x 所属集合 Si 的代表 root[Si]。
> - **Union**（x,y）：合并。将包含 x 和 y 的动态集合（例如 Sx 和 Sy）合并为一个新的集合。

假定在此操作前这两个集合是分离的，合并后集合代表是 $Sx \cup Sy$ 的某个成员。一般来说，在不同的实现中通常都以 Sx 或者 Sy 的代表作为新集合的代表。此后，由新的集合 S 代替了原来的 Sx 和 Sy。

12.1.2 并查集的实现

前文已经讲过，并查集可以通过数组、链表和树来实现。这里重点介绍如何采用树形结构实现并查集。

采用树型结构实现并查集的基本思想是：

> - 每个子集合用一棵树来表示。树中的每个结点用于存放集合中的一个元素。
> - 树中的每个结点 x 设置一个额外的指向父亲的指针 father[x]。
> - 用根结点的元素代表该树所表示的集合。

那么，并查集所支持的三种操作的实现方式便是：

Make-set（X）：

father[*xi*]=0(或者 *xi*);　　每个结点都是一棵独立的树，同时是该树的代表元素。

Find(x):

查找 *x* 所在集合 *Si* 的代表 root[*Si*]。即：查找 *x* 所在树的树根结点（代表元素）。顺着 *x* 往上找，直到找到根结点，也就确定了 *x* 所在的集合。

Union(x, y):

```
p=Find(x);
q=Find(y);
if(p!=q)    then
father[p]=q;    或    father[q]=p;
```

按照上一节给出的利用并查集解决寻找犯罪团伙的思路求解这个问题时，当输入图 12-1 中的罪犯人数后，首先初始化由 11 个罪犯独自组成的 11 个集合，如图 12-2 所示。

图 12-2　并查集求解犯罪团伙初始化结果

接着，按照图 12-1 中输入部分的关系逐步合并有关系的罪犯，最终可以得到图 12-3 所示的集合。

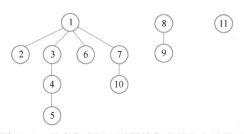

图 12-3　并查集求解犯罪团伙集合最终合并结果

那么，从图 12-3 中可以得到以下结论：

树根（集合代表元素） **father[1]=0;** **father[8]=0;** **father[11]=0**	孩子结点： **father[2]=1;** **father[4]=3;** **father[5]=4;** **father[9]=8**	查找： **find(5)=1** **find(9)=8** **find(11)=11** **find(1)=1** **find(8)=8**	合并： **union（5，9）** **p=find(5)=1;** **q=find(9)=8;** **father[q]=p;**　或　**father[p]=q** **father[8]=1;**　　**father[1]=8**

现在，可以很容易地给出这种解决方法的具体实现，具体算法代码如下所示。

- 令 *a*[*i*]为结点 *i* 的父亲指针，其初始值为 0，表示是树根，将每个结点看成一棵树。
- 每读入两个结点 *x*，*y*，找 *x* 的树根 *p*，令 *p*=find(*x*);找 *y* 的树根 *q*，令 *q*=find(*y*);如果 *p*=*q*，不做处理；如果属于不同的两棵树即：*p*!=*q*，则合并两棵树。
  具体操作是把 *p* 看作 *q* 的孩子或者把 *q* 看作 *p* 的孩子，即：*a*[*p*]=*q* 或者 *a*[*q*]=*p*。
- 最后统计树的数量，即 *a*[*i*]=0 的结点的数量，即问题的解：犯罪集团的个数。

```
max=10000;
Process(n, m)                //n 为罪犯人数，m 为关系数量
```

```
    {
        long father[max];            //father[i]中存储 i 的父结点
        long i,j,ans,x,y,p,q;
        init(father,sizeof(father),0); //初始化并查集，所有元素为 0，开始全是树根
        for (i=1 to m) do
            readln(x,y);             //读入每一对关系
            p=find(x);               //查找 x 的根
            q=find(y);               //查找 y 的根
            if (p!=q) then
                father[q]=p;          //合并 p 和 q 子树
            end if
        end for
        ans=0;                       //树根记数
        for (i=0 to n-1) do
            if (father[i]==0) then
                inc(ans);            //记录树根结点
            end if
        end for
        return ans;
    }
```

至此已经介绍了并查集的基本概念，也介绍利用并查集解决问题的基本思路。下面再回过头来观察一下图 12-3 中所示的树结构，可以发现当需要求解结点 5 所在集合的代表时，需要向上递归 3 次（5->4->3->1）才能得到结果。很明显，表示一个集合的树的高度越低，查找效率也会越高。因此为了提高效率，通常需要优化树的结构。通常用以下两种策略来优化：

（1）**按秩合并（秩=树的高度）**

高度小的树的根向指高度大的树的根，从而减少整个树的高度，提高查找效率。例如当前有独立集合 $\{1\}$、$\{2\}$、...、$\{n-1\}$、$\{n\}$，如果按秩合并，那么将得到如图 12-4 所示的树结构：

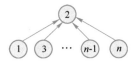

图 12-4　按秩合并示例

如此一来，查找效率就会有很大的提升。

（2）**路径压缩**

根据等价关系的传递性，改变树的结构，使树变得扁平，从而提高查找效率。路径压缩的实际做法是在找到某元素的根结点之后，顺便把路径上所有元素的父亲指针都指向根结点，来减小以后的查找次数。

实现路径压缩可以利用简单的非递归算法，即：从结点到根走两遍，第一遍找根，第二遍将路径上的所有结点的父亲都设为根。图 12-5 给出了路径压缩的示例，可以看到左边的并查集进行操作 union(5，7)时，如果同时考虑并实现路径压缩，那么该合并操作完成后的并查集为图 12-4 的右部所示。按照上述思路我们在下面代码中给出了用非递归算法进行包含路径压缩的结点查找算法，读者若有兴趣可以尝试用递归方法来实现这一任务。

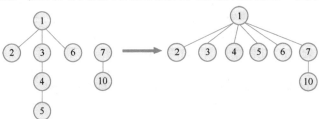

图 12-5　路径压缩示例

```
int find(int i)        //非递归算法找 i 的根
{
    int j,k,t;
    j=i;
    while (a[j]!=0) do
        j=a[j];        //顺着 i 向上找根。
    end while
    find=j;
    k=i;               //从 i 开始对子树结点进行路径压缩
    while (a[k]!=0) do
        t=k;
        k=a[k];
        a[t]=j;
    end while
}
```

现在来给出在不同优化方法下的集合操作效率，对 n 个元素执行 m 次不相交集合操作的效率具体见表 12-1。其中 $\alpha(n)$ 是 Ackermann 函数的某个反函数，增长速度极其缓慢，$\alpha(n)<=4$。所以并查集的单次查找操作的时间复杂度也几乎是常数级。

表 12-1　不同优化方式下的集合操作效率

优化方法	时间效率
按秩合并	$O(m*\lg(n))$
路径压缩	$O(n+\lg(n))$
按秩合并和路径压缩	$O(m*\alpha(n))$

12.1.3　带权并查集

上一节介绍了并查集的主要思想及实现方法以及优化集合操作效率的具体做法。事实上，只利用简单并查集无法解决某些实际问题。所以，还需要对上一节介绍的普通并查集进行扩展，令其可以解决更为复杂的问题，这就是带权并查集。

带权并查集和普通并查集最大的区别在于带权并查集在并查集的基础上，对其中的每一个元素赋值，在对并查集进行路径压缩和合并操作时，这些权值具有一定属性，即可将它们与父结点的关系变化为与所在树的根结点关系这就是带权并查集。而一般并查集仅仅记录的是集合的关系，这个关系无非是同属一个集合或者是不在一个集合。

现在，接着通过具体的例子来介绍带权并查集的概念与运用。

引例【犯罪团伙】

问题描述：

警察抓获 N 个罪犯,这些罪犯只可能属于两个黑帮团伙中的一个,现在已知 M 个条件(<D a b>表示 a 和 b 不在同一团伙)，给出任意两个罪犯 a 和 b，请给出算法确定 a 与 b 是否属于同一黑帮团伙。

看到这个例子，大家会说，这个问题我们在本章开头不是已经讲过了吗，思路以及解题算法都已经给出了，直接利用并查集就可以解决。现在请大家再仔细读题，看看这里的条件与本章开头例子中的条件是否一致？

本章开头的例子中，给出的已知信息是在一个团伙的罪犯信息，然后用 union 函数将两人放入同一个连通分支内。所以这道题给我的第一印象是将两个团伙看作两个连通分支，然后将相应的罪犯加入到相应的连通分支中，最后要询问时，只要判断两个罪犯的祖先是否一致（如果一致，那么两人是同一团伙）。然而，这里只知道 a 和 b 不属于同一个连通分支，并没有明确说明 a 和 b 属于哪个团伙，那么该怎么办呢？

问题分析：

仔细想想，是否可以存储每个结点与其祖先的关系？拿这道题来说，用一维数组 r[ ] 存储每个结点与其祖先是否属于同一团伙（例如 r[x]=0 表示结点 x 与其祖先属于同一团伙，而 r[x]=1 则表示结点 x 与其祖先不属于同一团伙）。按照这一思路，需要确定这个祖先是谁。这个关系是怎么得出的？

这个问题中，从关系 <D a b> 中可以知道 a 和 b 不属于同一团伙，也就是 a 和 b 不在同一连通分支，而我们要做的是将 a 和 b 归于同一个祖先之下（即连接 a 和 b 所在的连通分支），伴随这一操作的还有更新 r[a]、r[b]。为何要将 a 和 b 归于同一个连通分支呢？因为当查询 a 与 b 的关系时，会通过判断 find(a)==find(b) 是否成立来确定是否知道他们的关系（成立就说明他们属于同一连通分支，说明已经有了 <D a b> 信息，不成立就可以直接输出 "关系不确定"），在 find(a)==find(b) 成立的情况下，就可以通过判断 r[a]==r[b] 是否成立来确定他们的具体关系（成立就说明他们属于同一团伙，不成立就说明他们不属于同一个团伙），因为可以很容易得出：a 和 b 的关系为 r1，b 和 c 的关系为 r2，则 a 和 c 的关系 r3 为：r3 = (r1 + r2) % 2。

那么，现在可以知道关系 r[a]==r[b] 等价于 r[a]==r[b]==0 或 r[a]==r[b]==1，即 a 和 b 如果属于同一团伙，暗含着他们与他们的祖先在同一个团伙或不在同一个团伙。因此就可以通过以下的代码段来实现这一任务。

```
if(a 和 b 属于同一连通分支) then
    if(a 和祖先的关系==b 和祖先的关系) then
        print("a 和 b 属于同一团伙");
    else
        print("a 和 b 不属于同一团伙");
    end if
else
    print("还没有确定 a 和 b 的关系");
end if
```

现在，知道如何来判断 a 和 b 的关系了，但是还不知道如何确定它们的祖先是谁，它们与祖先的关系怎么得出？

既然信息 <D a b> 可以将 a 和 b 连起来，而且最后形成的连通分支是由每次提供的信息 <D a b> 中的 a 和 b 结点组成，于是就可以确定祖先结点就是第一个给出的信息 <D a b> 中的 a 或 b，后面才慢慢在这个连通分支上再添加结点。

前面介绍过数组 r[x] 表示结点 x 与根结点的关系，在初始状态下，每个点都是一个连通分支（都有 father[i]=i，r[i]=0），而在构建一个由多个结点组成的连通分支时，新加入的结点的祖先会发生变化，那么它们的 r 值也要相应变化，当然，这是新的信息 <D a b> 出现后，将 a 和 b 所在的连通分支连起来时对 r[] 的更新，也就是在进行合并操作的 union 函数内的更新。此外，在 find 函数寻找根结点的时候也要不断更新 r[]，因为 union 函数内的 r[] 更新是在联合两棵树的时候更新两棵树的根的关系，而其中相关子结点却未曾更新，所以需要在 find 函数内进行相应的更新（这样才能判断 $r[a]==r[b]$ 是否成立）。下面先解释 find 函数内 $r[]$ 是怎么更新的，再解释 union 函数内 $r[]$ 是怎么更新的，带权并查集的 find 函数更新的具体方法见下述代码。

```
int find(int x)                  //找出根结点
{
    if(x == father[x]) then
        return x;
    int t = father[x];           //记录父结点，方便下面更新 r[]
    father[x] = find(father[x]);
    r[x] = (r[x]+r[t])%2;        //根据子结点与父结点的关系和父结点与爷爷结点的关系，推
                                 //导子结点与爷爷结点的关系
    return father[x];            //返回根结点
}
```

在 find 函数内，若调用 find(a)，那么 find 函数除了返回 a 的祖先，还会在这个过程中确定 $r[a]$ 的值（即 a 与祖先结点的关系）。

最后，再来解释 union 函数内的 $r[]$ 更新。定义：fx 为 x 的根结点，fy 为 y 的根结点，合并时，使得 father[fx] = fy（即 fy 也变为 x 和 fx 的祖先），同时也要寻找 fx 与 fy 的关系（此时 fy 是 fx 的祖先），于是有 $r[fx] = (r[x]+r[y]+1)\%2$，带权并查集的 union 函数更新的具体方法见下述代码。

```
void union(int x, int y)
{
    int fx = find(x); //x 所在集合的根结点
    int fy = find(y);
    father[fx] = fy; //合并
    r[fx] = (r[x]+1+r[y])%2;
    //fx 与 x 关系 +x 与 y 的关系 +y 与 fy 的关系 = fx 与 fy 的关系
}
```

有了以上的详细分析，求解该问题的代码应该可以很容易写出来了，读者们不妨亲自试试。

12.2 并查集的应用

这一节中，通过两个例子来进一步展示并查集的应用。要达到灵活运用并查集，读者还需要通过练习求解更多、更复杂的实际问题来切实提升水平。

12.2.1 食物链

问题描述：

动物王国中有三类动物 A、B 和 C，这三类动物的食物链构成了有趣的环形。A 吃 B，B 吃 C，C 吃 A。现有 N 个动物，以 1～N 编号。每个动物都是 A、B 或 C 中的一种，但是并不知道它到底是哪一种。有人用两种说法对这 N 个动物所构成的食物链关系进行描述：

第一种说法是"1 X Y"，表示 X 和 Y 是同类。

第二种说法是"2 X Y"，表示 X 吃 Y。

此人对 N 个动物，用上述两种说法，一句接一句的说出 K 句话，这 K 句话有的是真的，有的是假的。

从头开始逐句读入这 K 句话。当读到的话满足下列三条之一时，这句话就是假的，否则就是真的。

1）当前的话与前面的某些真的话冲突；

2）当前的话中 X 或 Y 比 N 大；

3）当前的话表示 X 吃 X。

现在的任务是根据给定的 N（$1<=N<=50,000$）和 K 个条件（$0<=K<=100,000$），输出假话的总数。

输入：

第一行是两个整数 N 和 K，以一个空格分隔。

以下 K 行每行是三个正整数 D，X，Y，其中 D 表示说法的种类。若 $D=1$，X 和 Y 是同类。若 $D=2$，X 吃 Y。

输出：一个整数，表示假话的数目。

```
输入样例：
100 7
1 101 1    //假
2 1 2      //真
2 2 3      //真
2 3 3      //假
1 1 3      //假
2 3 1      //真
1 5 5      //真
输出样例：
3
```

问题分析：

本题的难点在于两个点的关系不仅仅在于是否属于同集合的关系，还涉及它们之间有怎样的捕食关系，因此在同一个集合中还需要对各种动物进行标号。那么，首先可能想到的是上一节中介绍的带权并查集，如果依照这个思路，每来一对动物 a 和 b 就将它们归于同一个祖先下，最后，只剩下一个连通分支。如果仍然设 $r[x]$ 表示 x 与根结点的关系，那么就有 $r[x]=0$ 表示与根结点同类，$r[x]=1$ 表示与根结点异类，然而现在有三类动物，这样无法区分另外两个类。既然之前的想法不能解决问题，那么回本溯源，带权并查集的本质不就是多了一个结点之间的关系吗？不妨大胆设一些关系。

因为每来一句话都要判断其真假，所以必须要让所有结点在一个连通分支内（如果分 3 个分支，来了新的一对动物来判断的时候，如果发生前后矛盾，将不知道是之前错的还是现在错），所以数组 r[] 要保留，既然是食物链，不妨设 $r[x]=0$ 表示 x 与根结点同类，$r[x]=1$ 表示 x 被根结点吃，$r[x]=2$ 表示 x 吃根结点。

如果命令是 1 a b 时，便可以先判断它们是否是同一连通分支的，如果是，就判断它们各自与根结点的关系。如果 $r[a]==r[b]$（即表示它们是同类），命令正确，反之说明这个命令是假话。当然，如果它们不是同一连通分支的，则只能将两个点连入同一连通分支，即直接调用 union 函数。

如果命令是 2 a b 时（即 a 吃 b），仍然需要先判断它们是否是同一连通分支的，如果是，可以穷举 $r[a]$ 和 $r[b]$ 的值来判断此话是否正确（若想命令正确只能是：$r[a]=1,r[b]=2$ 或 $r[a]=0,r[b]=1$ 或 $r[a]=2,r[b]=0$）。当然，如果不是同一连通分支的，同上，直接调用 union 函数。依据这个思路，可以写出对应的算法，代码如下所示。

```
Eat(D, a, b)
{
    if(D==1) then
        if(find(a) == find(b)) then        //a 和 b 属于同一连通分量
            if(r[a] != r[b])               //a 和根结点的关系与 b 和根结点的关系不同
                假话数量++;                  //即 a 和 b 的种类不一样
            end if
        else
            union(a,b);
        end if
    else if(D==2) then
        if(find(a)==find(b)) then
            if(不是正确的对应关系)          //(r[a]+1)%3 != r[b]
                假话数量++;
            end if
        else
            union(a,b);
        end if
}
```

那么现在离目标又进一步了。剩下的就是要设计 find 函数与 union 函数的具体实现方法了。这里的 find 函数与 union 函数除了要完成寻找根结点与合并操作之外，还要更新 $r[]$ 数组中受影响的元素的取值。

当找到结点 x 的根结点之后，在返回根结点的同时，需要根据 x 与其父结点 t 的关系，父结点 t 与根结点的关系得到结点 x 与根结点的关系。这里很容易推理得出 $r[x] = (r[x]+r[t])\%3$。这样一来，就很容易写出 find 函数的具体实现了，代码如下所示。

```
int find(int x)
{
    if(x == root[x]) then
        return x;
    int t = root[x];
    root[x] = find(root[x]);
    //回溯由子结点与父结点的关系和父结点与根结点的关系找子结点与根结点的关系
    r[x] = (r[x]+r[t])%3;          //此处模 3 (%3)
    return root[x];
}
```

当合并两个结点所在集合时，除了要改变它们相应的父子关系之外，同时也要更新新结构下的捕食关系，代码如下所示。

```
void union(d, a, b)
```

```
    {
        int fx = find(a);
        int fy = find(b);
        father [fy] = fx;                    //合并树  注意：被 x 吃，所以以 x 的根为父
        r[fy] = (r[a]-r[b]+3+(d-1))%3;        //对应更新与父结点的关系
    }
```

到此，已经解决了求解这个问题的所有关键内容，那么读者应该很容易写出对应的解法了。

12.2.2　Kruskal 最小生成树算法

问题描述：

在一个给定的无向图 $G = (V, E)$ 中，任意 $(u, v) \in E$ $(u, v$ 均为集合 V 中的元素) 代表连接顶点 u 与顶点 v 的边，而 $w(u, v)$ 代表此边的权重，若存在 T 为 E 的子集且为无循环图，使得的 $w(T)$ 最小，则此 T 为 G 的最小生成树。其中：$w(T) = \sum_{(u,v) \in T} w(u, v)$。

最小生成树可以用 Kruskal（克鲁斯卡尔）算法求出。此经典算法的思想是将树上的边按照权排序，然后从小到大分析每一条边，如果选到一条边 $e=(v1,v2)$，且 $v1$ 和 $v2$ 不在一个连通块中，就将 e 作为最小生成树的一条边，否则忽略 e。这其中明显就包含了并查集的算法。下面来介绍如何利用并查集实现这一算法。

问题分析：

前面已经简要介绍了 Kruskal 算法是如何进行的，那么要利用并查集来实现这一任务，唯一需要注意的是按从小到大的顺序依次向树中加边的时候，在添加每一条边 (u, v) 时，如果 u 和 v 两个点分别属于不同的两个集合（即两个点还没有连通，不在同一棵树上，否则加上就构成环），那么就加入这条边，否则处理下一条边，直到添加至 n-1 条边结束。具体的实现代码如下所示。

```
Process(v[], e[])
{
    sort;       //按照权值大小对边进行排序
    for (i=1 to n) do
        f[i]=0;     //初始化根为 0
    end for
    ans=0;      //生成树的价值
    for (i=1 to m) do
        union(e[i]); //加边
    end for
}

union(p)    //检查边 p 是否能加到生成树中
{
    int x,y;
    x=find(p.u); //找 u 的根
    y=find(p.v); //找 v 的根
    if (x!=y) then      //不同根，构不成环，加入到树中
        ans=ans+p.value);   //更新树的权值
        f[y]=x; //根合并
```

```
        end if
    }

    find(i)    //查找结点 i 的父亲
    {
        if (f[i]=0) then
            return i;    //i 是根
        end if
        if (f[f[i]]=0) then
            return f[i]; //i 的父亲是根
        end if
        find=find(f[i]);    //递归查找
        f[i]=find;    //路径压缩
    }
```

12.3　达人修炼真题

1．找亲戚

题目描述：

或许你并不知道，你的某个朋友是你的亲戚。他可能是你的曾祖父的外公的女婿的外甥的表姐的孙子。如果能得到完整的家谱，判断两个人是否是亲戚应该是可行的，但如果两个人的最近公共祖先与他们相隔好几代，使得家谱十分庞大，那么检验亲戚关系实非人力所能及。在这种情况下，最好的帮手就是计算机。

为了将问题简化，将得到一些亲戚关系的信息，如同 Marry 和 Tom 是亲戚，Tom 和 Ben 是亲戚等。从这些信息中，就可以推出 Marry 和 Ben 是亲戚。请写一个程序，对于我们的关心的亲戚关系的提问，以最快的速度给出答案。

问题的输入：

1）N：总人数，人的编号为 1，2，3，…，N。

2）关系数组，一个二维数组，每行有两个元素，表示这两个人是亲戚。

问题输出：

给出两个人，判断他们是否是亲戚。

例如，总共有 10 个人，其中他们的关系如下：

```
2 4
5 7
1 3
8 9
1 2
5 6
2 3
```

根据这些信息可以得到：

```
3 4   是亲戚
7 10  不是亲戚
8 9   是亲戚
```

分析与解答：

这道题可以使用并查集来实现，主要的思路为：首先可以把每个人看作一个独立的集合，然后遍历关系数组，对于有亲戚关系的两个人，可以合并这两个人所在的集合，遍历完成后，有亲戚关系的人一定在同一个集合中，这样就可以很容易地判断给定的两个人是否有亲戚关系，示例代码如下：

```python
class UnionFind(object):
    """并查集类"""
    def __init__(self, n):
        """长度为 n 的并查集"""
        self.uf = [-1 for i in range(n + 1)]    # 下标为 0 的元素没有使用

    def find(self, p):
        """获取 p 所在集合的父结点"""
        if self.uf[p] < 0:
            return p
        self.uf[p] = self.find(self.uf[p])
        return self.uf[p]

    def union(self, p, q):
        """合并 p 和 q 所在的两个集合"""
        proot = self.find(p)
        qroot = self.find(q)
        if proot == qroot:
            return
        else:
            self.uf[qroot] += self.uf[proot] #合并两个集合
            self.uf[proot] = qroot

    def isSame(self, p, q):
        """判断 p 和 q 是否在一个集合中"""
        return self.find(p) == self.find(q)    # 即判断两个结点的父结点是否相同


if __name__ == '__main__':
    N = 10 #表示有 10 个人
    M = 7   #表示有 7 个输入
    #每一组数据表示对应数字编号的两个人是亲戚
    relation = [[2,4],[5,7],[1,3],[8,9],[1,2],[5,6],[2,3]]

    #构造大小为 N+1 的集合，其中下标为 0 的没有使用，人员的编号从 1 开始
    set = UnionFind(N);

    for i in range(M):
        if (set.find(relation[i][0]) != set.find(relation[i][1])):
            set.union(relation[i][0], relation[i][1])

    print(set.isSame(3,4))
```

```
        print(set.isSame(7,10))
        print(set.isSame(8,9))
```

程序的运行结果为

```
    True
    False
    True
```

算法性能分析：

这个算法的时间复杂度为 O(n)，空间复杂度也为 O(n)。

2. 订饭桌

题目描述：

小明要过生日，他邀请了很多朋友，有些朋友是相互认识的，有些朋友是相互不认识的。小明想把相互认识的朋友安排到同一桌上，因为他的朋友们都不想与不认识的人坐在同一个桌子上。如果 A 认识 B，且 B 认识 C，就可以认为 A，B 和 C 可以坐在一桌。如果 A 认识 B，B 认识 C，且知道 D 认识 E，那么此时就需要两桌，一桌坐 A、B 和 C，另外一桌坐 D 和 E。

分析与解答：

从题目可以看出，这道题从本质上讲就是要求进行若干次 union 操作之后，还剩下多少棵树。这个其实跟很多社交网站中的"圈子"是类似的。这道题其实就是要求小明的朋友们总共有多少个圈子，一般社交网站在推荐的可能认识的好友的时候，都会推荐跟你在一个"圈子"里的人。这是一道典型的可以使用并查集解决的问题。实现代码如下：

```python
class UnionFind(object):
    """并查集类"""
    def __init__(self, n):
        """长度为 n 的并查集"""
        self.uf = [-1 for i in range(n + 1)]  # 下标为 0 的元素没有使用
        self.count = n - 1

    def find(self, p):
        """获取 p 所在集合的父结点"""
        if self.uf[p] < 0:
            return p
        self.uf[p] = self.find(self.uf[p])
        return self.uf[p]

    def union(self, p, q):
        """合并 p 和 q 所在的两个集合"""
        proot = self.find(p)
        qroot = self.find(q)
        if proot == qroot:
            return
        else:
            self.uf[qroot] += self.uf[proot] #合并两个集合
            self.uf[proot] = qroot
        self.count -= 1
```

```
        def isSame(self, p, q):
            """判断 p 和 q 是否在一个集合中"""
            return self.find(p) == self.find(q)    # 即判断两个结点的父结点是否相同

        def getCount(self):
            return self.count

if __name__ == '__main__':
    n = 10; #表示有 10 个人

    # 构造大小为 n + 1 的集合，其中下标为 0 的没有使用，人员的编号从 1 开始
    set = UnionFind(n + 1)

    # 每一行两个人认识
    relation = [[1,2],[2,3],[3,4],[5,6],[5,7],[8,9],[9,10]]

    for i in range(len(relation)):
        if set.find(relation[i][0]) != set.find(relation[i][1]):
            set.union(relation[i][0], relation[i][1])

    print(set.getCount())
```

程序的运行结果为

3

第 13 章　位　图

在计算机学科中，有两个发音相似的术语，分别是 bit 与 byte。bit 意为"位"或"比特"，是计算机运算的基础单位，一个 bit 可以存放一个 0 或 1；而 byte 意为"字节"，是衡量计算机文件大小的基本计算单位，8 个位构成一个字节。在 32 位计算机上，一个 int 型变量通常占用 4 个字节，即 32 个 bit 大小的空间。

弄清楚了 bit 与 byte 的区别后，再来看位图就比较简单了。位图（bitmap）以 bit（位）为单位来存放信息，例如，现在要存放 1000 万个人的性别状态，而每个人性别只可能是男性或者女性，如果采用整型数字来表示性别的话，一个人的性别需要用 4 个字节（这里以 32 位计算机为例，并非所有的整型数字都占用 4 个字节）来存放，这显然浪费空间，此时可以使用二进制数 0 与 1 来表示性别，例如用 0 表示男性，1 表示女性。那么一个整型数字这时就可以表示 32 个人的性别信息，因为它由 4 个字节组成，每个字节占 8 位，一共占 32 位，所以就可以表示 32 个人的性别信息。

位图是一种在逻辑上巧妙描述集合的方法。用位图对集合进行描述后，可以很方便地进行集合的运算，如交、并和差集运算，它适用于涉及大规模数据（海量数据），但数据状态不复杂的问题的求解。这一章将介绍位图的概念、运算方法以及具体的应用。

13.1　位图基本概念

利用位图法存储数据的一般做法是：首先，从头到尾扫描一遍原始数据集合，找出其中的最大元素的值 max，然后根据 max 值的大小，创建一个长度为 max+1 的新数组，并将该新数组中所有元素初始化为 0；接着再次扫描原始数据，根据原始数据集合中元素的值，设置新数组中数组元素的值，即如果原始数据集合中元素的值为 i，就将新数组中的第 i 个单元赋值为 1。下面通过一个具体的例子来说明。

首先定义一个整型数组：bit = []，假设这个数组的长度为 N，那么利用位图法可以在数组 bit 中存储 $N*4*8$（假设在 32 机器上，一个整型数字占用 4 个字节，每个字节有 8bit）个数据，但是这些数据的最大取值只能是 $N*4*8-1$。假如，要存储的数据的取值范围为 0~15，那么只需要使得 $N=1$，这样就可以把数据存进去。具体做法是，首先把 bit 数组中的每一位都初始化为 0，如图 13-1 所示。

15	14	13	12	11	10	9	8	7	6	5	4	3	2	1	0
0	0	0	0	0	0	0	0	0	0	0	0	0	0	0	0

图 13-1　初始代数组

那么 bit 数组中的每一位的取值都代表一个数据的状态，若取值为 0，则代表对应的数字未出现在原始数据集合中，若取值为 1，则代表对应的数字出现在原始数据集合中。如果要存储一组数据{5，1，7，15，0，4，6，10}时，可以分别把上图中这几个数字对应的位的状态赋值为 1，如图 13-2 所示。

15	14	13	12	11	10	9	8	7	6	5	4	3	2	1	0
1	0	0	0	0	1	0	0	1	1	1	1	0	0	1	1

图 13-2　赋值数组

在计算机中，位是可以操作的最小数据单位，位运算的对象是存储空间中的一个个比特位，从理论上讲，可以使用"位运算"完成所有的运算与操作。位运算在嵌入式编程中有广泛的应用，用于控制硬件设备或者作为数据变换使用，目前由于位运算的高效性，位运算在其他领域中的应用也越来越广泛。常见的位运算有 6 种，分别是与（&）、或（|）、异或（^）、取反（~）、左移（<<）、右移（>>）。具体运算规则见表 13-1。

表 13-1　常见位运算的运算规则

运算类型	运算规则			
与（&）	0 & 0 = 0	1 & 0 = 0	0 & 1 = 0	1 & 1 = 1
或（|）	0|0 = 0	1|0 = 1	0|1 = 1	1|1 = 1
异或（^）	0 ^ 0 = 0	1 ^ 0 = 1	0 ^ 1 = 1	1 ^ 1 = 0
取反（~）	~0 = 1	~1 = 0		
左移（<<）	左移运算符是用来将一个数的各二进制位全部左移 N 位，右补 0			
右移（>>）	表示将一个数的各二进制位右移 N 位，移到右端的低位被舍弃，对无符号数，高位补 0			

下面，分别对这几种运算进行分析。

（1）与（&）

该运算符是一个双目运算符，通常是将两个操作数各自对应的二进制位对应执行与操作。只有当对应的两个二进制位均为 1 时，其运算结果位才为 1，否则，运算结果为 0。基于与运算的特性，按位与运算可被用于完成一些特殊任务。

1）特定位清零。对于数字 i 而言，如果要使得某二进制表示中的一特定位为 0，最直接的做法就是将该数字和一个特定值 k 进行与运算，即 $i\&k$。特定值 k 需要满足一个条件，即 k 的二进制表示中除了该特定位为 0 外，其他位都为 1。例如对于数字 7，其二进制表示为 111，要想将其从左到右第二位的 1 清零，只需要将 7 与 5（5 的二进制表示为 101）即可。

2）提取一个数中某些指定位。例如，给定一个整数 a（2 个字节），现在需要提取其中的低字节。只需将 a 与 255（二进制表示为 00000000 11111111）执行按位&操作即可。

3）保留数据 a 的某些位的取值，其余位置 0。例如，给定一个整数 a，现在需要保留它的第 i 位的值，其余位置 0，那么，可以让 a 与一个特定数字 k 进行&运算，k 的二进制表示中，第 i 位的取值应该为 1，其余位的取值均为 0。例如，运算 "$x = x \& 077$" 可用于让 x 只保留其最低 6 位。

（2）或（|）

该运算符是一个双目运算符，对于参加或运算的两个操作数，只要其中任意一个数为 1，运算结果就为 1，即 0|0=0，0|1=1，1|0=1，1|1=1。例如：当数字 3 与数字 5 进行或运算时，0000 0011 | 0000 0101 = 0000 0111，因此，3|5 的值为 7。需要注意的是，负数按补码形式参加按位或运算。

基于或运算的特性，它可以用来对一个数据的某些位置 1。最常见的做法为：给出一个数 a，需要对 a 的某些位置 1，那么可以找到一个数 k，令 k 的二进制表示中，对应 a 要置 1

的位的取值为 1，其余位为零，那么 k 与 a 进行或运算便可使 a 中的对应位置 1。例如，当需要将变量 x 的低 4 位置 1 ，用 X | 0000 1111 即可得到。

（3）取反（～）

按位取反运算（～）是单目运算，用来求一个位串信息按位的反，即取值为 0 的位取反后结果为 1，取值为 1 的位取反后结果为 0。例如，~7 的结果为 0xfff8。

取反运算常被用来生成与系统实现无关的常数。例如：要将变量 x 的最低 6 位置 0，其余位不变，可用运算 x = x & ～077 实现。以上代码与整数 x 用 2 个字节还是用 4 个字节实现无关。

在这里，需要特别注意取反运算 "～" 与取非运算 "！" 的区别。取非运算执行的是逻辑取反，它的运算结果为布尔型，要么为 True，要么为 False。执行运算!x 后，如果 x 不为 0，那么!x 的结果就是 False，只有当 x 为 0 时，结果才为 True。

（4）异或（^）

该运算是一个双目运算，异或运算应用广泛，下面通过具体的例子来说明。

1）使特定位翻转。假设某二进制数据表示为 01111010，当需要将其低 4 位进行翻转时，即将 1 变为 0，将 0 变为 1，可以将它与二进制数 00001111 进行异或运算，即 01111010 ^ 00001111 = 01110101，可以看到运算结果的低 4 位正好是原数字低 4 位的翻转。

2）与 0 值异或可以保留原值。二进制数据 00001010 与 0 异或时，其结果为 00001010。之所以会出现这样的结果，是因为原数中的 1 与 0 进行异或运算得 1，0 与 1 进行异或运算得 0，故保留原数。

3）奇偶校验。如果有 n 个数字进行异或的结果是 1，则表示这 n 个数字中 1 的个数为奇数个，否则为偶数个。这一性质可用于进行奇偶校验（Parity Check），比如在串口通信过程中，每个字节的数据都计算一个校验位，数据和校验位一起发送出去，这样接收方可以根据校验位粗略地判断接收到的数据是否有误。

4）某数字两次异或同一个数，结果还是它本身，即：(a^b)^b=a。这一性质使得异或运算可用于加密算法中。

5）两个二进制数异或的结果为两者之差的绝对值。

（5）移位运算（<<与>>）

该运算符分为左移运算与右移运算两种，它们都是双目运算。左移运算符<<用来将一个数的各二进制位左移若干位，移动的位数由右操作数指定（右操作数必须是非负值），一个数字左移后其右边空出的位用数字 0 填补，高位溢出则舍弃。右移运算符>>用来将一个数的各二进制位右移若干位，移动的位数由右操作数指定（右操作数必须是非负值），移到右端的低位被舍弃，高位的空位补符号位，即正数补 0，负数补 1。

移位运算是最有效的计算乘/除法的方法之一，通过移位运算的性质不难发现，一个整数右移一位的结果与把整数除以 2 的结果在数学上是等价的。

除了以上介绍的几种基本运算，位运算符与赋值运算符可以组成复合赋值运算符。例如：&=、|=、>>=、<<=、∧=。举一个简单的复合运算的例子：a &= b 相当于 a = a & b，a << =2 相当于 a = a << 2。位运算应用范围广泛，在下一节中将介绍更多的位运算的应用。

在介绍完位图的基本概念后，接着介绍如何将数据写入位图中以及如何读取指定位的数据。定义一个数组 bit = [0,0,0,0]，该数组可以存储 4*8*8=256（64 位机器中，整型占用 8

个字节）个数据。bit 存放的字节位置和位位置的范围分别为 0~3 与 0~63。现在需要将数字 100 存储到 bit 中，那么 100 将被存放在 bit 的下标 1 的位置，把该数字的 37 号位（0~7）置为 1（字节序：100//64 = 1; 位序：100 & 63 = 37）。具体实现代码如下所示。

```
# 把数组的 154 字节的 2 位置为 1
nBytePos =100//64 = 1 #字节位置
nBitPos = 100 & 63 = 36 #位位置
val = 1<<nBitPos;
bit[nBytePos] = bit[nBytePos] |val;  #写入后，bit[1]= 0b100000000000000000000000000000000000000
```

再比如写入 123 的代码如下所示。

```
nBytePos = 123 // 64= 1        #字节位置
nBitPos = 123 & 63 = 59        #位位置
val = 1<<nBitPos;   #把数组下标位 1 的数字的字节的 59 位置为 1
arrBit[nBytePos] = arrBit[nBytePos] |val
```

借助于这些位运算，可以很容易地对位图所存储的集合进行相应的求交集、并集、差集运算。例如，给出集合 S={1,2,4,5}，集合 T={2,5,8,10}，那么有：

> 集合 S 的位图是 0110110000000000
> 集合 T 的位图是 0010010010100000
> 求 S 与 T 的交集即是 S&T=0010010000000000={2,5}
> 求 S 与 T 的并集即是 S|T=0110110010100000={1,2,4,5,8,10}
> 求 S 与 T 的差集即是：
> S&~T=(0110110000000000)&(1101101101011111)=0100100000000000={1,4}

下述代码给出了使用位图实现的排序算法。

```
class Bitmap:
    def __init__(self, maxValue):
        """确定数组个数, maxValue 表示传入的为要排序的最大数"""
        self.sizeofInt = 64-1
        self.size = int((maxValue + self.sizeofInt - 1) / self.sizeofInt)
        # maxValue 需要传入的为要排序的最大数
        self.array = [0] * self.size

    def bitindex(self, num):
        """确定数组中元素的位索引"""
        return num % self.sizeofInt

    def arrIndex(self, num):
        """确定 num 在数组中的索引"""
        return num // self.sizeofInt

    def set(self, num):
        """将元素所在的位——置 1"""
        index = self.arrIndex(num)
        byteindex = self.bitindex(num)
        ele = self.array[index]
        self.array[index] |=   (1 << byteindex)
```

```
        def isSet(self, i):
            elemindex = (i // 31)    # 整除，否则为浮点值
            byteindex = self.bitindex(i)
            if self.array[elemindex] & (1 << byteindex):
                return True
            return False


if __name__ == '__main__':
    maxVal = 9
    array = [1,3,9,5,8]
    ret = []
    bitmap = Bitmap(maxVal)

    for c in array:
        bitmap.set(c)
    for i in range(maxVal + 1):
        if bitmap.isSet(i):
            ret.append(i)

    print(u'排序前:%s' % array)
    print(u'排序后:%s' % ret)
```

代码运行结果为

```
排序前:[1, 3, 9, 5, 8]
排序后:[1, 3, 5, 8, 9]
```

由此可见，利用位图算法可以有效地存储数据并进行集合运算。那么，位图法是否有缺点呢？答案必然是肯定的。位图法的缺点主要有以下几个方面。

1）可读性差。将数据抽象为 bit 不利于理解，尤其是用多个 bit 位来表示一个数时。

2）不适合多状态的数据存储。一个 bit 只能表示两种状态，如果要表示更多的状态，就需要更多的状态位来实现。如果一个数字需要多个状态位来表示的话，Bitmap 的优越性会大打折扣，而且复杂度也在增加。如果利用位图存储有符号数据，则需要用 2 位来表示一个有符号元素，这会让位图能存储的元素个数，元素值大小上限均减半。例如 8K 字节内存空间存储 short 类型数据只能存 8K*4=32K 个，元素的取值大小范围为-32K~32K。

3）位图存储的元素大小受限于存储空间的大小，因为一个位图可存储的元素个数等于元素的最大值。比如，1K 字节内存能存储 8K 个取值上限为 8K 的数据。比如，如果要存储一个值为 65536 的数字，就至少需要 65536/8=8K 字节的内存。

4）性能一般。需要维护额外的逻辑，计算速度会受到一定的影响。

13.2 位图法的应用

位图法在求解大数据相关问题中有着广泛的应用。下面将展示如何利用位图法解决实际问题。

13.2.1 位运算常见应用

（1）求整数的平均值

对于两个整数 x 与 y，求其平均值的方法对于绝大多数人而言都很简单，二者求和除以 2 即可，通常情况下这样做是没问题的。但在极端情况下是可能会产生数据溢出问题的，因为 x 与 y 的范围可能都不超过机器可以表示的数的极值，但二者的和就不一定了，该值很有可能会大于机器能够表示的最大值，所以，此时必须另辟蹊径了。有一种人工定义运算的方式可以解决大数的运算，但该方法较为复杂。利用位运算的相关知识，完全可以方便的解决两个数取平均值的问题。方法如下：

> - 利用运算 $x\&y$ 先求 x 与 y 的二进制表达相同的部分；
> - 再利用运算$(x^\wedge y) >> 1$ 把 x 与 y 二进制表达中的不同部分除以 2；
> - 将以上两步的结果相加便为 x 与 y 的均值。

例如，111 和 101 求中值，首先分成 101 与 10，然后均值就是 101 加上 10 除以 2，即：(101)+(10>>1)。算法代码如下所示。

```
def average(x, y):    # 返回 x,y 的平均值
    return (x & y) + ((x ^ y) >> 1)
```

（2）对于一个整数 x≥0，判断它是否是 2 的幂

根据数学性质可以知道如果一个整数是 2 的幂，只要该数不为 0，那么该数的二进制形式中最高位上必定为 1，其他各位都为 0。所以，这个问题可以转换为判断一个数是否除了最高位为 1，其他各位都为 0 的问题。那么，具体做法为：令该数和该数与 1 的差执行与运算，判断运算结果否为 0 即可。

例如，8 是 2 的三次幂，8 的二进制表示为 1000，8 与 1 的差值为 7，7 的二进制表示为 0111，二者相与（1000&0111）得到的结果为 0，即可证明 8 是 2 的幂。7 不是 2 的幂，7 的二进制表示为 111，7 与 1 的差值为 6，6 的二进制表示为 110，二者相与（111&110），得到的结果为 110，该值的十进制表示为 6，不为 0，所以 7 不是 2 的幂。求解该问题的算法代码如下所示。

```
def power2(x):
    return ((x&(x - 1)) == 0) and (x != 0)
```

（3）实现两整数交换

采用异或运算在不使用中间变量的前提下实现两个整数的交换，具体步骤如下所示。

> 定义两个整型变量 a 与 b。
> - 令 $a^\wedge=b$，即 $a=(a^\wedge b)$。
> - 令 $b^\wedge=a$，即 $b=b^\wedge a$。由于此时的 $a=(a^\wedge b)$，所以 $b=b^\wedge a=b^\wedge\ (a^\wedge b)$。由于^运算满足交换律，所以，$b^\wedge(a^\wedge b)=b^\wedge b^\wedge a$。根据异或运算的性质，任何数字与自己执行异或运算，其结果都为 0；任何数与 0 异或，其结果都不变。所以，通过此步骤将 a 的值赋予 b。
> - 令 $a^\wedge=b$，即 $a=a^\wedge b$。由前 2 步可知，$a=(a^\wedge b)$，$b=a$，所以这一步中，我们令 $a=a^\wedge b$ 即 $a=(a^\wedge b)^\wedge a$，故 a 会被赋予 b 的值。

为了更好地说明这个问题，假设 $a=13$，$b=6$，a 的二进制形式为 1101（二进制），b 的

二进制形式为 110（二进制），那么按照以上的三个步骤，可以得到：

a^=b，a = 1101 ^ 110 = 1011。

b^=a，b = 110 ^ 1011 = 1101。即 b=13。

a^=b　a = 1011 ^ 1101 = 110。即 a=6。

这一方法的算法代码如下所示。

```
a = 1;
b =2;
a ^= b;
b ^= a;
a ^= b;
```

其实，即使不使用异或操作，也可以不用中间变量实现两个数字的交换，具体做法如下所示。

- $a = a - b$
- $b = a + b$

将 a 的值代入等式中，$b = (a - b) + b$，因此，此时 b 的值变成了最原始的 a 的值。

- $a = b - a$

算法代码如下所示。

```
a = 1;
b =2;
a = a - b;
b = a + b;
a = b - a;
```

表面上看，上述代码中的方法不存在任何问题，但这种方式引入了一个陷阱，如果 a 是一个很大的正数而 b 是一个很小的负数，那么 $a-b$ 就会溢出。虽然在 $b=a+b$ 时可能会通过再一次溢出从而获得真实的 a 的值，但是不推荐这种利用未定义行为的解法。

（4）计算整型数的绝对值

算法如下所示。

```
def myabs(x):
    y = x >> (4 * 8 -1)
    z = (x^y) - y        #or: (x+y)^y
    return z
```

下面现在来解释上述代码中代码的含义。首先来分析下面两条代码：

```
y = x >> (4 * 8 -1);
z = (x^y) - y; //or: (x+y)^y
```

如果 x 是正数（类型为 int），那么：

- $y = x >> (4 * 8-1)$　　　//执行的结果为 $y = 0$
- $z = x \wedge y$；　　　　　　//x 与 0 异或仍然为 x，执行的结果为 $z=x$
- $z = z - y$；　　　　　　　//减 0 不变，仍然为 x
- z 的结果就是 x，即正数的绝对值是其本身

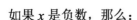

如果 x 是负数，那么：

- $y = x >> 31;$ //执行的结果为 $y = \text{0xffffffff}$
- $z = x \wedge y;$ //执行的结果为 z 为 x 的求反
- $z = z-y;$ //此时 $y = \text{0xffffffff} = -1$，所以 $z = z-y=z + 1$，把一个负数的补码连符号位求反后再加 1，就是其绝对值了。

（5）位运算实现取模运算（求解 $a \% (2^n)$）

在计算机中，执行乘除法是比较耗时的，但通过移位法往往能够更为高效地完成乘除法运算。在前文中介绍过，n 乘以 2^k，等价于 $n<<k$ 操作，n 除 2^k 等价于 $n>>k$。那么，n 对 2^k 取模运算，其结果又会如何呢？答案是结果等价于 $n\&((1<<k)-1)$，那么要求解 $n\%2^k$ 只要将 n 与 2^k-1 做按位与运算即可。

如果现在要求解 $a^b \bmod c$ 的运算结果，那么真的需要每次都取模吗？其实求解这个运算很容易让人想到快速幂取模法。现在首先介绍一下秦九韶算法，该算法把一个 n 次多项式 $f(x)=a[n]x^n+a[n-1]x^{(n-1)}+...+a[1]x+a[0]$ $(a[i]=[0,1])$ 改写成如下形式：

$$
\begin{aligned}
f(x) &= a[n]x^n+a[n-1]x^{(n-1)}+...+a[1]x+a[0] \\
&= (a[n]x^{(n-1)}+a[n-1]x^{(n-2)}+...+a[1])x+a[0] \\
&= ((a[n]x^{(n-2)}+a[n-1]x^{(n-3)}+...+a[2])x+a[1])x+a[0] \\
&= ... \\
&= (...((a[n]x+a[n-1])x+a[n-2])x+...+a[1])x+a[0]
\end{aligned}
$$

那么，在求该多项式的值时，可以首先计算最内层括号内一次多项式的值，即：

v[1]=a[n]x+a[n-1]

然后由内向外逐层计算一次多项式的值，即：

v[2]=v[1]x+a[n-2]
v[3]=v[2]x+a[n-3]
......
v[n]=v[n-1]x+a[0]

这样，求 n 次多项式 $f(x)$ 的值就转化为求 n 个一次多项式的值。那么，在求 $(a\times b) \bmod c$ 时，可以将 b 先表示成：

$b = a[t] \times 2^t+ a[t-1]\times2^{(t-1)} + ... + a[0] \times 2^0,\ (a[i]=[0,1]),$

这样就可以得到：

$a^b \bmod c = (a^{(a[t] \times 2t + a[t-1]\times2(t-1) + ... + a[0] \times 20)}) \bmod c,$

再根据 $a^{2(i+1)} \bmod c =(a^{2^i} \bmod c)^2 \bmod c$，便可得到快速计算 $a^b \bmod c$ 的方法。具体实现代码如下所示。

```python
def fastM(a, p, m):
    """快速计算 (ab) % m 的值"""
    if (p == 0):
        return 1
```

```
        r = a % m;
        k = 1;
        while (p> 1):
            if ((p& 1) != 0):
                k = (k * r) % m
            r = (r * r) % m
            p>>= 1
        return (r * k) % m
```

（6）判断一个数的奇偶性

判断一个数字是奇数还是偶数，通常的做法是判断其是否能够被 2 整除，如果能够整除则表明该数为偶数，否则表明该数为奇数。而判断一个数是否能够被 2 整除，最常用的做法就是对 2 取余，如果余数为 0，则表明该数可以被 2 整除，如果余数为 1，则表明该数不能被 2 整除。是否可以把对 2 取余转换为对应的位运算呢？答案是肯定的。其实对 2 进行取余操作与操作&1 等价。因此可以用图 13-3 中的方法来实现这一目的。

表达式 $a\%2$ 的值	意义
1	a 为奇数
0	a 为偶数

表达式 $a\&1$ 的值	意义
1	a 为奇数
0	a 为偶数

图 13-3　判断一个数的奇偶性

代码如下所示。

```
        def isOddNumber(n):
            return (n & 1) == 1
```

（7）不同长度的数据进行位运算

在进行位运算时，经常会出现参与运算的两个数据的长度不同的情况，例如 long 型数据与 int 型数据进行位运算。针对这种情况，编译器会将参与运算的两个数的右端先对齐，然后再执行位运算。如果短的数为正数，那么会在高位补满数字 0；如果短的数为负数，那么会在高位补满数字 1。如果短的为无符号整数，那么会在高位补满数字 0。

（8）移位运算与位运算的其他技巧

表 13-2 中给出了移位运算与位运算的其他技巧。这里假定变量的位自右至左顺序编号，自 0 位至 15 位，有关指定位的表达式是不超过 15 位的正整数。

表 13-2　移位运算与位运算其他技巧

运算	含义
$\sim(\sim0 << n)$	实现最低 n 位为 1，其余位为 0 的位串信息
$(x >> (1+p-n)) \& \sim(\sim0 << n)$	截取变量 x 自 p 位开始的右边 n 位的信息
new |= ((old >> row) & 1) << (15 − k)	截取 old 变量第 row 位，并将该位信息装配到变量 new 的第 15～k 位
$s \&= \sim(1 << j)$	将变量 s 的第 j 位置成 0，其余位不变
for(j = 0; ((1 << j) & s) == 0; j++) ;	设 s 不等于全 0，代码寻找最右边为 1 的位的序号 j

13.2.2　位图法在大数据处理中的应用

1. 海量数据查找与去重

问题描述：

现在有 40 亿个未排过序且不重复的 unsigned int 的整数，要求快速判断某个给定的数字是否出现在 40 亿个数字中。

求解思路：

首先，将这 40 亿个数字存储到 bitmap 中，具体方法为：首先遍历所有数据，得到数据的最大值，然后根据这个最大值来定义相应大小的位图，并将所有位的取值都置为 0；接着，遍历原始数据，将出现在集合中的数字在位图中对应的位置为 1；然后对于给出的数，判断该数字在 bitmap 中对应的位取值是否为 1，若为 1 则该数字出现在这 40 亿个数字中，否则未出现。

问题描述：

在 2.5 亿个整数中找出不重复的整数。（计算机内存不足以容纳这 2.5 亿个整数）

求解思路：

可以采用两位的位图法，为每个数分配两位，00 表示没有出现，01 表示出现一次，10 表示出现多次，11 没有意义。这样总共需要 2^{32}*2bit=1GB（这里没有限定整数的范围，因此把所有 32 位整数都考虑进去）的内存空间。首先，创建一个位图，并将所有位取值赋为 0，然后需要遍历这 2.5 亿个整数，每遍历到一个整数，查看这个整数对应位图中位的取值，若为 00，则将其变为 01，若为 01，则将其变为 10，其他情况保持不变。最后扫描位图，取值为 01 的位对应的整数就是需要查找的数。

2．海量数据排序

问题描述：

使用位图法对整型数集合排序。

求解思路：

首先遍历集合，得到集合中的最大值，然后根据这个最大值来定义相应大小的位图，并将所有位的取值都置为 0，这里需要注意对于整型的负数，都要转化为 unsigned int 来处理；接着，遍历原始数据，将出现在集合中的数字在位图中对应的位置为 1；最后再按顺序遍历一遍位图，当某一位的取值为 1，就输出该位对应的整数。

如果要对 90 个小于 100 的不重复的正整数排序。用位图的思想就是先申请一块 100bit 的空间，第一遍遍历所有的数字，将出现的数字在位图中对应的位置置为 1；第二遍遍历位图，依次输出值为 1 的位对应的数字。对于排序规模为 100 的情况，完全可以采用其他的排序算法，这些算法有它们自己的优势（不用额外占用空间之类）。但如果把数字规模增大，现在要求对 1000,000,000 中的 900,000,000 个不重复的正整数排序，由于需要的内存非常大，其他算法在不采用分治思想的情况下很难在限定资源内求解这一问题。而用位图法只需要 1000000000/(8*1024*104)=119.2MB 空间，对现在的计算机来说没有任何问题。

3．数据压缩

问题描述：

假设有这样一份数据，记录了全国 1990～1999 年出生的人的姓名和出生年月的键值对。假设正好有 1000 万人，那就要存储 1000 万个姓名和年份。如何运用位图的思想来压缩数据呢？

求解思路：

从时间的角度来看，由于一共就只有 10 个年份，可以用 4 个 bit 将它们区分开。如 0000 表示 1990 年，1001 表示 1999 年。那么一个人的出生年份就可以用 4 个 bit 位来表示，进而 1000 万个年份就可以压缩为 1000 万个 4 位的 bit 数组；还可以从出生年份的角度来看这个问题，每个人都是在这 10 年中的某个年份出生，那么每个人对于年份来说就可以抽象为一个 bit 位，所以把 1000 万的年龄压缩为 10 个 1000 万位的 bit 组。虽然这样压缩的力度不如按人的角度压缩的大，但从年份出发的来设计位图有一个优势就是如果要查询有哪些人是 1990 年出生的，只需遍历 1990 年对应的位图就可以了。

由此可以看出来不管从哪个角度，利用位图压缩数据都是建立在数据中存在大量的冗余数据的基础上的，如年份。而在上面的问题中，年份的分布是散乱的，假如事先把数据进行了排序，把相同的出生年份的人排在一起，那么数据就可以进一步压缩。这样一来只要记录每个年份的人数，就可以根据下标来判断每个人的出生年份。

13.3 达人修炼真题

1. 如何求集合的所有非空子集

题目描述：

有一个集合，求其全部非空子集（包含集合自身）。给定一个集合 s，它包含两个元素<a,b>，则其全部非空子集为<a,ab,b>。

分析与解答：

根据数学性质分析，不难得知，子集个数 S_n 与原集合元素个数 n 之间的关系满足如下等式：$S_n = 2^n - 1$。

方法一：位图法

具体步骤如下所示。

1）构造一个和集合一样大小的数组 A，分别与集合中的某个元素对应，数组 A 中的元素只有两种状态："1" 和 "0"，分别代表每次子集输出中集合中对应元素是否要输出，数组 A 可以看作是原集合的一个标记位图。

2）数组 A 模拟整数"加 1"的操作，每执行"加 1"操作之后，就将原集合中所有与数组 A 中值为"1"的对应的元素输出。

设原集合为<a,b,c,d>，数组 A 的某次"加 1"后的状态为[1,0,1,1]，则本次输出的子集为<a,c,d>。使用非递归的思想，如果有一个数组，大小为 n，那么就使用 n 位的二进制数，如果对应的位为 1，就输出这个位，如果对应的位为 0，就不输出这个位。

例如，集合{a, b, c}的所有子集如下所示：

集合	二进制表示
{}(空集)	0 0 0
{a}	0 0 1
{b}	0 1 0
{c}	1 0 0
{a, b}	0 1 1
{a, c}	1 0 1
{b, c}	1 1 0
{a, b, c}	1 1 1

算法的重点是模拟数组加 1 的操作。数组可以一直加 1，直到数组内所有元素都是 1。实现代码如下所示。

```python
def getAllSubset(array,mask,c):
    if len(array) == c:
        print("{",end=' ')
        i = 0
        while i < len(array):
            if mask[i] == 1:
                print(array[i],end=' ')
            i += 1
        print("}",end='')
        print()
    else:
        mask[c] = 1
        getAllSubset(array,mask,c+1)
        mask[c] = 0
        getAllSubset(array,mask,c+1)


if __name__ == "__main__":
    array = ['a','b','c']
    mask = [0,0,0]
    getAllSubset(array,mask,0)
```

程序的运行结果为

```
{ a b c }
{ a b }
{ a c }
{ a }
{ b c }
{ b }
{ c }
{ }
```

该方法的缺点在于如果数组中有重复数时，这种方法将会得到重复的子集。

算法性能分析：

上述算法的时间复杂度为 $O(n*2^n)$，空间复杂度为 $O(n)$。

方法二：迭代法

1）采用迭代法的具体过程如下：

假设原始集合 $s=<a,b,c,d>$，子集结果为 r：

第一次迭代：

r=\<a>

第二次迭代：

r=\<a ab b>

第三次迭代：

r=<a ab b ac abc bc c>

第四次迭代：

r=<a ab b ac abc bc c ad abd bd acd abcd bcd cd d>

每次迭代，都是上一次迭代的结果+上次迭代结果中每个元素都加上当前迭代的元素+当前迭代的元素。

```python
def getAllSubset(str):
    if str is None or len(str) < 1:
        print("参数不合理")
        return    None
    array = []
    array.append(str[0:1])
    i = 1
    while i < len(str):
        j = 0
        while j < len(str):
            array.append(array[j]+str[i])
            j += 1
        array.append(str[i:i+1])
        i += 1
    return array


if __name__ == "__main__":
    array = ['a','b','c']
    result = getAllSubset('abc')
    i = 0
    while i < len(result):
        print(result[i])
        i += 1
```

程序的运行结果为

```
a
ab
b
ac
abc
bc
c
```

根据上述过程可知，第 k 次迭代的迭代次数为 2^k-1。需要注意的是，$n \geqslant k \geqslant 1$，迭代 n 次，总的遍历次数为 $2^{n+1}-(2+n), n \geqslant 1$，所以，本方法的时间复杂度为 $O(2^n)$。

由于在该算法中，下一次迭代过程都需要上一次迭代的结果，而最后一次迭代之后就没有下一次了。因此，假设原始集合有 n 个元素，则在迭代过程中，总共需要保存的子集个数为 $2^{n-1}-1, n \geqslant 1$。但需要注意的是，这里只考虑了子集的个数，每个子集元素的长度都被视为 1。

其实，比较上述两种方法，不难发现，第一种方法可以看作是用时间换空间，而第二种方法可以看作是用空间换时间。

2．如何统计不同电话号码的个数

题目描述：

已知某个文件内包含一些电话号码，每个号码为 8 位数字，统计不同号码的个数。

分析解答：

这个题目本质上也是求解数据重复的问题，对于这类问题，首先会考虑位图法。对于本题而言，8 位电话号码可以表示的范围为 00000000～99999999，如果用 1bit 表示一个号码，那么总共需要 1 亿个 bit，总共需要大约 100MB 的内存。

通过上面的分析可知，这道题的主要思路是：申请一个位图并初始化为 0，然后遍历所有电话号码，把遍历到的电话号码对应的位图中的 bit 设置为 1。当遍历完成后，如果 bit 值为 1，则表示这个电话号码在文件中存在，否则这个 bit 对应的电话号码在文件中不存在。所以 bit 值为 1 的数量就是不同电话号码的个数。

求解这道题时，最核心的算法是如何确定电话号码对应的是位图中的哪一位。下面重点介绍这个转化的方法，这里使用下面的对应方法。

00000000 对应位图最后一位：0x0000...000001。

00000001 对应位图倒数第二位：0x0000...0000010（1 向左移一位）。

00000002 对应位图倒数第三位：0x0000...0000100（1 向左移 2 位）。

...

00000012 对应位图的倒数十三位：0x0000...0001 0000 0000 0000。

通常而言位图都是通过一个整数数组来实现的（这里假设一个整数占用 4B）。由此可以得出，通过电话号码获取位图中对应位置的方法为（假设电话号码为 P）：

1）通过 P/32 就可以计算出该电话号码在 bitmap 数组中的下标。（因为每个整数占用 32bit，通过这个公式就可以确定这个电话号码需要移动多少个 32 位，也就是可以确定它对应的 bit 在数组中的位置。）

2）通过 P%32 就可以计算出这个电话号码在这个整型数字中具体的 bit 的位置，也就是 1 这个数字对应的左移次数。因此只要把 1 向左移 P%32 位，然后把得到的值与这个数组中的值做或运算，就可以把这个电话号码在位图中对应的位设置为 1。

第四部分

常用算法

本书的前三部分分别介绍了几种重要的算法思想以及数据结构等内容。这一部分将重点介绍日常学习或工作中最常用的一些算法，包括排序算法、查找算法以及字符串匹配算法。这些算法并不复杂，但是都有着非常高的使用频率，掌握它们将快速提升读者对算法的应用和实践能力。

第 14 章 排 序 算 法

排序（Sorting）是数据处理中一种很重要也很常用的运算，它是将一组对象按照规定的次序重新排列的过程，其目的往往是为了检索方便。例如，查字典或者是书籍的目录，这些内容都是事先已经排好序了（升序或者降序），从而可以方便用户查找，节省检索时间。

排序问题一直是计算机技术研究的重要问题，有关排序算法的种类非常多也非常巧妙，其中快速排序算法很早就被列为 20 世纪十大算法之一，可见排序算法的重要性。由于排序算法的好坏直接影响程序的执行速度和辅助存储空间的占有量，所以，各大 IT 企业在笔试面试中也经常出现有关排序的题目。

根据排序时数据所占用存储器的不同，可以将排序分为内部排序与外部排序两大类，其中内部排序指的是待排序的记录全部存放在计算机内存中进行的排序，而外部排序指的是需要对外存储器进行访问的排序过程，外部排序适用于待排序的记录数量巨大，而内存不能存储全部记录的情况。如果没有特殊说明，一般说到的排序都是指内部排序。本章将详细分析常见的各种排序算法，并从时间复杂度、空间复杂度、适用情况等多个方面对它们进行综合比较。以下排序算法将从不同的角度展示算法设计的某些重要原则和技巧。

14.1 插入排序

插入排序的基本思想是，将待排序的数据依次插入到已排好序的有序队列中，这种方法先将待排序的第一个数据看成是一个有序队列，然后从第二个数据开始逐个进行插入，保证每次插入一个新数据后，有序队列仍然可以保持有序性，直至所有待排序的数据全部插入到有序队列中。利用这种思想的排序方法主要有直接插入排序以及希尔排序。下面将详细介绍这两种排序方法。

1. 直接插入排序

大家都有过打扑克的经历，在开始摸牌时，两只手都是空的，接着，玩家每次摸一张牌，并将它插入到左手（也可以是右手）一把牌中的正确位置上。正确位置在哪里？正确位置就是保证它左边的所有牌都比它小，它右边的所有牌都比它大。如何找出这个位置呢？将它与手中已有的牌从右到左地进行比较。无论什么时候，左手中的牌都是排好序的。

以上整个摸牌的过程就是一次插入排序的过程。插入排序就是每一步都将一个待排数据按其大小插入到已经排序的数据中的适当位置，直到全部插入完毕。具体而言，对于给定的一组记录，初始时假设第一个记录自成一个有序序列，其余的记录为无序序列；接着从第二个记录开始，按照记录的大小依次将当前处理的记录插入到其之前的有序序列中，直至最后一个记录插入到有序序列中为止。以数组{38, 65, 97, 76, 13, 27, 49}为例，直接插入排序具体步骤如下所示。

> 第一步插入 38 以后：**[38]** 65 97 76 13 27 49
> 第二步插入 65 以后：**[38 65]** 97 76 13 27 49
> 第三步插入 97 以后：**[38 65 97]** 76 13 27 49
> 第四步插入 76 以后：**[38 65 76 97]** 13 27 49
> 第五步插入 13 以后：**[13 38 65 76 97]** 27 49
> 第六步插入 27 以后：**[13 27 38 65 76 97]** 49
> 第七步插入 49 以后：**[13 27 38 49 65 76 97]**

了解了直接插入排序的思想以及具体的执行方法后，可以写出相应的算法如下所示。

```
void insertSort(int array[], int n)//其中 n 代表待排序元素的个数
{
    if (n>1) then//递归的边界条件
        insertSort(array, n - 1);//先对前 n-1 个数据进行排序
        int x = array[n - 1];      //备份最末一个元素
        int i = n - 2;
        for (i = n - 2 to 0) do    //将最末一个元素插入前 n-1 个已排好序的队列中
            if (array[i]>x) then
                array[i + 1] = array[i];
            else
                break;
            end if
        end for
        array[i + 1] = x;
    end if
}
```

可以看到，上述代码中的算法是用递归的方式进行排序，读者不妨自己试试将其改为非递归形式。如果待排序数据已经是有序的情况时，使用插入排序算法不需要移动数据，此时为算法执行效率的最好情况，平均时间复杂度为 O(n)。如果待排序数据恰好为反序时，需要移动 $n*(n-1)/2$ 个元素，此时为算法执行的最坏情况，平均时间复杂度为 O(n^2)。

基于直接插入排序算法进行改进，又可以得到折半插入排序算法，在直接插入排序中，最重要的思想就是"比较"与"移动"，当第 $i-1$ 趟需要将第 i 个元素插入前面的 0~$i-1$ 个元素的序列中时，它总是从 $i-1$ 个元素开始，逐个比较每个元素，直到找到它的位置。而这忽视了一个条件，即前面的元素已经是有序的了，所以折半插入排序正好改进了这一点。

对于折半插入而言，当需要把第 i 个元素插入有序序列中时，此时并不需要逐一与已排好序的 $i-1$ 个元素比较，只需要从这 $i-1$ 个元素的中间位置开始比较即可，如果该元素的值比中间元素的值小，那么它就在中间元素的前面，继续寻找下一个中间元素，并进行比较，如果该元素的值比中间的元素的值大，那么它就在中间元素的后面，以同样的方式去找，直到找到合适的位置为止，将第 i 个元素插入即可。根据这一思路，可以写出折半插入排序的算法如下所示。

```
void insertSort(int array[], int num)
{
    if (array == NULL || num< 0) then
```

```
            return;
        end if
        for (i = 1 to num-1) do
            int low, high, mid;
            low = 0;
            high = i-1;
            while (low <= high)  do       //使用二分查找，寻找应该插入的位置
                mid = low + ((high - low) >> 1);     //这种写法能有效避免溢出
                if (array[i] >array[mid]) then
                    low = mid + 1;
                else
                    high = mid - 1;
                end if
            end while
            int temp = array[i];
            for (int j = i to low+1) do       //移动记录
                array[j] = array[j-1];
            end for
            array[low] = temp;       //插入记录
        end for
}
```

相较于直接插入排序，折半插入排序法只是在查找插入点的过程中，合理地利用了数组有序这一特点，通过二分查找，减少了关键字之间的比较次数，从而使得效率得到了提升，但记录的移动次数不变。因此，折半插入排序的时间复杂度仍为 $O(n^2)$。另外，折半插入排序所需的辅助空间与直接插入排序相同，均为 $O(1)$。

在折半插入排序的基础上再进一步改进，又可以得到两路插入排序法，它的目的在于减少排序过程中移动记录的次数。该算法的主要思路是首先开辟一个长度为 Length 的临时数组，将待排序数组的第 1 个元素放到临时数组的第 0 位，作为初始化。同时定义两个游标 first 和 final 分别指向临时数组当前最小值和最大值所在位置。在接下来的排序过程中，每次插入一个新的元素时，都将待插入元素的值与当前 first 与 final 指向的值进行比较，来确定插入的具体位置。

下面通过一个具体的例子来了解这种排序方法。以数组 {49,38, 65, 97, 76, 13, 27} 为例，两路插入排序法的具体步骤如下所示。

插入元素	队列状态		first 指向	final 指向
第一步插入 49 以后：	[49]		49	49
第二步插入 38 以后：	[49]	[38]	38	49
第三步插入 65 以后：	[49，65]	[38]	38	65
第四步插入 97 以后：	[49，65，97]	[38]	38	97
第五步插入 76 以后：	[49，65，76，97]	[38]	38	97
第六步插入 13 以后：	[49，65，76，97]	[13，38]	13	97
第七步插入 27 以后：	[49，65，76，97]	[13，27，38]	13	97

```python
def insertion_sort(self):
    # 获取列表长度
    length = len(arr)
```

```
    for i in range(1, length):
        left = j = 0
        right = i - 1
        temp = arr[i]
        while left <= right:
            # 获取中间位置（取整）
            mid = (left + right) // 2

            # 使用二分查找，对中间位置的值与待插入数字比较
            # 待插入的数字在 mid 右边
            if arr[mid] < temp:
                left = mid + 1
            else:
                right = mid - 1
                # 查找出 temp 应插入的位置后，将 left 后面的数字均向后移动一位
                j = i - 1
        while j >= left:
            arr[j + 1] = arr[j]
            j -= 1
        # left 位置上放置待插入的数字
        arr[left] = temp


if __name__ == "__main__":
    arr = [0, 49, 38, 65, 97, 76, 13, 27, 49]
    insertion_sort(arr)
    print(arr)
```

程序运行结果为

```
[0, 13, 27, 38, 49, 49, 65, 76, 97]
```

2. 希尔排序（Shell's Sort）

希尔排序是 1959 年由 D.L.Shell 提出来的，相对直接排序有较大的改进。希尔排序又叫缩小增量排序。它的基本思想是先将整个待排序的记录序列分割成为若干子序列分别进行直接插入排序，待整个序列中的记录"基本有序"时，再对全体记录进行依次直接插入排序。具体操作方法为：

- 选择一个增量序列 t_1, t_2, …, t_k，其中 $t_i > t_j$，$i > j$；
- 按增量序列个数 k，对序列进行 k 趟排序；
- 每趟排序，根据对应的增量 t_i，将待排序列分割成若干长度为 m 的子序列，分别对各子表进行直接插入排序。仅增量因子为 1 时，整个序列作为一个表来处理，表长度即为整个序列的长度。

以数组{26, 53, 67, 48, 57, 13, 48, 32, 60, 50}，步长序列为{5, 3, 1}为例。具体步骤如下所示。希尔排序的算法如图 14-1 所示。

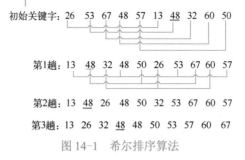

初始关键字: 26 53 67 48 57 13 <u>48</u> 32 60 50

第1趟: 13 <u>48</u> 32 48 50 26 53 67 60 57

第2趟: 13 <u>48</u> 26 48 50 32 53 67 60 57

第3趟: 13 26 32 <u>48</u> 48 50 53 57 60 67

图 14-1　希尔排序算法

实现代码如下所示。

```
void ShellSort(int array[], int length)
{
    int i,j,h,temp;
    for(h = length/2; h > 0; h=h/2) do
        for(i = h to length-1) do
            temp = array[i];
            for(j = i-h; j >= 0; j-=h) do
                if(temp < array[j]) then
                    array[j+h] = array[j];
                else
                    break;
                end if
            end for
            array[j+h] = temp;
        end for
    end for
}
```

对希尔排序进行复杂度分析较难，因为关键码的比较次数与记录移动次数依赖于增量因子序列的选取，在特定情况下可以准确估算出关键码的比较次数和记录的移动次数。目前还没有人给出选取最好的增量因子序列的方法。增量因子序列可以有各种取法，有取奇数的，也有取质数的，但需要注意增量因子中除 1 外没有公因子，且最后一个增量因子必须为 1。

14.2　选择排序

选择排序是另外一类排序算法，这类算法的基本思想是在要排序的一组数中，选出最小或者最大的数与第 1 个位置的数交换；然后在剩下的数当中再找最小或者最大的与第 2 个位置的数交换，依次类推，直到第 $n-1$ 个元素（倒数第二个数）和第 n 个元素（最后一个数）比较为止。遵循这一排序思想的方法主要有简单选择排序法、二元选择排序法以及堆排序。下面分别介绍。

1. 简单选择排序

用简单选择排序对 n 个记录进行排序的具体方法是：

- 第一趟，从 n 个记录中找出关键码最小的记录与第一个记录交换；
- 第二趟，从第二个记录开始的 $n-1$ 个记录中再选出关键码最小的记录与第二个记录交换；
- 以此类推……
- 第 i 趟，则从第 i 个记录开始的 $n-i+1$ 个记录中选出关键码最小的记录与第 i 个记录交换，直到整个序列按关键码有序。

以数组{38, 65, 97, 76, 13, 27, 49}为例，具体步骤如下：

```
第一趟排序后：13 [65 97 76 38 27 49]
第二趟排序后：13 27 [97 76 38 65 49]
第三趟排序后：13 27 38 [76 97 65 49]
第四趟排序后：13 27 38 49 [97 65 76]
第五趟排序后：13 27 38 49 65 [97 76]
第六趟排序后：13 27 38 49 65 76 [97]
最后排序结果：13 27 38 49 65 76 97
```

简单选择排序的算法如下所示。

```
void SelectSort(int array[], int length)
{
    int i,j,temp=0,flag=0;
    for (i = 0 to length - 2) do
    {
        temp = array[i];
        flag = i;
        for (j = i + 1 to length-1) do
            if (array[j] < temp)then
                    temp = array[j];
                    flag = j;
                end if
        end for
        if (flag != i) then
                array[flag] = array[i];
                array[i] = temp;
        end if
    end for
}
```

2. 二元选择排序

二元选择排序是在简单选择排序算法的基础上进行了改进。简单选择排序每趟循环只能确定一个元素排序后的定位，二元选择排序考虑改进为每趟循环确定两个元素（当前趟最大和最小记录）的位置，从而减少排序所需的循环次数。改进后对 n 个数据进行排序，最多只需进行 $n/2$ 趟循环即可。具体算法如下所示。

```
void SelectSort(int r[],int n)
{
    int i ,j , min ,max, tmp;
    for (i=1 to n/2) do     //进行不超过 n/2 趟选择排序
        min = i; max = i ; //分别记录最大和最小关键字的位置
        for (j= i+1; j<= n-i; j++) do
```

```
            if (r[j] > r[max]) then
                max = j ;
                continue ;
            end if
            if (r[j]< r[min]) then
                    min = j ;
            end if
        end for
        //该交换操作还可分情况讨论以提高效率
        tmp = r[i-1]; r[i-1] = r[min]; r[min] = tmp;
        tmp = r[n-i]; r[n-i] = r[max]; r[max] = tmp;
    end for
}
```

3.堆排序

下面来介绍堆排序。读者可能会疑惑为何会将堆排序归类为选择排序，大家看完后续的介绍就会有答案。堆排序是一种属性选择排序方法，是对直接排序的有效改进。在介绍堆排序前，首先给出堆的定义。堆是一种树形数据结构，每个结点都有一个值，通常所说的堆的数据结构是指二叉树，在此基础上堆需要满足两个性质：

1）堆中某个结点的值总是不大于或不小于其父结点的值；

2）堆是一棵完全二叉树。

通过定义可以看出堆可以分为两类，最大堆和最小堆。根结点最大的堆称为最大堆或大顶堆，根结点最小的堆称为最小堆或小顶堆。如图 14-2 所示，图 14-2a 即是一个大顶堆，图 14-2b 是一个小顶堆。

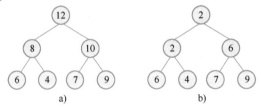

图 14-2　大顶堆与小顶堆

通常可以将堆用顺序存储结构来存储，这样一来堆中存储的数组便可用数组表示。如图 14-3 所示，图 14-3a 中显示的树形表示的大顶堆，图 14-3b 中是对应的数组表示。

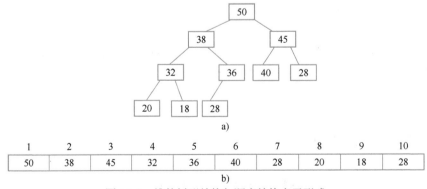

图 14-3　堆的树形结构与顺序结构表示形式

a) 树形表示的大顶堆　b) 数组表示的大顶堆

堆排序的思想是首先将待排序的记录序列构造成堆（大顶堆），得到所有记录的最大者，然后将它从堆中移走，并将剩余的记录再调整成堆，这样又找出了次小者，以此类推，直到堆中只有一个记录。堆排序主要包括两个过程：一是将无序序列构建堆；二是不断交换堆顶元素与最后一个元素的位置，然后调整堆。

下面来介绍如何将无序序列构建成一个堆。首先，将无序序列按照完全二叉树的形式构造；然后开始调整这棵二叉树，使所有非叶子结点都满足父结点的取值比孩子结点的值大。

那么，现在需要解决的一个问题即：假设一棵完全二叉树的根结点左右子树均是堆，如何调整根结点，使之成为堆？具体的方法如下所示，其中函数 HeapAdjust 中的参数 H 是待调整的堆数组，s 是待调整的数组元素的位置，length 是数组的长度。

```
//已知H[s…m]除了H[s]外均满足堆的定义，调整H[s]，使其成为大顶堆，即将对第s个结点为根的子树筛选
void HeapAdjust(int H[],int s, int length)
{
    int tmp    = H[s];
    int child = 2*s+1;
    //左孩子结点的位置(i+1 为当前调整结点的右孩子结点的位置)
    while (child < length) do
        if(child+1 <length && H[child]<H[child+1]) then
        //如果右孩子大于左孩子(找到比当前待调整结点大的孩子结点)
            ++child ;
        end if
        if(H[s]<H[child]) then    //如果较大的子结点大于父结点
            H[s] = H[child];      //那么把较大的子结点往上移动，替换它的父结点
            s = child;            //重新设置 s，即待调整的下一个结点的位置
            child = 2*s+1;
        else    //如果当前待调整结点大于它的左右孩子，则不需要调整，直接退出
            break;
        end if
        H[s] = tmp;//当前待调整的结点放到比其大的孩子结点位置上
    end while
}
```

上面介绍了如何将一个根结点不满足堆性质的完全二叉树调成为一个堆，那么要把一个无序序列进行排序，使之称为一个堆就变得很容易了，具体方法如下所示。

```
void BuildingHeap(int H[], int length)
{
    i=   (length -1) / 2   //最后一个有孩子的结点的位置
    for (int i = (length -1) / 2 to 0)    do
        HeapAdjust(H,i,length);
    end for
}
```

由此可见堆排序需要两个过程，一是建立堆，二是堆顶与堆的最后一个元素交换位置。所以堆排序有两个函数组成，一是建堆的函数，二是反复将堆顶与堆的最后一个元素交换位置的函数，然后进行相应调整。有了上述给出的两种方法，堆排序所需要的基本操作已经实现了，在此基础上进行堆排序的具体方法如下所示。

```
void HeapSort(int H[],int length)
{
    //初始堆
    BuildingHeap(H, length);
    //从最后一个元素开始对序列进行调整
    for (int i = length - 1 to 1)    do
        //交换堆顶元素 H[0]和堆中最后一个元素
        temp = H[i];
        H[i] = H[0];
        H[0] = temp;
        //每次交换堆顶元素和堆中最后一个元素之后，都要对堆进行调整
        HeapAdjust(H,0,i);
    end for
}
```

由此可见，对于 n 个关键字序列进行堆排序，最坏情况下每个结点需比较 $\log_2 n$ 次，因此其最坏情况下时间复杂度为 $O(n\log_2 n)$。

14.3 交换排序

交换排序的基本思想是在待排序的一组数中，对当前还未排好序的范围内的全部数，自上而下对相邻的两个数依次进行比较和调整，让较大的数往下沉，较小的数往上冒。即：每当对两个相邻的数字比较后发现它们的排序与要求相反时，就将它们互换。采用这种思想的排序方法主要有冒泡排序和快速排序。

1. 冒泡排序

冒泡排序顾名思义就是整个排序过程就像气泡一样往上升，单向冒泡排序的基本思想是（假设由小到大排序）：对于给定的 n 个记录，从第一个记录开始依次对相邻的两个记录进行比较，当前面的记录大于后面的记录时，交换其位置，进行一轮比较和换位后，n 个记录中的最大记录将位于第 n 位；然后对前($n-1$)个记录进行第二轮比较；重复该过程直到进行比较的记录只剩下一个时为止。以数组{36, 25, 48, 12, 25, 65, 43, 57}为例，具体排序过程如下所示，其中 $R[i]$ 代表数组的第 i 个元素，因此下面所示过程中的每一列都代表对数组的两个相邻记录比较并进行相应交换后的结果，那么最右边的一列便是一趟排序结束后数组的状态，可以看出此时 65 作为数组中最大的元素位于数组的最后一个位置。

一趟排序的过程如下：

R[1]	36	**25**	25	25	25	25	25	25
R[2]	25	**36**	**36**	36	36	36	36	36
R[3]	48	48	**48**	**12**	12	12	12	12
R[4]	12	12	12	**48**	**25**	25	25	25
R[5]	25	25	25	25	**48**	**48**	48	48
R[6]	65	65	65	65	65	**65**	**43**	43
R[7]	43	43	43	43	43	43	**65**	**57**
R[8]	57	57	57	57	57	57	57	**65**

经过多趟排序后的结果如下：

初始状态：[36 25 48 12 25 65 43 57]
1 趟排序：[25 36 12 25 48 43 57] **65**
2 趟排序：[25 12 25 36 43 48] **57 65**
3 趟排序：[12 25 25 36 43] **48 57 65**
4 趟排序：[12 25 25 36] **43 48 57 65**
5 趟排序：[12 25 25] **36 43 48 57 65**
6 趟排序：[12 25] **25 36 43 48 57 65**
7 趟排序：[12] **25 25 36 43 48 57 65**

下述代码给出了冒泡排序的算法。

```
void bubbleSort(int array[], int length)
{//每次一个大数沉底
    for (int i = length - 1 to 0)//每次比较时，要到达的下标
    {
        for (int j = 0 to i-1)//每次从 0 到 i-1 之间比较
        {
            if (array[j] >array[j + 1]) then    //交换
                int temp = array[j];
                array[j] = array[j + 1];
                array[j + 1] = temp;
            end if
        end for
    end for
}
```

对冒泡排序常见的改进方法是加入一标志性变量 exchange，用于标志某一趟排序过程中是否有数据交换，如果进行某一趟排序时并没有进行数据交换，则说明数据已经按要求排列好，可立即结束排序，避免不必要的比较过程。现在来介绍两种常见的改进冒泡排序算法。

1）设置一标志性变量 pos，用于记录每趟排序中最后一次进行交换的位置。由于 pos 位置之后的记录均已交换到位，故在进行下一趟排序时只要扫描到 pos 位置即可。具体算法如下所示。

```
void Bubble_1 ( int r[], int n)
{
    int i= n -1;   //初始时，最后位置保持不变
    while ( i> 0) do
        int pos= 0; //每趟开始时，无记录交换
        for (int j= 0; j< i; j++)
            if (r[j]> r[j+1]) {
                pos= j;       //记录交换的位置
                int tmp = r[j];
                r[j]=r[j+1];
                r[j+1]=tmp;
            end if
            i= pos;       //为下一趟排序作准备
        end for
    end while
}
```

2）传统冒泡排序中每一趟排序操作只能找到一个最大值或最小值，可以考虑利用在每趟排序中进行正向和反向两遍冒泡的方法一次可以得到两个最终值（最大者和最小者），从而使排序趟数几乎减少了一半。这种方法也被称为双向冒泡排序算法。具体算法如下所示。

```
void Bubble_2 ( int r[], int n)
{
    int low = 0，high= n -1，tmp, j;      //设置变量的初始值
    while (low < high) do
        for (j= low to high-1) do         //正向冒泡，找到最大者
            if (r[j]> r[j+1]) then
                tmp = r[j];
                r[j]=r[j+1];
                r[j+1]=tmp;
            end if
        end for
        --high;                           //修改 high 值，前移一位
        for ( j=high to low+1) do         //反向冒泡，找到最小者
            if (r[j]<r[j-1]) then
                tmp = r[j];
                r[j]=r[j-1];
                r[j-1]=tmp;
            end if
        end for
        ++low;                            //修改 low 值，后移一位
    end while
}
```

2. 快速排序

快速排序是一种优秀、高效的排序算法。它的基本思想是：

- 选择一个基准元素，通常选择待排序记录中的第一个元素或者最后一个元素。
- 通过一趟排序将待排序的记录分割成独立的两部分，其中一部分记录的元素值均比基准元素值小。另一部分记录的元素值比基准值大。
- 此时基准元素在其排好序后的正确位置。
- 然后分别对上一步产生的两部分记录用同样的方法继续进行排序，直到整个序列有序。

以一个待排序序列 array[m…n]为例，若要对 array 中存储的数据采用快速排序法进行排序，那么首先输入的序列 array[m…n]划分成两个非空子序列 array [m…k]和 array [k+1…n]，使 array [m…k]中任一元素的值不大于 array [k+1…n]中任一元素的值；然后通过递归调用快速排序算法分别对 array [m…k]和 array [k+1…n]进行排序；不断重复上一步，直到所有元素均有序。以数组{49,38, 65, 97, 76, 13, 27, 49}为例，来看快速排序的具体步骤：

第一趟排序过程：
初始化关键字 [49 38 65 97 76 13 27 49]
设置指针 i 指向第一个 49，j 指向第二个 49，i 不断向右移动，j 不断向左移动，在移动的过程中比较二者指向的数值大小，若大小关系与排序的有序关系相反，则交换指向的数字。

　　第一次交换后：[**27** 38 65 97 76 13 **49** 49]
　　第二次交换后：[27 38 **49** 97 76 13 **65** 49]
　　j 向左扫描，位置不变，第三次交换后：[27 38 **13** 97 76 **49** 65 49]
　　i 向右扫描，位置不变，第四次交换后：[27 38 13 **49** 76 **97** 65 49]
　　j 向左扫描　[27 38 13 49 76 97 65 49]
　　整个排序过程：
　　初始化关键字　[49 38 65 97 76 13 27 49]
　　一趟排序之后：[27 38 13] **49** [76 97 65 49]
　　二趟排序之后：[13] **27** [38] **49** [49 65]**76** [97]
　　三趟排序之后：　　**13 27 38 49 49** [65]**76 97**
　　最后的排序结果：**13 27 38 49 49 65 76 97**

　　上面的例子简要地介绍了快速排序的基本思路，要完成快速排序必须先实现将一个给定序列一分为二这一子任务。具体的算法如下所示，其中的 part 函数完成划分数组的任务，quicksort 函数采用递归的方式完成快速排序。

```
int part(int array[], int low, int high)
//将数组 array[low...high]划分为两部分
{
    int x = array[low];        //此处是 array[low]，将待排序数组中第一个元素设为基准
    while (low<high) do
        while ((array[high] >= x) && (low<high)) do
            high--;        //相当于指针 j 向左移
        end while
        array[low] = array[high];
        while ((array[low] <= x) && (low<high)) do
            low++;        //相当于指针 i 向右移
        end while
        array[high] = array[low];
    end while
    array[low] = x;        //将基准 x 放置在合适的位置
    return low;        //返回的是 low，即 x 最后被放置的位置
}

void quickSort(intarray[], intlow, inthigh)    //递归函数
{
    if (low<high) then        //这是递归终结条件，即在只有一个元素时或者 low>high 时，不排序
        int mid = part(array, low, high);
        quickSort(array, low, mid - 1);
        quickSort(array, mid + 1, high);
    end if
}
```

　　快速排序是通常被认为是在同数量级（快速排序的最坏时间复杂度应为 $O(n^2)$，最好时间复杂度为 $O(n\log_2 n)$，平均时间复杂度为 $O(n\log_2 n)$）的排序方法中平均性能最好的。但若初始序列按关键码有序或基本有序时，快排序反而退化为冒泡排序。如何改进？通常以"三者取中法"来选取基准记录，即将排序区间的两个端点与中点三个记录关键码居中的调整为支点记录。快速排序是一个不稳定的排序方法。快速排序除了递归的实现方法以外，还存在非递

归的实现方法，这一问题留给读者思考并自行尝试完成。

现在来看一种基于快速排序的改进算法，这种算法只对长度大于 k 的子序列递归调用快速排序，让原序列基本有序，然后再对整个基本有序序列用插入排序算法排序。实践证明，改进后的算法时间复杂度有所降低，且当 k 取值为 8 左右时，改进算法的性能最佳。算法如下所示。

```
int partition(int a[], int low, int high)
{
    int privotKey = a[low];                    //基准元素
    while(low < high) do                       //从表的两端交替地向中间扫描
        while(low < high   && a[high] >= privotKey) do
            --high;
            //从 high 所指位置向前搜索，至多到 low+1 位置。将比基准元素小的交换到底端
        end while
        交换 a[low]与 a[high];
        while(low < high   && a[low] <= privotKey ) do
            ++low;
        end while
        交换 a[low]与 a[high];
    end while
    return low;
}

void qsort_improve(int r[ ],int low,int high, int k)
{
    if( high -low > k ) then //长度大于 k 时递归, k 为指定的数
        int pivot = partition(r, low, high); //调用的 Partition 算法保持不变
        qsort_improve(r, low, pivot - 1,k);
        qsort_improve(r, pivot + 1, high,k);
    end if
}

void quickSort(int r[], int n, int k)
{
    qsort_improve(r,0,n,k);//先调用改进算法 Qsort 使之基本有序
    //再用插入排序对基本有序序列排序
    for(int i=1; i<=n;i ++) do
    int tmp = r[i];
    int j=i-1;
    while(tmp < r[j]) do
        r[j+1]=r[j]; j=j-1;
    end while
    r[j+1] = tmp;
    end for
}
```

14.4 归并排序

归并（Merge）排序的基本思想是将两个（或两个以上的）有序队列合并成一个新的有序

表，即把待排序序列分为若干个子序列，每个子序列是有序的。然后再把有序子序列合并为整体有序序列。下面来看一个具体例子：设 $r[i…n]$ 由两个有序子表 $r[i…m]$ 和 $r[m+1…n]$ 组成，两个子表长度分别为 $n-i+1$、$n-m$。具体的合并方法如下所示。

1）$j=m+1$；$k=i$；$i=i$；　　　　　　　（放置两个子表的起始下标及辅助数组的起始下标）
2）若 $i>m$ 或 $j>n$，转步骤 4）　　　（放其中一个子表已合并完，比较选取结束）
3）//选取 $r[i]$ 和 $r[j]$ 较小的存入辅助数组 rf
如果 $r[i]<r[j]$，$rf[k]=r[i]$；　i++；　k++；转步骤 2）
否则，$rf[k]=r[j]$；　j++；　k++；　转步骤 2）
4）//将尚未处理完的子表中元素存入 rf
如果 $i<=m$，将 $r[i…m]$ 存入 $rf[k…n]$　　//（前一子表非空）
如果 $j<=n$，将 $r[j…n]$ 存入 $rf[k…n]$　　//（后一子表非空）
5）合并结束

下面给出合并算法：

```
//将 r[i...m]和 r[m +1 ...n]归并到辅助数组 rf[i...n]
void Merge(ElemType *r,ElemType *rf, int i, int m, int n)
{
    int j,k;
    for(j=m+1,k=i; i<=m && j <=n ; ++k)
        if(r[j] < r[i]) then
            rf[k] = r[j++];
        else
            rf[k] = r[i++];
        end if
    ene for
    while(i <= m)   do
        rf[k++] = r[i++];
    end while
    while(j <= n)    do
        rf[k++] = r[j++];
    end while
}
```

下面给出归并排序算法：

```
void mergeSort(int *a, int start, int end)
{
    int mid = (start + end) / 2;
    if (start<end) then
        //分解
        mergeSort(a, start, mid);
        mergeSort(a, mid + 1, end);
        //合并
        merge(a, start, mid, end);
    end if
```

}

归并排序的总时间等于分解问题时间、解决问题时间与合并子问题时间的三者之和。假设数组序列长度为 n，分解问题时间为一常数，时间复杂度 $O(1)$，解决问题时间是两个递归式，把一个规模为 n 的问题分成两个规模分别为 $n/2$ 的子问题，时间为 $2T(n/2)$，合并子问题时间的时间复杂度为 $O(n)$。总时间 $T(n)=2T(n/2)+O(n)$，根据主定理可知，该算法的平均时间复杂度为 $O(n\log_2 n)$。

在归并排序的过程中，对两个有序子文件归并时，若两个有序子文件中出现相同关键字的记录，归并算法能够使前一个子文件中同一关键字的记录先复制，后一子文件中同一关键字的记录后复制，从而确保它们的相对次序不会改变。所以，归并排序是一种稳定的排序算法。

14.5 桶排序/基数排序

前面讨论的所有排序算法都是可以用在任何键值类型（例如整数、字符串以及任何可比较的对象）上的通用排序算法。这些算法都是通过比较它们的键值来对元素排序的。已经证明，基于比较的排序算法的平均复杂度不会好于 $O(n\log_2 n)$，但是，如果键值是整数，那么可以使用桶排序，而无须比较这些键值。基数排序是桶排序的一种扩展，可以处理键值范围太大的情况。下面分别介绍这两种方法。

1. 桶排序

首先来通过一个例子介绍桶排序的思想。期末考试结束了，老师要将同学们的分数按照从高到低排序。班上只有 5 个同学，这 5 个同学分别考了 5 分、3 分、5 分、2 分和 8 分，（满分是 10 分）。接下来将分数进行从大到小排序，排序后是 8 5 5 3 2。有没有什么好方法编写一段程序，让计算机随机读入 5 个数，然后将这 5 个数从大到小输出？

首先需要申请一个大小为 11 的数组 int a[11]，编号从 a[0]~a[10]。刚开始的时候，将 a[0]~a[10] 都初始化为 0，表示这些分数还都没有人得过。例如 a[0] 等于 0 就表示目前还没有人得过 0 分，同理 a[1] 等于 0 就表示目前还没有人得过 1 分……a[10] 等于 0 就表示目前还没有人得过 10 分。

下面开始处理每一个人的分数，第一个人的分数是 5 分，将相对应 a[5] 的值在原来的基础增加 1，即将 a[5] 的值从 0 改为 1，表示 5 分出现过了一次。第二个人的分数是 3 分，则把相对应 a[3] 的值在原来的基础上增加 1，即将 a[3] 的值从 0 改为 1，表示 3 分出现过了一次。第三个人的分数也是 "5 分"，所以 a[5] 的值需要在此基础上再增加 1，即将 a[5] 的值从 1 改为 2。表示 5 分出现过了两次。按照刚才的方法处理第四个和第五个人的分数。最终结果如图 14-4 所示。

0	0	1	1	0	2	0	0	1	0	0
a[0]	a[1]	a[2]	a[3]	a[4]	a[5]	a[6]	a[7]	a[8]	a[9]	a[10]

图 14-4　桶排序示例

a[0]~a[10] 中的数值其实就是 0~10 分每个分数出现的次数。接下来，只需要将出现过的分数打印出来就可以了，出现几次就打印几次，具体如下。

a[0]为 0，表示"0"没有出现过，不打印
a[1]为 0，表示"1"没有出现过，不打印
a[2]为 1，表示"2"出现过 1 次，打印 2
a[3]为 1，表示"3"出现过 1 次，打印 3
a[4]为 0，表示"4"没有出现过，不打印
a[5]为 2，表示"5"出现过 2 次，打印 5 5
a[6]为 0，表示"6"没有出现过，不打印
a[7]为 0，表示"7"没有出现过，不打印
a[8]为 1，表示"8"出现过 1 次，打印 8
a[9]为 0，表示"9"没有出现过，不打印
a[10]为 0，表示"10"没有出现过，不打印
最终屏幕输出"2 3 5 5 8"

桶排序算法如下所示。

```
Sort(array[], n, max)//array 存储待排序数据，n 为数据数量,键值范围为 0~max
{
    for(i=0;i<max+1;i++) do
        a[i]=0;    //初始化为 0
    end for
    for(i=0;i<n;i++)    do
        t=array[i];
        a[t]++;    //进行计数
    end for
    for(i=0;i<max+1;i++) do //依次判断 a[0]~a[max]
        for(j=1;j<=a[i];j++)do//出现了几次就打印几次
            print i;
        end for
    end for
}
```

假设待排序数据的键值范围为 $0 \sim t$，那么需要 $t+1$ 个标记为 0，1，…，t 的桶。如果元素的键值是 i，那么就将该元素放入桶 i 中。最后每个桶中都放着具有相同键值的元素。但是当 t 太大时，桶排序就不可取了。此时，可以使用基数排序。

2. 基数排序

假定键值是正整数，基数排序的思想就是将这些键值基于它们的基数位置分为子组，然后反复地从最小的基数位置开始，对其上的键值应用桶排序方法。假设现在有一组整数待排序，那么基数排序的方法为：根据这些整数的最右边数字（个位）将其扔进相应的 0~9 号的桶里，对于相同的数字要保持其原来的相对顺序（确保排序算法的稳定性），然后将桶里的数字按顺序输出，然后再进行第二趟收集（按照第二位（十位）的数字大小将这些数字放入对应的桶中），不断反复这一过程，当根据最高位的数字进行桶排序后，输出的数字就是排好序的数字。基数排序算法如下所示。

```
void RadixSort(L[],length,maxradix)
//length 为待排序数据数量，maxradix 为最大基数，即待排序数据的最大位数
{
    int m,n,k,lsp;
```

```
            k=1;m=1;
            int temp[10][length-1];
            Empty(temp); //清空临时空间
            while(k<maxradix) do//遍历所有关键字
                for(int i=0 to length-1) do//分配过程
                    if(L[i]<m) then
                        temp[0][n]=L[i];
                    else
                        lsp=(L[i]/m)%10; //确定关键字
                    end if
                    Temp[lsp][n]=L[i];
                    n++;
                end for
                CollectElement(L,Temp); //将当前排好序的数字从桶中按顺序存入 L 中
                n=0;
                m=m*10;
                k++;
            end while
        }
```

在本章的最后，对这些常用算法的复杂度及稳定性进行总结与分析。表 14-1 给出了各算法的总结。

表 14-1　各排序算法性能总结

排序方法	最好时间	平均时间	最坏时间	辅助存储	稳定性	备注
简单选择排序	$O(n^2)$	$O(n^2)$	$O(n^2)$	$O(1)$	不稳定	n 小时较好
直接插入排序	$O(n)$	$O(n^2)$	$O(n^2)$	$O(1)$	稳定	多数记录有序较好
冒泡排序	$O(n)$	$O(n^2)$	$O(n^2)$	$O(1)$	稳定	n 小时较好
希尔排序	$O(n)$	$O(n\log_2 n)$	$O(n^s)$ $1<s<2$	$O(1)$	不稳定	s 是所选分组
快速排序	$O(n\log_2 n)$	$O(n\log_2 n)$	$O(n^2)$	$O(\log_2 n)$	不稳定	n 大时较好
堆排序	$O(n\log_2 n)$	$O(n\log_2 n)$	$O(n\log_2 n)$	$O(1)$	不稳定	n 大时较好
归并排序	$O(n\log_2 n)$	$O(n\log_2 n)$	$O(n\log_2 n)$	$O(n)$	稳定	n 大时较好

若待排序数据原本有序或基本有序时，直接插入排序和冒泡排序将大大减少比较次数和移动记录的次数，时间复杂度可降至 $O(n)$；而快速排序则相反，当原数据基本有序时，将退化为冒泡排序，时间复杂度提高为 $O(n^2)$；原数据是否有序，对简单选择排序、堆排序、归并排序和基数排序的时间复杂度影响不大。

排序算法的稳定性定义为：若待排序的序列中，存在多个具有相同关键字的记录，经过排序，这些记录的相对次序保持不变，则称该算法是稳定的；若经排序后，记录的相对次序发生了改变，则称该算法是不稳定的。如果一个排序算法是稳定的，可以避免多余的比较。

本章介绍的这些排序算法都有自己的特点，分别适用于不同的待排序数据，因此，在实际使用时需根据不同情况适当选用，甚至可以将多种方法结合起来使用。平均时间复杂度低的算法并不一定就是最优的。相反，有时平均时间复杂度高的算法可能更适合某些特殊情况。同时，选择算法时还得考虑它的可读性，以利于软件的维护。一般而言，需要考虑的因素有以下四点：

1）待排序的记录数目 n 的大小。

2）记录本身数据量的大小，也就是记录中除关键字外的其他信息量的大小。

3）关键字的结构及其分布情况。

4）对排序稳定性的要求。

14.6　达人修炼真题

如何找出数组中第 k 小的数

题目描述：

给定一个整数数组，如何快速地求出该数组中第 k 小的数？假如数组为{4,0,1,0,2,3}，那么第 3 小的元素是 1。

分析与解答：

对一个有序的数组而言，非常容易找到数组中第 k 小的数，因此，可以通过对数组进行排序的方法来找出第 k 小的数。同时，由于只要求第 k 小的数，因此，没有必要对数组进行完全排序，只需要对数组进行局部排序就可以了。下面介绍几种不同的实现方法。

方法一：排序法

最简单的方法就是首先对数组进行排序，在排序后的数组中，下标为 $k-1$ 的值就是第 k 小的数。例如：对数组{4,0,1,0,2,3}进行排序后的序列变为{0,0,1,2,3,4}，第 3 小的数就是排序后数组中下标为 2 对应的数 1。由于最高效的排序算法（例如快速排序）的平均时间复杂度为 $O(n\log_2 n)$，因此，此时该方法的平均时间复杂度为 $O(n\log_2 n)$，其中，n 为数组的长度。

方法二：部分排序法

由于只需要找出第 k 小的数，因此，没必要对数组中所有的元素进行排序，可以采用部分排序的方法。具体思路为：通过对选择排序进行改造，第一次遍历从数组中找出最小的数，第二次遍历从剩下的数中找出最小的数（在整个数组中是第二小的数），第 k 次遍历就可以从 $n-k+1$（n 为数组的长度）个数中找出最小的数（在整个数组中是第 k 小的）。这个算法的时间复杂度为 $O(n*k)$。当然也可以采用堆排序进行 k 趟排序找出第 k 小的值。

方法三：类快速排序方法

快速排序的基本思想为：将数组 array[low...high]中某一个元素（取第一个元素）作为划分依据，然后把数组划分为三部分：array[low...$i-1$]（所有元素的值都小于或等于 array[i]）、array[i]、array[$i+1$...high]（所有元素的值都大于 array[i]）。在此基础上可以用下面的方法求出第 k 小的元素：

1）如果 $i-low==k-1$，说明 array[i]就是第 k 小的元素，那么直接返回 array[i]。

2）如果 $i-low>k-1$，说明第 k 小的元素肯定在 array[low...$i-1$]中，那么只需要递归地在 array[low...$i-1$]中找第 k 小的元素即可。

3）如果 $i-low<k-1$，说明第 k 小的元素肯定在 array[$i+1$...high]中，那么只需要递归地在 array[$i+1$...high]中找第 $k-$ ($i-$low)-1 小的元素即可。

对于数组{4,0,1,0,2,3}，第一次划分后，可分为下面三部分：

{3,0,1,0,2}，{4}，{}

接下来需要在{3,0,1,0,2}中找出第 3 小的元素，把{3,0,1,0,2}划分为三部分：

　　{2,0,1,0}，{3}，{}

接下来需要在{2,0,1,0}中找出第 3 小的元素，把{2,0,1,0}划分为三部分：

　　{0,0,1}，{2}，{}

接下来需要在{0,0,1}中找出第 3 小的元素，把{0,0,1}划分为三部分：

　　{0}，{0}，{1}

此时 i=1，low=0；(i-1=1)<(k-1=2)，接下来需要在{1}中找第 k-(i-low)-1=1 小的元素。显然，{1}中第 1 小的元素就是 1。

实现代码如下：

```
'''
**** 方法功能：在数组 array 中找出第 k 个小的数
**** 输入参数：array：整数数组；low：为数组起始下标；high:数组右边界的下标；k 为整数
**** 返回值：  数组中第 k 小的值
'''
def findSmallK(array,low,high,k):
    i = low
    j = high
    splitElem = array[i]
    # 把小于等于 splitElem 的数放到数组中 splitElem 的左边，大于 splitElem 的值放到右边
    while i < j:
        while i < j and array[j] >= splitElem:
            j -= 1
        if i < j :
            array[i] = array[j]
            i += 1
        while i < j and array[i] <= splitElem:
            i += 1
        if i < j:
            array[j] = array[i]
    array[i] = splitElem
    # splitElem 在子数组 array[low~high]中下标的偏移量
    subArrayIndex = i - low
    # splitElem 在 array[low~high]所在的位置恰好为 k-1，那么它就是第 k 小的值
    if subArrayIndex == k-1:
        return array[i]
    # splitElem 在 array[low~high]所在的位置大于 k-1，那么只需要在 array[low~i]中找第 k 小的值
    elif subArrayIndex > k-1:
        return findSmallK(array,low,i-1,k)
    # 在 array[i+1~high]中找第 k 小的值
    else:
        return findSmallK(array,i+1,high,k-(i-low)-1)
if __name__ == "__main__":
    array = [4,0,1,0,2,3]
    k = 3
    print("第"+str(k)+"小的值为："+str(findSmallK(array,0,len(array)-1,k)))
```

程序的运行结果为

第 3 小的值为：1

算法性能分析：

快速排序的平均时间复杂度为 $O(n\log_2 n)$。快速排序需要对划分后的所有子数组继续排序处理，而本方法只需要取划分后的其中一个子数组进行处理即可，因此，平均时间复杂度肯定小于 $O(n\log_2 n)$。由此可以看出，这个方法的效率要高于方法一。但是这个方法也有缺点：改变了数组中数据原来的顺序。当然可以申请额外的 n（其中 n 为数组的长度）个空间来解决这个问题，但是这样做会增加算法的空间复杂度，所以，通常的做法是根据实际情况选取合适的方法。

引申：在 O(n)时间复杂度内查找数组中前三名

分析与解答：

这道题可以转换为在数组中找出前 k 大的值（例如，$k=3$）。

如果没有时间复杂度的要求，可以首先对整个数组进行排序，然后根据数组下标很容易找出最大的三个数，即前三名。由于这种方法的效率高低取决于排序算法的效率高低，因此，这种方法在最好的情况下时间复杂度都为 $O(n\log_2 n)$。

通过分析发现，最大的三个数比数组中其他的数都大。因此，可以采用类似求最大值的方法来求前三名，具体实现思路是：初始化前三名（r1：第一名，r2：第二名，r3：第三名）为 INT_MIN（整型数表示的最小值）。然后开始遍历数组：

1）如果当前值 tmp 大于 r1：r3=r2，r2=r1，r1=tmp。

2）如果当前值 tmp 大于 r2 且不等于 r1：r3=r2，r2=tmp。

3）如果当前值 tmp 大于 r3 且不等于 r2：r3=tmp。

以数组 {4,7,1,2,3,5,3,6,3,2} 为例，实现代码如下：

```python
def findTop3(array):
    if array == None or len(array) < 3:
        print("参数不合理")
        return
    r1 = r2 = r3 = -2**31
    i = 0
    while i < len(array):
        if array[i] > r1:
            r3 = r2
            r2 = r1
            r1 = array[i]
        elif array[i] > r2 and array[i] != r1:
            r3 = r2
            r2 = array[i]
        elif array[i] > r3 and array[i] < r2:
            r3 = array[3]
        i += 1
    print("前三名分别为："+str(r1)+","+str(r2)+","+str(r3))

if __name__ == "__main__":
    array = [4,7,1,2,3,5,3,6,3,2]
```

findTop3(array)

程序的运行结果为

前三名分别为：7,6,5

算法性能分析：

这个方法虽然能够以 $O(n)$ 的时间复杂度求出前三名，但是当 k 取值很大的时候，例如求前 10 名，这种方法就不推荐了。比较经典的方法就是维护一个大小为 k 的堆来保存最大的 k 个数，具体思路是：维护一个大小为 k 的小顶堆用来存储最大的 k 个数，堆顶保存了最小值，每次遍历一个数 m，如果 m 比堆顶元素小，说明 m 肯定不属于最大的 k 个数，因此，不需要调整堆，如果 m 比堆顶与元素大，则用这个数替换对顶元素，替换后重新调整堆为小顶堆。这种方法的时间复杂度为 $O(n\log_2 n)$，适用于数据量大的情况。

第15章 查找算法

什么是查找？要理解这个概念，首先看另外一个概念：查找表。查找表是由同一类型的数据元素或记录构成的集合，每个记录至少包含一个关键字，查找就是根据给定的关键字的值，在查找表（通常包含大量的数据）中寻找一个特定的记录，该记录的关键字值等于给定的值，即找到目标记录。在计算机应用中，查找是最常用的运算之一。

如果在查找的同时对查找表的结构进行人为修改，例如插入、删除等操作，那么，这个查找过程称为动态查找，否则，称为静态查找。通常情况下，由于查找表的范围与给定的关键字值的不同，查找最终存在两种可能的结果：一种是通过查找，找到了相应的记录，此时称为查找成功，通常返回的是该记录在表中的位置信息，以便对该记录做进一步的操作。一种是没有找到对应的记录，此时称为查找失败，通常，查找失败返回一个能够表示查找失败的特定信息，例如，返回-1。

典型的查找算法有顺序查找、折半查找、分块查找、二叉排序树查找、哈希表查找等。下面将逐一介绍这些算法。

15.1 基本概念

首先通过一个例子来思考清楚查找算法需要解决哪些问题，以及如何衡量查找算法的优劣。

教室中的学生座位分配是一个最简单的例子。假定某教室有35个座位，如果不加限定任意就座或按某种规律就座，则要查找某学生时就要将待查找的学生与当前座位上的学生进行比较。用计算机来解决查找学生问题，通常需要做以下工作：

1）学生信息以什么形式表示和存储；

2）查找的具体实现方法（算法）。

那么，可以用下面的数据结构来存储学生的信息：

```
class LNode:
    def __init__(self):
        self.num1 = None #表示座号
        self.num2 = None #表示学号
        self.name = None #表示姓名
```

那么，查找学生的方法便可以如此执行：从第一个学生开始，依次与查找的学生进行比较。在查找过程中，若某个学生的记录与所查找学生记录相等，则查找成功，返回该学生在表中位置；若全部比较完毕，没有符合条件的学生记录，则查找不成功，返回-1。具体的实现算法如下所示。

```
"""
从表 L 中查找座位号为 s 的元素,
若查找成功返回该生学号,否则返回-1
```

```
    '''
    def search (L, s):
        if L is None:
            return -1
        for i in range(len(L)):
            if L[i].num1 == s:
                return L[i].num2
        return -1
```

下面给出了查找问题中涉及的几个基本概念，在学习查找算法的时候必须清楚这些概念。

存储表：利用计算机查找时，首先要将原始数据的逻辑结构和存储结构，变为计算机中能够处理的数据结构，这种数据结构称为存储表。

查找：在一个含有众多数据元素（或记录）的查找表中找出某个"特定的"数据元素（或记录）。查找成功，返回该记录的存储位置；查找失败，则返回一个特定值。

平均查找长度：在查找成功情况下的平均比较次数。对于含有 n 个记录的表，查找成功时的平均查找长度为：

$$\text{ASL} = \sum_{i=1}^{n} P_i C_i \ ,$$

其中：C_i 为查找第 i 个元素时同给定值 K 进行比较的次数；

P_i 为查找第 i 个记录的概率，且 $\sum_{i=1}^{n} P_i = 1$，在等概率情况下，则 $P_i = 1/n$。

15.2 静态查找

如果在查找的同时不会对查找表的结构进行修改，则称为静态查找。静态查找方法主要包括顺序查找、二分查找和分块查找。下面将依次对这些方法进行介绍。

1. 顺序查找

顺序查找也被称为线性查找，指从表的一端开始顺序扫描线性表，依次将表中的元素值与待查找的元素值 k 进行比较。如果表中的当前元素的值与 k 值相等，则查找成功，如果扫描结束后，仍未找到与 k 值相等的元素，则查找失败。

通过顺序查找的方法可知，查找成功最好的情况是线性表首元素的值即与待查找值相等，查找成功最坏的情况是线性表尾元素的值与待查找值相等，所以查找成功时的平均查找长度约为表长的一半，如果待查找的元素值 k 不在表中，那么此时需要进行 $n+1$（n 为线性表的长度）次比较后，才能确定查找失败。

为了更好地说明以上方法，以数组序列{ 1, 2, 3, 1, 2, 5, 5, 6, 7, 7, 6 }为例。当待查找元素为 2 时，从头到尾顺序扫描数组元素，数组的第一个元素为 1，不等于待查找元素 2，所以继续遍历数组，数组的第二个元素为 2，等于待查找元素的值，则查找成功。

当待查找元素为 8 时，从头到尾顺序扫描数组元素，数组的第一个元素为 1，不等于待查找元素 8，所以继续遍历数组，数组的第二个元素为 2，不等于待查找元素 8，继续向后遍历数组元素，直到遍历到数组最后一个元素 6，该值仍然不等于 8，此时，得出查找失败的结论。顺序查找的算法如下所示。

```
'''直接顺序查找
length 为数组元素个数，key 为待查找元素
'''
def sequential_search(array, key):
    if array is None:
        return 0
    i = len(array)-1
    array[0] = key      #a[0]是监视哨

    while i>0 and array[i] != key:  #若数组中无 key，则一定会得到 a[0]=key
        i = i-1
    return i        #查找失败返回 0
```

由于顺序查找方法简单可行，并且对表的存储结构没有任何要求，所以，它既适用于顺序存储结构，也适用于线性表的链式存储结构。但同时也要看到，由于顺序查找算法需要从头到尾遍历整个线性表，当线性表的长度 n 非常大时，效率就会非常低下了，例如如果要找的数在数组中最后位置，那么搜索从首位置开始，一直检索到最后一个元素，要经过 n 次遍历，时间复杂度 O(n)，如果数组是一个有序数组，该方法就太不适用了。

2. 二分查找

二分查找也称折半查找，它要求查找表中的元素按照关键字值升序或降序排列。假设表中元素值是按升序排列，二分查找首先将待查找元素 k 的值与查找表中间位置的元素值比较，如果二者相等，则查找成功，如果待查找元素 k 的值小于查找表中间位置的元素值，则将查找区间收缩到查找表的左边区间继续查找，如果待查找元素 k 的值大于查找表中间位置的元素值，则将查找区间收缩到查找表的右边区间继续查找。重复以上过程，直到找到满足条件的记录，则查找成功，或直到子表不存在为止，此时查找不成功。

由于本算法中，不断地缩小查找空间，比较次数少，所以其平均查找速度快，性能好。但需要注意的是，二分查找并非适用于任何场合，使用二分查找有一个前提条件，就是待查表必须为有序表，所以，由此也带来了一个问题，在查找前需要对表进行排序，而排序本身是需要花费时间的，而且，在执行插入/删除操作时，需要首先查找到合适的位置，所以整个过程会比较困难。鉴于此，二分查找方法适用于不经常变动而查找频繁的有序列表。二分查找算法如下所示。

```
def binary_search(array, length, target):
    low = 0
    high = length - 1
    while low <= high:
        #防溢出且高效.不推荐用 middle = (high + low)/2
        middle = low + ((high - low) >> 1)
        if array[middle] == target:
            return middle
        elif array[middle] >target:    #去前半部分找
            high = middle - 1
        else: #去后半部分找
            low = middle + 1
    return –1
```

通过上面的分析与算法可知，二分查找的平均查找长度为 $\log_2(n+1)$。其实，对于大多数读者而言，二分查找算法理解起来并不算难，编写大概正确的二分查找的代码也不难，但要完全正确无误地写出二分查找的代码也并非一件容易的事情，最容易出错的地方往往是对边界条件的判断上（这一点读者需要特别注意）。而且，在实际的面试过程中经常会出现二分法的各种变体，如何灵活、准确地使用才是制胜的关键。一般而言，需要注意下面几个要点：

1）right = n-1 => while(left <= right) => right = middle-1；

2）middle 的计算不能写在 while 循环外，否则无法得到更新。

3）如果题目中的数组是有序的，就可以考虑使用二分查找算法来解决该问题。

3. 分块查找

分块查找也被称为索引查找，它是顺序查找的一种改进方法，它把线性表分为若干块，并建立一个按关键字值递增顺序排列的索引表，索引表中的一项对应线性表中的一块，索引项包括两个内容：1）键域存放相应块的最大关键字；2）链域存放指向本块第一个结点的指针。通过定义可以发现，分块查找方法是以增加空间复杂度为代价的。

分块查找的步骤分两步进行，首先通过使用二分查找的方法查找索引表，确定待查找的结点属于哪一块，然后再在对应的块内顺序查找结点。如果索引的选择科学有效，则可以获得比顺序查找快的速度。

分块有序表的索引存储表示如图 15-1 所示。

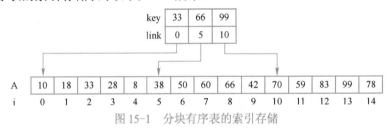

图 15-1 分块有序表的索引存储

分块查找的基本过程如下：

1）首先将待查关键字 K 与索引表中的关键字进行比较，以确定待查记录所在的块。具体可用顺序查找法或折半查找法进行比较。

2）进一步用顺序查找法，在相应块内查找关键字为 K 的元素。

例如，在上述索引顺序表中查找 60。首先，将 60 与索引表中的关键字进行比较，因为 33 <60≤66，所以 60 在第二个块中，进一步在第二个块中顺序查找，最后在 7 号单元中找到 60。

分块查找的平均查找长度由两部分构成，即查找索引表时的平均查找长度为 $L1$，以及在相应块内进行顺序查找的平均查找长度 $L2$。

假定将长度为 n 的表分成 b 块，且每块含 s 个元素，则 $b=n/s$。又假定表中每个元素的查找概率相等，则每个索引项的查找概率为 $1/b$，块中每个元素的查找概率为 $1/s$。若用顺序查找法确定待查元素所在的块，则有：

$$\text{ASL} = L_1 + L_2 = \frac{1}{b}\sum_{j=1}^{b}j + \frac{1}{s}\sum_{i=1}^{s}i = \left(\frac{b+1}{2} + \frac{s+1}{2}\right) = \frac{1}{2}\left(\frac{n}{s}+s\right)+1$$

若用折半查找法确定待查元素所在的块，则有：

$$\text{ASL} = \log_2\left(\frac{n}{s}+1\right) + \frac{s}{2}$$

15.3　动态查找

上一节中介绍的查找方法均属于静态查找，不适合链表作为存储结构的情况。下面来介绍另一种查找方式——动态查找。常见的动态查找方法有基于二叉查找树和二叉平衡树的查找。

1.　二叉查找树上的查找

二叉查找树（Binary Search Tree，BST）也叫二叉搜索树、二叉排序树，它是一种动态树表，它或者是一棵空树，或者是一棵具有如下性质的二叉树：

1）每个结点都有一个作为搜索依据的关键码 key，所有结点上的关键码 key 的值互不相同；

2）如果它的左子树非空，那么左子树上所有结点的值均小于根结点的值；

3）如果它的右子树非空，那么右子树上所有结点的值均大于根结点的值；

4）左、右子树本身分别是一棵二叉查找树。

图 15-2 给出了一个普通的二叉查找树。

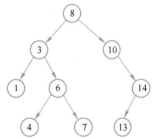

图 15-2　普通二叉查找树

在二叉查找树中进行查找，是一个从根结点开始，沿着某一个分支逐层向下进行比较判等的过程，它一般采用递归的方法进行。假设需要在二叉查找树上查找关键码为 x 的元素，其过程如下：如果二叉查找树是空树，即根指针为 null，那么，表明查找失败，否则，使用给定值 x 与根结点的关键码进行比较。如果 x 等于二叉查找树的根结点的数据域之值，那么查找成功，返回查找成功信息，并报告查找到结点的地址；如果 x 小于二叉查找树的根结点的数据域之值，那么，继续递归查找根结点的左子树；否则，递归查找根结点的右子树。

二叉查找树查找的过程可以描述为如下几个步骤：

1）如果二叉树为空，那么查找失败；

2）将给定值 k 与根结点的关键字值进行比较，如果相等，那么查找成功；

3）如果根结点的关键字值小于给定值 k，那么在左子树中继续查找；

4）否则，在右子树中继续查找。

根据以上性质可知，查询二叉查找树是一个递归的过程，在二叉查找树上查找关键字的值等于给定值的结点的过程，恰好是一条从根结点到该结点的路径，若查找成功，则走了一条从根结点到待查结点的路径；如果失败，则是走了一条根结点到某个叶子结点的路径。因而，查找过程中和关键字的比较次数不可以超过树的深度。由于含有 n 个结点的二叉查找树不唯一，在极端情况下，二叉树只有单一的左或右分支，则查找长度为 $(n+1)/2$，也就是时间复杂度为 $O(n)$，等同于顺序查找；如果是平衡二叉树，则查找长度为 $\log_2 n$。下述代码给出了二叉查找树的树结点数据结构、二叉查找树的构造以及在二叉查找树上进行查找、插入、删除操作的实现方法。

```
class Node:
    def __init__(self):
```

```
                    self.key = None        #关键字
                    self.left = None       #左孩子
                    self.right = None      #右孩子
                    self.parent = None     #指向父结点
```

```
'''创建一棵二叉查找树'''
def create(keyArray):
    #逐个结点插入二叉树中
    root = None
    for i in range(len(keyArray)):
        root = insert(root, keyArray[i])
    return root
```

```
'''查找元素,找到返回关键字的结点，没找到返回 None'''
def search(root, key):
    if root is None:
        return None
    if key > root.key: #查找右子树
        return search(root.right, key)
    elif key < root.key:    #查找左子树
        return search(root.left, key)
    else:
        return root
```

```
'''查找最小关键字,空树时返回 null'''
def searchMin(root):
    if root is None:
        return None
    elif root.left is None:
        return root
    else: #一直往左孩子找，直到没有左孩子的结点
        return searchMin(root.left)
```

```
'''查找最大关键字,空树时返回 null'''
def searchMax(root):
    if root is None:
        return None
    if root.right is None:
        return root
    else: #一直往右孩子找，直到没有右孩子的结点
        return searchMax(root.right)
```

```
'''查找某个结点的前驱'''
def searchPredecessor(p):
    #空树
    if p is None:
        return p
    #有左子树、左子树中最大的那个
    if p.left is not None:
        return searchMax(p.left)
```

```
        #无左子树,查找某个结点的右子树遍历完了
        elif p.parent is None:
            return None
        #向上寻找前驱
        else:
            while p is not None:
                if p.parent.right == p:
                    break
                p = p.parent
            return p.parent


'''查找某个结点的后继'''
def searchSuccessor(p):
    #空树
    if p is None:
        return p
    #有右子树、右子树中最小的那个
    if p.right is not None:
        return searchMin(p.right)
    #无右子树,查找某个结点的左子树遍历完了
    elif p.parent is None:
        return None
    #向上寻找后继
    else:
        while p is not None:
            if p.parent.left == p:
                break
            p = p.parent
        return p.parent


'''往二叉查找树中插入结点'''
def insert(root, key):
    #初始化插入结点
    p = Node()
    p.key = key
    p.left = p.right = p.parent = None
    #空树时，直接作为根结点
    if root is None:
        return p

    #插入到当前结点（*root）的左孩子
    if root.left is None and root.key >key:
        p.parent = root
        root.left = p
        return root

    #插入到当前结点 root 的右孩子
    elif root.right == None and root.key <key:
        p.parent = root
```

```
            root.right = p
            return root
        elif root.key >key:
            insert(root.left, key)
        elif root.key <key:
            insert(root.right, key)
        else:
            return root
        return root

    '''根据关键字删除某个结点'''
    def deleteNode(root, key):
        q = None
        #查找到要删除的结点
        p = search(root, key)
        temp = -1      #暂存后继结点的值
        #没查到此关键字
        if p is None:
            return root
    #1.被删结点是叶子结点，直接删除
        if p.left is None and p.right is None:
            #只有一个元素，删完之后变成一棵空树
            if p.parent is None:
                return None
            else:
                #删除的结点是父结点的左孩子
                if p.parent.left == p:
                    p.parent.left = None
                else: #删除的结点是父结点的右孩子
                    p.parent.right = None
    #2.被删结点只有左子树
        elif p.left is not None and p.right is None:
            p.left.parent = p.parent
            #如果待删除的结点没有父结点
            if p.parent is None:
                return p.left
            #删除的结点是父结点的左孩子
            elif p.parent.left == p:
                p.parent.left = p.left
            else: #删除的结点是父结点的右孩子
                p.parent.right = p.left
    #3.被删结点只有右孩子
        elif p.right is not None and p.left is None:
            p.right.parent = p.parent;
            #如果删除是父结点，要改变父结点指针
            if p.parent is None:
                return p.right
            #删除的结点是父结点的左孩子
            elif p.parent.left == p:
                p.parent.left = p.right
            else: #删除的结点是父结点的右孩子
```

```
                        p.parent.right = p.right
            #4.被删除的结点既有左孩子，又有右孩子
            #该结点的后继结点肯定无左子树(参考上面查找后继结点函数)
            #删掉后继结点,后继结点的值代替该结点
            else:
                #找到要删除结点的后继结点
                q = searchSuccessor(p)
                temp = q.key
                #删除后继结点
                deleteNode(root, q.key)
                p.key = temp
            return root


    if __name__ == "__main__":
        a = [0,1,2,3,4,6]
        root = create(a)
        print(search(root,4).key)
        print(searchMax(root).key)
        print(searchMin(root).key)
```

程序运行结果为

```
    4
    6
    0
```

2. 二叉平衡树

二叉平衡树（AVL 树）是一棵空树，或者是一棵具有如下性质的非空二叉树：

1）它的左子树和右子树都是二叉平衡树；

2）左子树和右子树的深度之差的绝对值不大于 1。

二叉平衡树中结点的左子树的深度减去它的右子树的深度的值定义为平衡因子 BF，则 BF 的值只可能为-1、0 和 1。那么，如何构建一棵平衡二叉排序树呢？构建过程类似于二叉排序树的建立过程，即在二叉排序树的建立过程中每当插入一个结点后，立刻检查该树是否平衡，如果平衡则继续；否则进行相应的调整。

那么构造平衡二叉树的方法便可以分为三个步骤：插入结点、判断是否平衡、平衡旋转。对一棵失去平衡后二叉树进行调整的方法可以分为如下 4 种：

- LL 型：单向右旋平衡处理。若在 A 的左子树的左子树上插入结点，使 A 的平衡因子从 1 增加至 2，需要进行一次顺时针旋转。（以 B 为旋转轴）
- RR 型：单向左旋平衡处理。若在 A 的右子树的右子树上插入结点，使 A 的平衡因子从-1 增加至-2，需要进行一次逆时针旋转。（以 B 为旋转轴）
- LR 型：双向旋转（先左后右）平衡处理。若在 A 的左子树的右子树上插入结点，使 A 的平衡因子从 1 增加至 2，需要先进行逆时针旋转，再顺时针旋转。（以插入的结点 C 为旋转轴）
- RL 型：双向旋转（先右后左）平衡处理。若在 A 的右子树的左子树上插入结点，使 A 的平衡因子从-1 增加至-2，需要先进行顺时针旋转，再逆时针旋转。（以插入的结点 C 为旋转轴）

图 15-3 展示了这 4 种调整方式的具体操作。

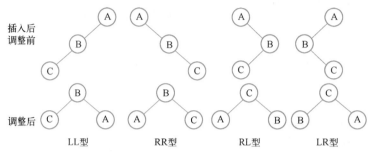

图 15-3　一棵二叉树失去平衡后进行调整的方法

对一棵平衡二叉查找树进行查询，那么在查找过程中和给定值进行比较的关键字的个数不能超过树的深度，所以，在二叉平衡树上进行查找的时间复杂度为 $O(\log_2 n)$。查询的方法与查询二叉查找树的方式相同。

15.4　哈希查找

前面介绍的所有查找都是基于待查关键字与表中元素进行比较而实现的查找方法，查找的效率依赖于查找过程中所进行的比较次数。理想的情况是不经过任何比较，一次便能得到所查记录。哈希查找就是这样一种方法。

在数据结构部分，已经介绍过哈希的有关概念以及哈希表的相关知识。其实哈希表既是一种存储方法，又是一种查找方法。哈希法存储的基本思想是记录的存储位置与其关键字之间建立一个确定的对应函数关系 Hash()，使每个关键字与存储位置之间建立一种对应关系：Address = Hash(Rec.key)，在存放记录时，依函数计算的存储位置存放。在对以哈希方式存储的数据进行查找时，查找过程和构造哈希表过程一致，先对待查询的关键字进行函数计算，把函数值当作记录的存储位置，直接进行查找。这种查找方式的效率不依赖于 n（总数据的数量），查找效率非常快，很多时候能达到 O(1)，查找的效率是 a（装填因子）的函数，而不是 n 的函数，因此，不管 n 多大，都可以找到一个合适的装填因子以便将平均查找长度限定在一个范围内。查找过程为：

- 对于给定值 K，计算哈希地址 $i = H(K)$；
- 若 $r[i] = null$　则查找不成功；
- 若 $r[i].key = K$　则查找成功；
- 否则采用具体的解决冲突方式"求下一地址 Hi"，直至：
$r[Hi] = null$　（查找不成功)或 $r[Hi].key = K$　（查找成功) 为止。

15.5　达人修炼真题

1. 如何找出旋转数组的最小元素

题目描述：

把一个有序数组最开始的若干个元素搬到数组的末尾，称为数组的旋转。输入一个排好序的数组的一个旋转，输出旋转数组的最小元素。例如数组{3, 4, 5, 1, 2}为数组{1, 2, 3, 4, 5}的一个旋转，该数组的最小值为1。

分析与解答：

其实这是一个非常基本和常用的数组操作，它的描述如下：

有一个数组 $X[0...n-1]$，现在把它分为两个子数组：$x1[0...m]$和$x2[m+1...n-1]$，交换这两个子数组，使数组 x 由 $x1x2$ 变成 $x2x1$，例如$x=\{1,2,3,4,5,6,7,8,9\}$，$x1=\{1,2,3,4,5\}$，$x2=\{6,7,8, 9\}$，交换后，$x=\{6,7,8,9,1,2,3,4,5\}$。

对于本题的解决方案，最容易想到的，也是最简单的方法就是直接遍历法。但是这种方法显然没有用到题目中旋转数组的特性，因此，它的效率比较低。下面介绍一种比较高效的二分查找法。

通过数组的特性可以发现，数组元素首先是递增的，然后突然下降到最小值，然后再递增。虽然如此，但是还有下面三种特殊情况需要注意：

1）数组本身是没有发生过旋转的，是一个有序的数组，例如序列{1,2,3,4,5,6}。

2）数组中元素值全部相等，例如序列{1,1,1,1,1,1}。

3）数组中元素值大部分都相等，例如序列{1,0,1,1,1,1}。

通过旋转数组的定义可知，经过旋转之后的数组实际上可以划分为两个有序的子数组，前面的子数组的元素值都大于或者等于后面子数组的元素值。可以根据数组元素的这个特点，采用二分查找的思想不断缩小查找范围，最终找出问题的解决方案。具体实现思路如下：

按照二分查找的思想，给定数组 array，首先定义两个变量 low 和 high，分别表示数组的第一个元素和最后一个元素的下标。按照题目中对旋转规则的定义，第一个元素应该是大于或等于最后一个元素的（当旋转个数为0，即没有旋转的时候，要单独处理，直接返回数组第一个元素）。接着遍历数组中间的元素 array[mid]，其中 mid=(high+low)/2。

1）如果 array[mid] <array[mid -1]，那么 array[mid]一定是最小值。

2）如果 array[mid + 1] <array[mid]，那么 array[mid + 1]一定是最小值。

3）如果 array[high] >array[mid]，那么最小值一定在数组左半部分。

4）如果 array[mid]> array[low]，那么最小值一定在数组右半部分。

5）如果 array[low] == array[mid]且 array[high] == array[mid]，那么此时无法区分最小值是在数组的左半部分还是右半部分（例如：{2,2,2,2,1,2}，{2,1,2,2,2,2,2}）。在这种情况下，只能分别在数组的左右两部分找最小值 minL 与 minR，最后求出 minL 与 minR 的最小值。

示例代码如下所示。

```
def getMin_l(array,low,high):
    # 如果旋转个数为0，单独处理，直接返回数组头元素
    if high < low:
        return array[0]
    # 只剩下一个元素一定是最小值
    if high == low:
        return array[low]
    # mid = (low + high) // 2 采用下面写法防止溢出
    mid = low + ((high - low) >> 1)
    # 判断是否 array 为最小值
    if array[mid] < array[mid - 1]:
```

```
            return array[mid]
        # 判断 array[mid+1]为最小值
        elif array[mid+1] < array[mid]:
            return array[mid+1]
        # 最小值一定在数组左半部分
        elif array[high] > array[mid]:
            return getMin_l(array,low,mid-1)
        # 最小值一定在数组右半部分
        elif array[mid] > array[low]:
            return getMin_l(array,mid+1,low)
        # 这种情况下无法确定最小值所在位置，需要在左右两部分分别进行查找
        else:
            return min(getMin_l(array,low,mid-1),getMin_l(array,mid+1,high))

def getMin(array):
    if array == None:
        print("数组为空")
        return
    else:
        return getMin_l(array,0,len(array)-1)


if __name__ == "__main__":
    array = [5,6,1,2,3,4]
    mins = getMin(array)
    print(mins)
    array = [1,1,0,1]
    mins = getMin(array)
    print(mins)
```

程序的运行结果为

```
1
0
```

算法性能分析：

一般而言，二分查找的时间复杂度为 $O(n\log_2 n)$。对于这道题而言，大部分情况下时间复杂度为 $O(n\log_2 n)$，只有每次都满足上述条件 5）的时候才需要对数组中所有元素都进行遍历，因此，这个算法在最坏的情况下的时间复杂度为 $O(n)$。

2. 如何求数组中绝对值最小的数

题目描述：

有一个升序排列的数组，数组中可能有正数、负数或 0，求数组中元素的绝对值最小的数。例如，数组{-10, -5, -2, 7, 15, 50}，该数组中绝对值最小的数是-2。

分析与解答：

可以对数组进行顺序遍历，对每个遍历到的数求绝对值并进行比较就可以很容易地找出数组中绝对值最小的数。本题中，由于数组是升序排列的，那么绝对值最小的数一定在正数与非正数的分界点处，利用这一点可以省去很多求绝对值的操作。下面详细介绍两种方法。

方法一：顺序比较法

最简单的方法就是从头到尾遍历数组元素，对每个数字求绝对值，然后通过比较就可以找出绝对值最小的数。

以数组{-10, -5, -2, 7, 15, 50}为例，实现方式如下：

1）首先遍历第一个元素-10，其绝对值为 10，所以，当前最小值为 min=10。

2）遍历第二个元素-5，其绝对值为 5，由于 5<10，因此，当前最小值 min=5。

3）遍历第三个元素-2，其绝对值为 2，由于 2<5，因此，当前最小值为 min=2。

4）遍历第四个元素 7，其绝对值为 7，由于 7>2，因此，当前最小值 min 还是 2。

5）依此类推，遍历完数组就可以找出绝对值最小的数为-2。

示例代码如下所示。

```python
def FindMin(array):
    if array == None or len(array)< 1:
        print("数组不存在")
        return 0
    mins = 2**32
    i = 0
    while i < len(array):
        if abs(array[i] < abs(mins)):
            mins = array[i]
        i += 1
    return mins


if __name__ == "__main__":
    array = [-10,-5,-2,7,15,50]
    print("绝对值最小的数为：",FindMin(array))
```

程序的运行结果为

绝对值最小的数为：-2

算法性能分析：

该方法的平均时间复杂度为 O(n)，空间复杂度为 O(1)。

方法二：二分法

在本题中，求绝对值最小的数时可以分为如下 3 种情况：1）如果数组第一个元素为非负数，那么绝对值最小的数肯定为数组第一个元素；2）如果数组最后一个元素的值为负数，那么绝对值最小的数肯定是数组的最后一个元素；3）如果数组中既有正数又有负数，首先找到正数与负数的分界点，如果分界点恰好为 0，那么 0 就是绝对值最小的数。否则通过比较分界点左右的正数与负数的绝对值来确定最小的数。

那么如何来查找正数与负数的分界点呢？最简单的方法仍然是顺序遍历数组，找出第一个非负数（前提是数组中既有正数又有负数），接着通过比较分界点左右两个数的值来找出绝对值最小的数。这种方法在最坏情况下的时间复杂度为 O(n)。下面主要介绍采用二分法来查找正数与负数的分界点的方法。主要思路是：取数组中间位置的值 array[mid]，并将它与 0 值比较，比较结果分为以下 3 种情况：

1）如果 array[mid]==0，那么这个数就是绝对值最小的数。

2）如果 array[mid]>0，array[mid-1]<0，那么就找到了分界点，通过比较 array[mid]与array[mid-1]的绝对值就可以找到数组中绝对值最小的数；如果 array[mid-1]==0，那么array[mid-1]就是要找的数；否则接着在数组的左半部分查找。

3）如果 array[mid]<0，array[mid+1]>0，那么通过比较 array[mid]与 array[mid+1]的绝对值即可；如果 array[mid+1]==0，那么 array[mid+1]就是要查找的数。否则接着在数组的右半部分继续查找。

为了更好地说明以上方法，可以参考以下几个示例进行分析：

1）如果数组为{1, 2, 3, 4, 5, 6, 7}，由于数组元素全部为正数，而且数组是升序排列，所以，此时绝对值最小的元素为数组的第一个元素 1。

2）如果数组为{-7, -6, -5, -4, -3, -2, -1}，此时数组长度 length 的值为 7，由于数组元素全部为负数，而且数组是升序排列，所以，此时绝对值最小的元素为数组的第 length-1 个元素，该元素的绝对值为 1。

3）如果数组为{-7, -6, -5, -3, -1, 2, 4, }，此时数组长度 length 为 7，数组中既有正数，也有负数，此时采用二分查找法，判断数组中间元素的符号。中间元素的值为-3，小于 0，所以，判断中间元素后面一个元素的符号，中间元素后面的元素的值为-1，小于 0，因此，绝对值最小的元素一定位于右半部分数组{-1, 2, 4}中，继续在右半部分数组中查找，中间元素为 2，大于 0，2 前面一个元素的值为-1，小于 0，所以，-1 与 2 中绝对值最小的元素即为所求的数组的绝对值最小的元素的值，所以，数组中绝对值最小的元素的值为-1。

实现代码如下：

```python
def FindMin(array):
    if array == None or len(array) < 1:
        print("数组不存在")
        return 0
    # 数组中没有负数
    if array[0] >= 0:
        return array[0]
    # 数组中没有正数
    if array[len(array)-1] <= 0:
        return array[len(array)-1]
    mid = 0
    begin = 0
    end = len(array) - 1
    absMin = 0
    #数组中既有正数也有负数
    while True:
        mid = begin + (end - begin) // 2
        # 如果等于 0，那么就是绝对值最小的数
        if array[mid] == 0:
            return 0
        # 如果大于 0，正负数的分界点在左侧
        elif array[mid] > 0:
            # 继续在数组的左半部分查找
            if array[mid-1] > 0:
```

```
                end = mid - 1
            elif array[mid] == 0:
                return 0
            else:
                break
        # 如果小于 0，在数组右半部分查找
        else:
            if array[mid+1] < 0:
                begin = mid + 1
            elif array[mid+1] == 0:
                return 0
            else:
                break
    # 获取正负数分界点处绝对值最小的值
    if array[mid] > 0:
        if array[mid] < abs(array[mid-1]):
            absMin = array[mid]
        else:
            absMin = array[mid-1]
    else:
        if array[mid] < array[mid+1]:
            absMin = array[mid]
        else:
            absMin = array[mid+1]
    return absMin
```

算法性能分析：

通过上面的分析可知，由于采取了二分查找的方式，算法的平均时间复杂度得到了大幅降低，为 $O(n\log_2 n)$，其中，n 为数组的长度。

第 16 章　字符串匹配算法

在编程的过程中，经常要在一段文本中某个特定的位置找出某个特定的字符或模式。由此，便产生了字符串的匹配问题。字符串匹配问题通常可以定义为现有一个文本是一个长度为 n 的数组 $T[1...n]$，给出一个模式（一个长度为 m 小于等于 n 的数组）$P[1...m]$，要求寻找模式 P 在文本 T 中出现的位置，若出现则返回出现的位置，若未出现，则返回一个特定标识（例如-1）。

例如，给出图 16-1 所示的文本与模式，目标是找出所有在文本 T=abcabaabcabac 中的模式 P=abaa 所有出现。可以发现该模式仅在文本中出现了一次，在位移 s=3 处。位移 s=3 是有效位移。

图 16-1　字符串匹配问题示例

16.1　简单字符串匹配

简单的字符串匹配算法用一个循环来找出所有有效位移，并假设现在文本串 S 匹配到 i 位置，模式串 P 匹配到 j 位置，则有：

● 如果当前字符匹配成功（即 $S[i] == P[j]$），则 i++，j++，继续匹配下一个字符；
● 如果失配（即 $S[i]! = P[j]$），令 $i = i-(j-1)$，$j = 0$。相当于每次匹配失败时，i 回溯，j 被置为 0。$P[0...m-1]==T[s...s+m-1]$。

以模式 S（abcababc）与目标串 T（ababc）为例，其匹配过程见表 16-1。

表 16-1　字符串匹配

串	第一次	第二次	第三次	第四次
模式串 $S[i]$	abcababc	abcababc	abcababc	abcababc
目标串 $T[j]$	ababc	ababc	ababc	ababc

具体算法如下所示。很容易看出在最坏情况下，此简单模式匹配算法的运行时间为 $O((n-m+1)m)$。

```
Process(T[], P[])
{
    n = length(T);
    m = length(P);
    int flag=1;
    for(int s = 0 to n-m) do
        flag=1;
```

```
           for(i = 0 ; i < m ; i++) do
               if (P[i] != T[s+i]) then
                       flag=0;
                       break;
               end if
           end for
           if(flag) then
               print s;
               break;
           end if
       end for
   }
```

16.2　KMP 算法

　　Knuth-Morris-Pratt 字符串查找算法，简称为 KMP 算法，常用于在一个文本串 S 内查找一个模式串 P 的出现位置，这个算法由 Donald Knuth、Vaughan Pratt、James H. Morris 三人于 1977 年联合发表，故取这三人的姓氏命名此算法。

　　下面先直接给出 KMP 的算法流程。假设现在文本串 S 匹配到 i 位置，模式串 P 匹配到 j 位置，则有：

- 如果 $j = -1$，或者当前字符匹配成功（即 $S[i] == P[j]$），都令 i++，j++，继续匹配下一个字符；
- 如果 $j != -1$，且当前字符匹配失败（即 $S[i] != P[j]$），则令 i 不变，$j = $ next$[j]$。此举意味着失配时，模式串 P 相对于文本串 S 向右移动了 j-next [j]位。换言之，当匹配失败时，模式串向右移动的位数为：失配字符所在位置-失配字符对应的 next 值（next 数组的求解会在下文详细阐述），即移动的实际位数为：j-next[j]，且此值大于等于 1。

根据这一过程，KMP 算法如下所示。

```
   int KMP(String t, String p)
   {
       int i = 0;
       int j = 0;

       while (i < strlen(t) && j < strlen(p)) do
           if (j == -1 || t[i] == p[j]) then
               i++;
               j++;
           else
               j = next[j];
           end if
       end while
       if (j == strlen(p)) then
           return i - j;
       else
           return -1;
       end if
   }
```

下面仍然以模式 S（abcababc）与目标串 T（ababc）为例，KMP 匹配过程见表 16-2。在第四次匹配失败后，并没有向简单匹配算法一样进行回溯，而是直接对匹配串右移两位继续进行匹配，这是因为前三次匹配已经知道模式串的前三位与目标串中前三位是匹配的，即模式串的前三位是 aba，同时也知道目标串中失配位（第 4 位）的前一位是 a，正好可以匹配模式串中的第一位 a，因此下一次匹配就直接从目标串的第四位和模式串的第二位开始匹配，当模式串的第 j 位匹配失败后，到底下一次匹配需要从哪一位开始（模式串需要移动几位），需要我们根据 next[j] 的取值来确定。

表 16-2　KMP 匹配过程

串名称	第一次	第二次	第三次	第四次
目标串 $T[j]$	abaababc	abaababc	abaababc	abaababc
模式串 $S[i]$	ababc	ababc	ababc	ababc
第五次	第六次	第七次	第八次	第九次
abaababc	abaababc	abcababc	abcababc	abcababc
ababc	ababc	ababc	ababc	ababc

可以看出，在 KMP 匹配过程中需要一个很关键的数据，即模式串中的失配字符对应的 next 值，next 值是 KMP 算法的核心，也是理解 KMP 算法的难点。在模式串的某个字符失配时，该字符对应的 next 值会告诉用户下一步匹配中，模式串应该跳到哪个位置（跳到 next[j] 的位置）。如果 next[j] 等于 0 或-1，则跳到模式串的开头字符进行后续匹配，若 next[j] = k 且 $k > 0$，代表下次匹配将从 j 之前的某个字符开始，而不是跳到开头。下面来详细解释 next 值在 KMP 算法中的含义与作用。

首先，先解释一下字符串的前缀和后缀。如果字符串 A 和 B，存在 $A=BS$，其中 S 是任意的非空字符串，那就称 B 为 A 的前缀。例如，"Harry" 的前缀包括{"H"，"Ha"，"Har"，"Harr"}，把所有前缀组成的集合，称为字符串的前缀集合。同样可以定义后缀 $A=SB$，其中 S 是任意的非空字符串，那就称 B 为 A 的后缀，例如，"Potter" 的后缀包括{"otter"，"tter"，"ter"，"er"，"r"}，然后把所有后缀组成的集合，称为字符串的后缀集合。要注意的是，字符串本身并不是自己的后缀。

那么，现在来看给定一个模式串后，如何求解其中每个字符对应的 next 值。具体步骤如下：

（1）寻找模式串的前缀、后缀最长公共元素长度

对于 $P = P[0...j]$，寻找模式串 P 中长度最大且相等的前缀和后缀。如果存在 $P[0...k] = P[j-k...j]$，那么在包含 $P[j]$ 的模式串中有最大长度为 $k+1$ 的相同前缀后缀。举个例子，如果给定的模式串为 "abab"，那么它的各个子串的前缀后缀的公共元素的最大长度见表 16-3。

- 对于字符串 a 来说，它没有前后缀，因此最大前缀后缀公共元素长度为 0；
- 对于 ab 来说，它的前缀只有 a，后缀只有 b，二者之间没有公共元素，因此，最长公共元素长度也为 0；
- 对于字符串 aba 来说，它有长度为 1 的相同前缀后缀 a；
- 对于字符串 abab 来说，它有长度为 2 的相同前缀后缀 ab。

表 16-3　模式串 abab 的前缀后缀公共元素的最大长度

模式串	a	ab	aba	abab
最大前缀后缀公共元素长度（PMT）	0	0	1	2

（2）计算 next 数组取值

next 数组考虑的是除当前字符外的最长相同前缀后缀，所以通过上一步求得各个前缀后缀的公共元素的最大长度后，只要稍作变形即可：将上一步中求得的值整体右移一位，然后将模式串中第一个元素对应的值赋为-1 即可。那么模式串 abab 的 next 数组的取值见表 16-4。

表 16-4　模式串 abab 的 next 数组

模式串	a	b	a	b
next 数组	-1	0	0	1

那么，就可以根据模式串的 next 数组进行匹配了。假设当前给出目标串 $S[0...m]$ 与模式串 $P[0...n]$，当匹配过程进行到 $S[i]$ 与 $P[j]$ 时发现匹配失败（$S[i]$ 与 $P[j]$ 不相同），那么令 $j=next[j]$，令模式串向右移动 $j-next[j]$ 位，使得模式串的前缀 $P[0...k-1]$ 对应着文本串 $S[i-k...i-1]$，接下来对 $S[i]$ 于 $P[k]$ 继续进行匹配，其中 $k=next[j]$。这一过程如图 16-2 所示。

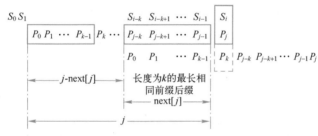

图 16-2　匹配过程

由此，便可以写出求 next 数组的算法如下所示。

```
void getNext(String p, String  next)
{
    next[0] = -1;
    int i = 0, j = -1;

    while (i < strlen(p))do
        if (j == -1 || p[i] == p[j]) then //p[j]表示前缀，p[i]表示后缀
            ++i;
            ++j;
            next[i] = j;
        else
            j = next[j];
        end if
    end while
}
```

相信大部分读者读完上文之后，已经发觉其实理解 KMP 非常容易，从图 16-2 中的算法可以看到，如果某个字符匹配成功，模式串首字符的位置保持不动，仅仅是 i++、j++；如果

匹配失配，i 不变，模式串会跳过匹配过的 next $[j]$ 个字符。整个算法最坏的情况是，当模式串首字符位于 $i-j$ 的位置时才匹配成功，算法结束。所以，如果文本串的长度为 n，模式串的长度为 m，那么匹配过程的时间复杂度为 O(n)，算上计算 next 的 O(m)时间，KMP 的整体时间复杂度为 O($m+n$)。

16.3 BM 算法

KMP 的匹配是从模式串的开头开始匹配的，而 1977 年，德克萨斯大学的 Robert S. Boyer 教授和 J Strother Moore 教授发明了一种新的字符串匹配算法：Boyer-Moore 算法，简称 BM 算法。该算法从模式串的尾部开始匹配，且在最坏情况下仍保持 O(n)的时间复杂度。在实践中，比 KMP 算法的实际效能高。

BM 算法定义了两个规则：

- 坏字符规则：当文本串中的某个字符跟模式串的某个字符不匹配时，称文本串中的这个失配字符为坏字符，此时模式串需要向右移动，移动的位数 = 坏字符在模式串中的位置-坏字符在模式串中最右出现的位置。此外，如果"坏字符"不包含在模式串之中，则最右出现位置为-1。

- 好后缀规则：当字符失配时，后移位数=好后缀在模式串中的位置-好后缀在模式串上一次出现的位置，且如果好后缀在模式串中没有再次出现，则为-1。

下面通过一个具体的例子来说明 BM 算法。

给定文本串 $T=$ "HERE IS A SIMPLE EXAMPLE"，和模式串 $P=$ "EXAMPLE"，要求查找模式串 P 是否在文本串 T 中，如果存在，则返回模式串在文本串中的位置。

1）首先，将"文本串"与"模式串"头部对齐，从尾部开始比较，可以发现"S"与"E"不匹配。这时，"S"就被称为"坏字符"（bad character），即不匹配的字符，它对应着模式串的第 6 位。且"S"不包含在模式串"EXAMPLE"之中（相当于最右出现位置是-1），这意味着可以把模式串后移 6-(-1)=7 位，从而直接移到"S"的后一位。即：

H	E	R	E		I	S		A		S	I	M	P	L	E			E	X	A	M	P	L	E
							E		X	A	M	P	L	E										

2）进行第二轮匹配时，仍然从模式串的尾部开始比较，这是发现"P"与"E"不匹配，所以"P"是"坏字符"。但是，"P"包含在模式串"EXAMPLE"之中。因为"P"这个"坏字符"对应着模式串的第 6 位（从 0 开始编号），且在模式串中的最右出现位置为 4，所以，将模式串后移 6-4=2 位，两个"P"对齐。即：

H	E	R	E		I	S		A		S	I	M	P	L	E			E	X	A	M	P	L	E
								E	X	A	M	P	L	E										

3）进行第三轮匹配时，在上一次的基础上继续依次比较，得到 "MPLE" 匹配，称为"好后缀"（good suffix），即所有尾部匹配的字符串。注意，"MPLE"、"PLE"、"LE"、"E"都是好后缀。再往前继续比较，发现"I"与"A"不匹配："I"是坏字符。如果是根据坏字符规则，此时模式串应该后移 2-(-1)=3 位。问题是，有没有更优的移法？其实是有的。

更优的移法是利用好后缀规则：

当字符失配时，后移位数=好后缀在模式串中的位置-好后缀在模式串中上一次出现的位置，且如果好后缀在模式串中没有再次出现，则为-1。

目前这一轮中，所有的"好后缀"（MPLE、PLE、LE、E）之中，只有"E"在"EXAMPLE"的头部出现，所以后移 6-0=6 位。可以看出，"坏字符规则"只能移 3 位，"好后缀规则"可以移 6 位。每次后移这两个规则之中的较大值。这两个规则的移动位数，只与模式串有关，与目标串无关。那么这时"P"与"T"的匹配位置就变成了：

H	E	R	E		I	S		A		S	I	M	P	L	E		E	X	A	M	**P**	L	E
																	E	X	A	M	P	L	**E**

4）继续从尾部开始比较，"P"与"E"不匹配，因此"P"是"坏字符"，根据"坏字符规则"，后移 6-4 = 2 位。因为是最后一位就失配，尚未获得好后缀。那么两个串的匹配位置就变成了：

H	E	R	E		I	S		A		S	I	M	P	L	E		E	X	A	M	P	L	E
																		E	X	A	M	P	L	E

5）从尾部开始匹配，发现模式串与目标串可以完全匹配，从而返回正确的位置作为结果。

16.4　SUNDAY 算法

上文中，已经介绍了 KMP 算法和 BM 算法，这两个算法在最坏情况下均具有线性的查找时间。但实际上，KMP 算法并不比最简单的 C 库函数 strstr()快多少，而 BM 算法虽然通常比 KMP 算法快，但 BM 算法也还不是现有字符串查找算法中最快的算法，本章最后再介绍一种比 BM 算法更快的查找算法——Sunday 算法。 Sunday 算法由 Daniel M.Sunday 在 1990 年提出，它的思想跟 BM 算法很相似，不同之处在于：

- Sunday 算法是从前往后匹配，在匹配失败时关注的是文本串中参加匹配的最末位字符的下一位字符。
- 如果该字符没有在模式串中出现则直接跳过，即移动位数 = 匹配串长度 +1。
- 否则，其移动位数 = 模式串中最右端的该字符到末尾的距离+1。

16.5　达人修炼真题

1. 如何实现字符串的匹配

题目描述：

给定主字符串 S 与模式字符串 P，判断 P 是不是 S 的子串，如果是，则找出 P 在 S 中第一次出现的下标。

分析与解答：

对于字符串的匹配，最直接的方法就是逐个比较字符串中的字符，这种方法比较容易实现，但是效率也比较低。除了直接比较法，经典的 KMP 算法更常用，它能够显著提高运行效率。下面分别介绍这两种方法。

方法一：直接计算法

假定主串 S= "$S_0 S_1 S_2 \ldots S_m$"，模式串 P = "$P_0 P_1 P_2 \ldots P_n$"。实现方法：比较从主串 S 中以 S_i（$0 \leqslant i < m$）为首的字符串和模式串 P，判断 P 是否为 S 的前缀，如果是，那么 P 在 S 中第一次出现的位置为 i，否则接着比较从 S_{i+1} 开始的子串与模式串 P。这个算法的时间复杂度为 $O(mn)$。此外在 $i > m-n$ 时，在主串中以 S_i 为首的子串的长度必定小于模式串 P 的长度，因此，在这种情况下就没有必要再做比较了。实现代码如下：

```
'''
***** 方法功能：判断 p 是否是 s 的子串，如果是返回 p 在 s 中第一次出现的下标，否则返回-1
***** 输入参数：s 和 p 分别为主串和模式串
'''
def match(s,p):
    # 检查参数是否合理
    if s == None or p == None:
        print("参数不合理")
        return -1
    slength = len(s)
    plength = len(p)
    # p 肯定不是 s 的子串
    if slength < plength:
        return -1
    i = 0
    j = 0
    while i < slength and j < plength:
        if list(s)[i] == list(p)[j]:
            # 如果相同，那么继续比较后面的字符
            i += 1
            j += 1
        else:
            # 后退回去重新比较
            i = i - j + 1
            j = 0
            if i > (slength - plength):
                return -1
    if j >= plength:                # 匹配成功
        return i - plength
    return -1


if __name__ == "__main__":
    s = "xyzabcd"
    p = "abc"
    print(match(s,p))
```

程序的运行结果为

3

算法性能分析：

这个算法在最差的情况下需要对模式串 P 遍历 $m-n$ 次（m、n 分别为主串和模式串的长度），因此，算法的时间复杂度为 $O(n*(m-n))$。

方法二：KMP 算法

在方法一中，如果 "$P_0 P_1 P_2 \dots P_{j-1}$" = "$S_{i-j} \dots S_{i-1}$"，模式串的前 j 个字符已经和主串中 $i-j$ 到 $i-1$ 的字符进行了比较，此时如果 $P_j != S_i$，那么模式串需要回退到 0，主串需要回退到 $i-j+1$ 的位置重新开始下一次比较。而在 KMP 算法中，如果 $P_j != S_i$，那么不需要回退，即 i 保持不动，j 也不用清零，而是向右滑动模式串，用 P_k 和 S_i 继续匹配。这个算法的核心就是确定 k 的大小，显然，k 的值越大越好。

如果 $P_j != S_i$，可以继续用 P_k 和 S_i 进行比较，那么必须满足：

"$P_0 P_1 P_2 \dots P_{k-1}$"＝"$S_{i-k} \dots S_{i-1}$"

已经匹配的结果满足下面的关系：

"$P_{j-k} \dots P_{j-1}$"＝"$S_{i-k} \dots S_{i-1}$"

由以上这两个公式可以得出如下结论：

"$P_0 P_1 P_2 \dots P_{k-1}$"＝"$P_{j-k} \dots P_{j-1}$"

因此，当模式串满足 "$P_0 P_1 P_2 \dots P_{k-1}$" ＝ "$P_{j-k} \dots P_{j-1}$" 时，如果主串第 i 个字符与模式串第 j 个字符匹配失败，那么此时只需要接着比较主串第 i 个字符与模式串第 k 个字符。

为了在任何字符匹配失败的时候都能找到对应 k 的值，这里给出 next 数组的定义，next[i]=m 表示 "$P_0 P_1 \dots P_{m-1}$" = "$P_{i-m} \dots P_{i-2} P_{i-1}$"。计算方法如下：

1）next[j]=-1　（当 j==0 时 ）。

2）next[j]=max　（max{k|1<k<j 且 "$P_0 \dots P_k$" == "$P_{j-k-1} \dots P_{j-1}$"}）。

3）next[j]=0　（其他情况）。

实现代码如下：

```
"""
方法功能：求字符串的 next 数组
输入参数：p 为字符串，nexts 为 p 的 next 数组
"""
def getNext(p,nexts):
    i=0
    j=-1
    nexts[0]=-1
    while  i<len(p):
        if  j==-1 or list(p)[i]==list(p)[j]:
            i +=1
            j +=1
            nexts[i]=j
        else:
            j=nexts[j]

def   match(s,p,nexts):
    # 检查参数的合理性，s 的长度一定不会小于 p 的长度
    if   s==None or p==None:
        print("参数不合理")
        return   -1
```

```
        slen=len(s)
        plen=len(p)
        # p 肯定不是 s 的子串
        if  slen<plen:
            return  -1
        i = 0
        j = 0
        while  i < slen and j < plen:
            print("i=", str(i), "," , "j=",str(j))
            if  j==-1 or list(s)[i] == list(p)[j]:
                # 如果相同，那么继续比较后面的字符
                i +=1
                j +=1
            else:
                # 主串 i 不需要回溯，从 next 数组中找出需要比较的模式串的位置 j
                j=nexts[j]
        if  j >= plen: # 匹配成功
            return  i-plen
        return  -1

if  __name__=="__main__":
    s = "abababaabcbab"
    p = "abaabc"
    lens=len(p)
    nexts=[0]*(lens+1)
    getNext(p,nexts)
    print("nexts 数组为：",str(nexts[0]),end=")
    i=1
    while  i<lens:
        print(",",str(nexts[i]),end=")
        i +=1
    print('\n')
    print("匹配结果为：", str(match(s,p,nexts)))
```

程序的运行结果为

```
next 数组为：-1,0,0,1,1,2
i=0,j=0
i=1,j=1
i=2,j=2
i=3,j=3
i=3,j=1
i=4,j=2
i=5,j=3
i=5,j=1
i=6,j=2
i=7,j=3
i=8,j=4
i=9,j=5
匹配结果为：4
```

从运行结果可以看出，模式串 P="abaabc"的 next 数组为{-1,0,0,1,1}，next[3]=1，说明 $P[0]$==$P[2]$。当 i=3, j=3 的时候 $S[i]$!= $P[j]$，此时主串 S 不需要回溯，与模式串位置 j=next[j]=next[3]=1 的字符继续比较。因为此时 $S[i-1]$ 一定与 $P[0]$ 相等，因此，没有必要再比较。

算法性能分析：

这个算法在求 next 数组的时候循环执行的次数为 n（n 为模式串的长度），在模式串与主串匹配的过程中循环执行的次数为 m（m 为主串的长度）。因此，算法的时间复杂度为 O($m+n$)。但是由于算法申请了额外的 n 个存储空间来存储 next 数组，因此，算法的空间复杂度为 O(n)。

2. 求一个串中出现的第一个最长重复子串

题目描述：

给定一个字符串，找出这个字符串中最长的重复子串。例如，给定字符串"banana"，子字符串"ana"出现两次，因此最长的重复子串为"ana"。

分析与解答：

由于本题要求最长重复子串，显然可以先求出所有的子串，然后通过比较各子串是否相等从而求出最长公共子串。具体思路为：首先找出长度为 $n-1$ 的所有子串，判断是否有相等的子串，如果有相等的子串，那么就找到了最长的公共子串；否则找出长度为 $n-2$ 的子串继续判断是否有相等的子串。依此类推，直到找到相同的子串或遍历到长度为 1 的子串为止，这种方法的思路比较简单，但是算法复杂度较高。下面介绍一种效率更高的算法：后缀数组法。

后数组是一个字符串的所有后缀的排序数组。后缀是指从某个位置 i 开始到整个串末尾结束的一个子串。字符串 r 的从第 i 个字符开始的后缀表示为 Suffix(i)，也就是 Suffix(i)=$r[i...len(r)]$。例如，字符串"banana"的所有后缀如下：

0 banana		5 a
1 anana	对所有后缀排序	3 ana
2 nana	⟶	1 anana
3 ana		0 banana
4 na		4 na
5 a		2 nana

所以"banana"的后缀数组为：{5, 3, 1, 0, 4, 2}。由此可以把找字符串的重复子串的问题，转换为从后缀排序数组中，通过对比相邻的两个子串的公共串的长度找出最长的公共串的问题。在上例中 3:ana 与 1:anana 的最长公共子串为 ana。这也就是这个字符串的最长公共子串。实现代码如下：

```
class   CommonSubString:
    # 找出最长的公共子串的长度
    def   maxPrefix(self,s1,s2):
        i=0
        while   i<len(s1) and i<len(s2):
            if   list(s1)[i] ==list(s2)[i]:
                i +=1
            else:
                break
        i +=1
```

```
                    return   i
            # 获取最长的公共子串
            def   getMaxCommonStr(self,txt):
                n = len(txt)
                # 用来存储后缀数组
                suffixes=[None]*n
                longestSubStrLen = 0
                longestSubStr=None
                # 获取到后缀数组
                i=0
                while   i<n:
                    suffixes[i] = txt[i:]
                    i +=1
                # 对后缀数组排序
                suffixes.sort()
                i=1
                while   i<n:
                    tmp=self.maxPrefix(suffixes[i],suffixes[i-1])
                    if   tmp>longestSubStrLen:
                        longestSubStrLen = tmp
                        longestSubStr=suffixes[i][0:i+1]
                    i +=1
                return   longestSubStr


        if   __name__=="__main__":
            txt = "banana"
            c=CommonSubString()
            print("最长的公共子串为: ", c.getMaxCommonStr(txt))
```

程序运行结果为

    ana

算法性能分析:

这种方法下生成后缀数组的复杂度为 $O(n)$,排序的算法复杂度为 $O(n\log_2 n *n)$,最后比较相邻字符串的操作的时间复杂度为 $O(n)$。所以,算法的时间复杂度为 $O(n\log_2 n *n)$。此外,由于申请了长度为 n 的额外的存储空间,因此空间复杂度为 $O(n)$。

3. 如何找到由其他单词组成的最长单词

题目描述:

给定一个字符串数组,找出其中最长的字符串,使其能由数组中其他的字符串组成。例如给定字符串数组{"test", "tester", "testertest", "testing", "apple", "seattle", "banana", "batting", "ngcat", "batti", "bat", "testingtester", "testbattingcat"}。满足题目要求的字符串为"testbattingcat",因为这个字符串可以由数组中的字符串"test"、"batti"和"ngcat"组成。**分析与解答:**

既然题目要求找最长的字符串,那么可以采用贪心算法,首先对字符串由大到小进行排序,从最长的字符串开始查找,如果它能由其他字符串组成,就是满足题目要求的字符串。接下来就需要考虑如何判断一个字符串能否由数组中其他的字符串组成,主要的思路如下:

找出字符串的所有可能的前缀，判断这个前缀是否在字符数组中，如果在，那么用相同的方法递归地判断除去前缀后的子串是否能由数组中其他的子串组成。

　　以题目中给的例子为例，首先对数组进行排序，排序后的结果为{"testbattingcat"，"testingtester"，"testertest"，"testing"，"seattle"，"batting"，"tester"，"banana"，"apple"，"ngcat"，"batti"，"test"，"bat"}。首先取"testbattingcat"进行判断，具体步骤如下所示：

　　1）分别取它的前缀，"t"，"te"，"tes"都不在字符数组中，"test"在字符数组中。

　　2）接着用相同的方法递归地判断剩余的子串"battingcat"，同理，"b""ba"都不在字符数组中，"bat"在字符数组中。

　　3）接着判断"tingcat"，通过判断发现"tingcat"不能由字符数组中其他字符组成。因此，回到上一个递归调用的子串，接着取字符串的前缀进行判断。

　　4）回到上一个递归调用，待判断的字符串为"battingcat"，当前比较到的前缀为"bat"，接着取其他可能的前缀，"batt"不在字符数组中，"battti"在字符数组中。接着判断剩余子串"ngcat"。

　　5）通过比较发现"ngcat"在字符数组中。因此，能由其他字符组成的最长字符串为"testbattingcat"。

　　实现代码如下：

```
class  LongestWord:
    #方法功能：判断字符串 strs 是否在字符串数组中
    def  find(self,strArray,strs):
        i=0
        while  i<len(strArray):
            if  strs==strArray[i]:
                return  True
            i+=1
        return  False


    """
    方法功能：判断字符串 word 是否能由数组 strArray 中的其他单词组成
    参数：word 为待判断的后缀子串，length 待判断字符串的长度
    """
    def  isContain(self,strArray,word,length):
        lens = len(word)
        # 递归的结束条件，当字符串长度为 0 时，说明字符串已经遍历完了
        if  lens == 0:
            return  True
        # 循环取字符串的所有前缀
        i=1
        while  i<=lens:
            # 取到的子串为自己
            if  i == length:
                return  False
            strs = word[0:i]
            if  self.find(strArray, strs):
                # 查找完字符串的前缀后，递归判断后面的子串能否由其他单词组成
                if  self.isContain(strArray, word[i:], length):
```

```
                        return    True
            i +=1
        return    False

    # 方法功能：找出能由数组中其他字符串组成的最长字符串
    def   getLogestStr(self,strArray):
        # 对字符串由大到小排序
        strArray=sorted(strArray,key=len,reverse=True)
        # 贪心地从最长的字符串开始判断
        i=0
        while   i<len(strArray):
            if   self.isContain(strArray, strArray[i], len(strArray[i])):
                return   strArray[i]
            i +=1
        # 如果没找到，那么返回空串
        return   None

if  __name__=="__main__":
    strArray=["test", "tester", "testertest", "testing", "apple", "seattle", "banana", "batting",
            "ngcat", "batti", "bat", "testingtester", "testbattingcat" ]
    lw =LongestWord()
    logestStr = lw.getLogestStr(strArray)
    if  logestStr != None:
        print("最长的字符串为：",logestStr)
    else:
        print("不存在这样的字符串")
```

程序的运行结果为

最长的字符串为：testbattingcat

算法性能分析：

该算法的排序的时间复杂度为 O($n\log n$)，假设单词的长度为 m，那么有 m 种前缀，判断一个单词是否在数组中的时间复杂度为 O(mn)，由于总共有 n 个字符串，因此，判断所需的时间复杂度为 O($m*n^2$)，总的时间复杂度为 O($n\log n + m*n^2$)。当 n 比较大的时候，时间复杂度为 O(n^2)。

附　　录

总结起来，本书介绍了计算机领域中最常用的算法、数据结构以及在工作及学习中频繁需要求解的问题的解法。表 A-1 对最常用的数据结构与算法知识点做了一个大致的总结。虽然由于篇幅原因，本书未能覆盖所有内容，但是重要内容都已有所介绍。读者若有更多需求，可参考后面给出的专业书籍。

最常用的数据结构与算法知识点见表 A-1：

表 A-1　常用数据结构与算法知识点

数据结构	算法	概念
队列	广度（深度）优先搜索	位操作
栈	递归	设计模式
二叉树	二分查找	内存管理（堆、栈等）
并查集	排序（归并排序、快速排序等）	
位图	树的插入/删除/查找/遍历等	
链表	图论	
哈希表	哈希法	
	分治法	
	动态规划	

为了更好地理解这些方法，读者可以在平时的学习过程中，主动地应用这些思路与算法来解题，通过不断的训练达到对各种方法的灵活运用，工作和学习时，再遇到此类问题，也就能够收放自如了。

算法相关书籍推荐：

1. 算法及求职

算法相关书籍推荐

算法及求职类图书推荐见表 A-2。

表 A-2　算法及求职类图书推荐表

书名	基本功重要性	求职重要性
《算法导论》	★★★★☆	★★★
《编程之美》	★★★★	★★★★
《剑指 offer》	★★★☆	★★★★
《算法竞赛入门指南》	★★★	★★★★
《数据结构（C 语言版）》	★★★★	★★★
《程序员面试笔试宝典》	★★	★★★★
《Java 程序员面试笔试宝典》	★★★★	★★★★

2．C/C++

C/C++类图书推荐见表 A-3。

表 A-3　C/C++类图书推荐表

书名	推荐星级
《C++ Primer Plus（第 6 版）中文版》	★★★★★
《Effective C++：改善程序与设计的 55 个具体做法（第三版）中文版》	★★★★★
《C 专家编程》	★★★★★
《C 和指针》	★★★★☆
《STL 源码剖析》	★★★★☆
《More Effective C++ 35 个改善编程与设计的有效方法　中文版》	★★★★
《Exceptional C++　中文版》	★★★★
《C 缺陷与陷阱》	★★★☆
Inside the C++Object Model	★★★
《C++反汇编与逆向分析技术揭秘》（函数的工作原理一章是重点）	★★★

3．UNIX/Linux

UNIX/Linux 类图书推荐见表 A-4。

表 A-4　UNIX/Linux 类图书推荐表

书名	推荐星级
《鸟哥的 Linux 私房菜（基础学习篇）》	★★★★★
《Unix 环境高级编程　第 3 版》	★★★★☆

4．计算机网络

计算机网络类图书推荐见表 A-5。

表 A-5　计算机网络类图书推荐表

书名	推荐星级
《TCP/IP 详解　卷 1：协议》	★★★★☆
《计算机网络　第 7 版》	★★★★

5．其他

其他图书推荐见表 A-6。

表 A-6　其他图书推荐表

书名	推荐星级
《程序员的自我修养》	★★★★
《深入理解计算机系统》	★★★★